吴越历史文化丛书
基础研究

臧军 著

# 耕织图前世今生

## 临安於潜诞生的世界首部农业科普画卷 上

杭州出版社

**图书在版编目（CIP）数据**

耕织图前世今生：临安於潜诞生的世界首部农业科普画卷：上、下册 / 臧军著 . -- 杭州：杭州出版社，2024.5

（吴越历史文化丛书）

ISBN 978-7-5565-2409-9

Ⅰ．①耕… Ⅱ．①臧… Ⅲ．①农业史－史料－中国－古代 Ⅳ．① S-092.2

中国国家版本馆 CIP 数据核字（2024）第 063105 号

**项目统筹**　杨清华

GENGZHI TU QIANSHI JINSHENG

# 耕织图前世今生
## ——临安於潜诞生的世界首部农业科普画卷（上、下册）

臧　军　著

**责任编辑**　杨安雨　王晓磊
**封面设计**　王立超
**美术编辑**　王立超
**责任校对**　陈铭杰
**责任印务**　姚　霖
**出版发行**　杭州出版社（杭州市西湖文化广场32号6楼）
　　　　　　电话：0571-87997719　邮编：310014
　　　　　　网址：www.hzcbs.com
**印　　刷**　浙江新华数码印务有限公司
**经　　销**　新华书店
**开　　本**　710mm×1000mm　1/16
**印　　张**　25.75
**字　　数**　380千
**版 印 次**　2024年5月第1版　2024年5月第1次印刷
**书　　号**　ISBN 978-7-5565-2409-9
**定　　价**　98.00元（上、下册）

"基础研究"丛书审订：杜文玉

# "吴越历史文化丛书"总序

　　文化是一个国家、一个民族的灵魂。文化兴，国运兴；文化强，民族强。城市历史文化遗存是前人智慧的积淀，是城市内涵、品质、特色的重要标志。

　　坐落在浙西边陲的临安，西揽黄山云雾，东接天堂风韵，山水秀美，积淀丰厚，吴越文化特色尤为鲜明。唐末五代之际，出生于临安、发迹于临安的吴越国王、"上有天堂，下有苏杭"的缔造者——钱镠，布衣起家，以雄才大略和仁心善政，创造了吴越国数十年繁华，成就了后世江浙苏杭坚实的经济文化基础，为中华的强盛作出了不可磨灭的历史贡献，给后世留下了一笔宝贵的文化遗产。北宋著名诗人苏轼曾高度评价吴越钱氏治理吴越国的成绩："其民至于老死，不识兵革，四时嬉游歌鼓之声相闻，至于今不废，其有德于斯民甚厚。"此后千年，江南经济富庶、文化繁荣，经久不息。

　　日月恒升，山高水长。自公元893年至今，吴越国已影响后世千余年。它下佑了宋的高贵，成全了元的融合，点亮了明代文化科技的璀璨，增添了清代康乾的盛世荣光。个中力量，绵延不绝。

　　吴越国形成的"善事中国、守城为业、家国天下"的文化特质，在中华文明的发展长河中具有重要的历史文化价值和现实意义。秉承优良的钱氏家风，吴越钱氏后世人才辈出，群星闪耀，千余年间，载入史册的钱姓名家不胜枚举。吴越文化根脉相承、生生不息，始终涵养着天目儿女的精神家园，滋养着"钱王故里"的人文风物，也为文化发展提供了肥沃土壤和动力源泉。

　　临安这座城市不但拥有优渥的自然生态资源，还有着特殊的历史文化魅力。吴越文化不但是临安城市发展和文化形象的一张金名片，还是临安的"根"和"魂"。一直以来，临安历届党委、政府高度重视吴越文化的研究、传承和弘扬，做了大量卓有成效的工作。进入新时代，临安努力把吴越文化融入到城市肌理之中，妥善处理好文物保护与城市建设、经济发展之间的关系，在城市规划建设层面更加突出文脉传承，让历史文化和自然生态永续利用、同现代化建设交相辉映；深入探索吴越文化的当代价值，有效推动吴越文化活在当下、服务当代，用吴越文化浸润百姓心田，以现代文明点亮幸福城市……

"东南乐土，吴越家山"，让生活在这座城市的人能够从厚重的岁月积淀中汲取文化自信的养分。我们要以文化为魂，加快建设"吴越名城"，使临安在"两个先行"时代征程中打造出独具魅力的幸福之城。我们必须把这种精神发扬光大，牢牢把握"文脉之力"，以文塑城、以文育人、以文铸魂，激发城市文化发展的内在活力，让文化成为现代城市发展的不竭动力。为此，区委宣传部牵头，专门组织省内外有关专家学者对吴越历史文化梳理文脉、提炼精华，进行深入全面系统整理研究，从文献集成、基础研究、通识读物、应用研究四个方面进行学术攻坚，深入发掘吴越文化背后的人文、历史、哲学、艺术等价值，挖掘当代价值与内涵，编辑出版"吴越历史文化丛书"，并全力推动吴越文化纳入"浙江文化研究工程"。

我们出版该套丛书的思路，以晚唐—五代十国—两宋为纵横，以吴越历史文化为主题，对吴越国的发展史和吴越钱氏家族史进行全景式研究，深入挖掘并提炼吴越文化的当代价值。在此，衷心感谢为这一丛书撰稿的作家、学者，用生花妙笔书写了吴越文化的锦绣华章，从而以更细的颗粒度还原出吴越文化一幕幕真实的历史瞬间。

"吴越历史文化丛书"作为首套关于临安历史文化的大型丛书，具有里程碑式的意义。丛书融知识性、文学性和可读性为一体，兼具科学性、地域性和系统性。丛书的编纂出版，无疑向社会开启了一扇触摸历史、感知文明、认识人文临安的窗口，对提升临安对外形象将起到积极的推动作用。当然，因条件所限，在编纂过程中挂一漏万或者疏误之处在所难免，我们衷心希望得到学术界及其他社会各界的批评指正，以期今人及后人对临安历史和吴越文化的研究进一步深入，取得更大的成果。编纂"吴越历史文化丛书"是我区吴越文化研究领域的一种尝试，我们希望通过文化建设，进一步提升全社会的凝聚力和向心力，使之成为建设"吴越名城"的文化支撑和精神动力。

当前，打造浙江新时代文化高地的号角已经吹响。临安作为吴越文化的发祥地，文化自信是我们实现高质量发展的人文基因和精神密码，也是临安未来发展最基本、最深沉、最持久的力量。我们将继续努力挖掘和弘扬吴越文化，以文化的软实力推动经济社会发展，不断增强临安高质量发展的文化自信。

带着泥土的芬芳，踩着时代的鼓点，让我们蹚进历史的长河，寻觅吴越文化的星光灿烂；让我们跨上文化的航船，驶向"吴越名城·幸福临安"的繁华盛景。

"吴越历史文化丛书"编纂指导委员会

2023 年 4 月 21 日

# "吴越历史文化丛书·基础研究"序

　　吴越国为五代十国时期占据于今浙江的一个地方政权，建立于公元 893 年，即唐昭宗景福二年，这一年唐廷授钱镠镇海节度使之职，国内历史学界遂以这一年为吴越国建立的时间。宋太宗太平兴国三年，即公元 978 年，吴越国王钱弘俶举国归宋，吴越国共历五主，86 年时间，为十国中立国时间最长的一个政权。作为一个地域不广，仅仅拥有十三州之地，人口不算多，入宋时全国户口为 550684 户的地方性政权，有什么特别之处，竟然能维持如此之长的统治时间，自立于群雄之列？这本身就是一个值得探讨的历史问题。

　　从经济的角度看，吴越国时期发展很快，无论是农业、手工业还是商业均取得了极大的发展成就。有一个明显的事例，据《唐国史补》卷下载："初，越人不工机杼，薛兼训为江东节制，乃募军中未有室者，厚给货币，密令北地娶织妇以归，岁得数百人。由是越俗大化，竞添花样，绫纱妙称江左矣。"薛兼训是生活于唐代中期的大臣、将领，曾担任浙东观察使，时在唐代宗宝应元年（762）至大历五年（770）期间。从这段记载我们不难看出，在薛兼训到任河东节度使之前，浙东地区的丝织业水平实际上还是不高的。但自此以后，直到吴越国统治时期，这里的丝织业都是走在全国的前列，其基础就建立在这一时期。在吴越国统治时期有三种产业的优势很大，即制瓷业、水利与对外贸易。前者以越窑生产的青瓷最为著名，水利方面以太湖与钱塘江治理最为著名，后者则以数量众多的外贸口岸著称，有杭州、明州、台州、温州等港口，在沿海诸国中数量最多，对外贸易区域最广。

　　从文化的角度看，吴越国拥有一批著名的学者与诗人，如罗隐、皮光业、钱易、杜建徽等，就连国王钱镠、钱弘俶都有作品传世。尤为重要的是，吴越国在宗教文化方面成就甚为突出，当时的杭州成为五代十国时期全国的佛教中心，佛寺数量居全国之首。天台宗有较大的发展，出现了中兴的态势，天台名僧相继涌现，并派人赴日本、高丽寻求已在中国散失的天台宗经典教籍，天台宗经典由是大备。吴越高僧延寿有感于当时禅宗只重直观而忽略经典的流弊，编集了《宗镜录》100 卷，这是中国佛教史上具有集大成性质的著作，在佛教史乃至思想史领域有极大影响。

在政治上，吴越国推行"事大"政策，在唐末坚决拥戴唐朝廷，获得了唐廷赐予的免死铁券。进入五代以后，不管中原王朝如何改朝换代，吴越皆向其称臣，贡奉不断，因此主政者官爵不断提升。唐天复二年（902），封越王；天祐元年（904），改封吴王。后梁开平元年（907），封吴越王。龙德三年（923），又册封钱镠为吴越国王。到后唐时期，除了授钱镠天下兵马都元帅、尚父、尚书令，续封吴越国王外，还赐给玉册金印，以示宠渥。北宋取代后周，吴越延续了这一政策，十分恭顺，凡中原王朝发动的军事行动，吴越都积极配合。如后周进攻淮南，吴越出兵攻击南唐；北宋讨伐李重进之叛，吴越遣将进击润州以配合；北宋出兵灭南唐时，吴越进攻常州以呈夹击之势。吴越的这一国策，不仅保证了其统治的稳固，后来和平统一于北宋，也使两浙地区免遭战火的摧残，有利于这一地区经济、文化的持续发展。

还有一点需要指出，即吴越执行了一条睦邻政策。早年因与杨行密争夺江浙地区，吴越长期与吴国处于战争状态，但南唐建立后，双方和睦相处，保持数十年的和平局面。这一局面的出现，有利于两国人民生产与生活的稳定，同时为发展文化创造了有利的社会条件，我们通常所说的中国古代经济、文化重心南移，实际上始于这一时期，吴越国在其中的贡献是不可忽视的。

然而，从目前情况看，对吴越国史的研究还很不理想，仅有极少的著作和为数不多的论文，这种状况与吴越国所处的历史地位极不相称。为了改变这种状况，中共杭州市临安区委宣传部、杭州市临安区社会科学界联合会实施了"吴越文化研究工程"，推出"吴越历史文化丛书"，包括文献集成、基础研究、通识读物、应用研究四大部分，本套丛书为其中的基础研究部分。

这套基础研究丛书基本囊括了吴越国历史文化的方方面面，将其历史、政治、制度、经济、文物、宗教、文学、艺术以及民间信仰全都包括进去了，从而极大地推进了吴越国史研究的全面深入发展，从更大的方面看，对整个五代十国史的研究亦有极大的促进意义。

总的来看，这套丛书具有一些明显的特点：（一）较强的学术性。既然是吴越国历史文化的基础研究，学术性是首先要保证的。要做到这一点，必须保证资料的丰富性与可靠性，这是学术研究的基础。其次，要做到研究结论的科学性，观点要具有新颖性，要经得住科学的检验。为此我们制定了一整套规范要求和严格的书稿审查制度，以保证书稿的学术质量。（二）系统性。即列入基础研究的著作都必须做到各自内容的系统性与完整性，这些著作每部都能单独成书，又与其他著作紧密地联系在一起。因此，读者可以根据各自的兴趣选读其中一部，而不必担心内容的缺环。（三）图文并茂。在书稿撰写之初，就要求每部书必须提供一定数量的图幅，做到图文并茂，这是这套丛书与别的书籍不同的一个显著特点。（四）作者队伍的专业性。这套丛书的作者都是在研究机构或高等院校工作的专业研究人员和教师，具有学历高、年富力强的特点，有些人甚至有国外留学的经历，且都是相关领域内的卓有成绩者。这是保证这套丛书质量的一个基本条件，也是对读者负责的一种体现。

通过这套丛书的研究与撰写不难看出，地方党委和政府对传统文化的支持十分重要，没有其主导和保障，这项文化工程是不可能完成的。在此，对杭州市临安区挖掘地方历史文化的远见卓识表示钦佩，并希望这套丛书能在弘扬我国优秀传统文化中发挥积极的作用。

杜文玉

2024 年 3 月

## 上 册

前言：走进於潜《耕织图》的精彩世界

**第一章 为什么中国有《耕织图》**

8　　（一）中国是男耕女织的古老农业国度

20　　（二）中国历朝政府务农重桑传统深远

31　　（三）农桑生产图像从远古一路走来

40　　（四）讴歌农桑生产生活的诗歌历史悠远


**第二章 为什么《耕织图》会在於潜诞生**

52　　（一）历史奠定基础：吴越国与江南富庶

63　　（二）人口带来红利：北民南迁与江南繁荣

77　　（三）强化政策引导：宋代劝农举措的推进

84　　（四）区位占据优势：京畿郊县於潜一派繁荣


**第三章 为什么於潜县令楼璹要画《耕织图》**

94　　（一）背靠大树：楼璹家世显赫

102　　（二）训练有素：书香名门培养诗画高手

112　　（三）心怀民众：务实担当的地方官员

118　（四）诗画县令：工作需要与自己喜欢

124　（五）人生轨迹：楼璹一生的主要经历


# 第四章　楼璹《耕织图》有什么历史贡献

131　（一）再现了南宋於潜的繁荣兴盛

138　（二）反映了南宋社会的多彩生活

160　（三）记载了南宋农耕的珍贵史料

178　（四）描绘了耕织文化的创新纪录

190　（五）开创了农桑文化的崭新时代


# 下　册


# 第五章　南宋时期《耕织图》有哪些版本

198　（一）楼璹《耕织图》原始本

203　（二）吴皇后《蚕织图》摹本

210　（三）刘松年《耕织图》摹本

212　（四）梁楷《耕织图》摹本

215　（五）楼氏家族《耕织图》摹本

219　（六）其他南宋《耕织图》摹本


# 第六章　南宋以后《耕织图》有哪些版本

225　（一）元代《耕织图》摹本

232　（二）明代《耕织图》摹本

240　（三）清代《耕织图》摹本

264　（四）《耕织图》的多媒介流传

第七章　《耕织图》在海外有哪些文化影响

279　　（一）《耕织图》在日本

294　　（二）《耕织图》在朝鲜半岛

296　　（三）《耕织图》在意大利

300　　（四）《耕织图》在法国

202　　（五）《耕织图》在其他欧美国家

**309**　　**结语：辉煌灿烂迎未来**

附　录　历代《耕织图》诗、题跋选辑

312　　（一）《耕织图》诗选

374　　（二）《耕织图》题跋（序与后记）选

**384**　　**参考文献**

**392**　　**后　记**

# 前言：走进於潜《耕织图》的精彩世界

800 多年前，江南地区有一位县令，绘制了一幅《耕织图》长卷。

这幅长卷《耕织图》，在中国历史上第一次全面、系统、完整地记录了我国农耕蚕桑生产过程，第一次以图文并茂的艺术形式描绘了当时世界上最先进的农桑生产工具和技术，被誉为"世界第一部农业科普画册"。有人说，在江南地区，历史上最珍贵的两幅画卷，非黄公望《富春山居图》、楼璹《耕织图》莫属，一个是元代山水风光，一个是南宋人文风情，在中国绘画史上都具有里程碑式意义。

这幅举世瞩目的画卷来自哪里？於潜是《耕织图》诞生地。於潜地处"大树华盖闻九州"的天目山山南脚下，位于杭州湾西部钱塘江上游和太湖源头，新石器时期就有人类繁衍生息。发源于天目山的天目溪自北而南纵贯於潜全境，从海拔 1506 米桐坑岗一路向南汇集 8 条溪流，奔涌入富春江后汇入钱塘江。在天目溪中下游冲积平原，形成大片肥沃田畈，造就了天目溪两岸地区的丰盈粮仓，这片发达的农耕水稻和蚕桑丝绸生产沃土，养活了北宋末年和南宋初年数倍于当地人口的北方"流民"，并为朝廷提供丰盈赋税；南宋时期天目溪畔的众多窑场，生产大量日用瓷器产品，源源不断通过天目溪运往京城临安（今杭州），和景德镇窑、建阳窑、龙泉窑产品一起，保障了当时世界上人口最为密集的特大城市生活所需。当时的於潜，不仅是南宋京城畿县，还是经济繁荣发达地区、京城后勤保障基地、男耕女织文化沃土，加上肩负"劝农"使命的县令正好是诗画高手，这就为《耕织图》的诞生提供了天时、地利、人和要素。于是，南宋《耕织图》就在於潜这块肥沃神奇的土地上顺势而出，"世界第一部图文并茂的农业科普画册"由此问世。

《耕织图》绘制者又是谁呢？他就是南宋於潜县令楼璹，一位来自宁波书香名门的诗人和画家。南宋绍兴三年（1133），43岁的楼璹踌躇满志地来到京畿郊县於潜，成为这片丰盈粮仓的"父母官"。楼璹在於潜任职短短两年，却恪尽职守、发挥专长，"笃意民事，慨念农夫蚕妇之作苦，究访始末，为《耕》《织》二图"。他所绘《耕织图》45幅，"耕"从"浸种"到"入仓"21幅，"织"从"浴蚕"到"剪帛"24幅，每幅图配五言诗一首，"图绘以尽其状，诗歌以尽其情"，深受南宋朝廷和百姓推崇，"一时朝野传诵几遍"，甚至连"守令之门皆书耕织之事""郡县所治大门东西壁皆画《耕织图》，使民得而观之"，兴起了重农、劝农、兴农的热潮，发挥了宣传农本思想、普及农业知识、推广耕织技术、促进生产发展的作用。自宋、元、明、清历朝以至民国，有众多《耕织图》摹本流传，刘松年、梁楷、程棨、赵孟頫、唐寅、仇英、焦秉贞、陈枚、冷枚等美术大师都曾临摹《耕织图》，《便民图纂》《天工开物》《授衣广训》等经典工具书纷纷效仿引用《耕织图》，《耕织图》还以壁画、瓷器、木雕、石刻、年画、货币、文化和生活用具等载体，进入千家万户，成为家喻户晓的科普读物和艺术装饰。

《耕织图》为什么在南宋於潜诞生？中国耕织文化源远流长、历史悠久，《耕织图》是中国古代耕织图像的集大成者。中国是世界耕织文化重要起源地，在10000年前我们的先民就开始人工种植水稻，7000多年前已熟练掌握水稻培育种植、加工技术，5000年前就建立了农业社会、拥有丰富深厚的农业文明，而钱塘江和长江流域就是水稻故乡，就是耕织文明重要发祥地。同样，在7000多年前我们的祖先就开始人工养蚕、4000多年前就生产丝绸、2500多年前就有丝绸产品销往国外，古希腊人和古罗马人就称中国为"赛里斯"，意思就是"丝国"。到了两宋时期，"苏杭熟，天下足"，富庶的江南，既是稻米之乡，也是丝绸之府，更是文化之邦，保境安民的治理氛围、坚实雄厚的经济基础、稳定宽松的社会环境、先进发达的生产水平、勤劳精致的社会风尚，都给各种创新创造提供了青春活力和催生温床，可以说时势造就了英雄：没有钱镠创建吴越国就没有富甲一方的杭州，没有富甲一方的杭州就没有南宋定都临安，没有京城临安就没有於潜的《耕织图》。在今天中国农业博物馆大厅陈列着标明来自"浙江临安"的龙骨水车，这辆 8 米多长的水车就是该馆按照《耕织图》所绘图，在於潜仿制后运往北京的。

《耕织图》为什么这么火热？《耕织图》开创了农耕文明传承新模式、新天地。《耕织图》在中国历史上第一次将图、文、诗三种艺术形式有机结合、融会贯通、形成一体，图像直观形象、描绘精细，诗句鲜活生动、脍炙人口，释文细致精准、通俗易懂，全面系统、布局精巧、连环系列地记载了南宋时期的耕织状态和社会形态，集科学性（客观的记录）、文学性（灵动的诗文）、艺术性（精美的图画）、社会性（纪实的生活）、通俗性（直观的描摹）为一体，开启了我国农书图文并茂新时代，描绘了当时世界上最先进的农业精耕细作工具、最先进的丝织提花机等珍贵图像，再现了南宋社会开放包容、经济兴旺、科技发达、文化繁荣、美术鼎盛的多彩生活。《耕织图》还通过"丝绸之路"迅速传播到东南亚和欧洲，对日本、朝鲜半岛和法国、意大利的农耕生产、纺织技术、美术风格等产生一定影响，如该图"挽花"所绘"提花机"图像和丝绸织造提花技术比法国的嘉卡提花机早 600 多年，充分反映了南宋时期中国科学技术创新独步天下的事实。《耕织图》涉及社会生产生活的方方面面，在中国历史上宛如一颗耀眼的明珠熠熠闪光，成为博大精深的文化瑰宝，怪不得有学者羡慕地说："每一种学科都可以在《耕织图》里找到自己想要的东西"，"於潜不仅是《耕织图》诞生地，还是耕织文明重要实践地、耕织文化研究者朝圣地"。

《耕织图》是怎么流传至今的？ 800 多年来《耕织图》传播经久不衰，在我国形成了特有文化现象。南宋楼璹《耕织图》分为正本和副本，正本进献南宋朝廷，副本留在楼氏家族。这两种版本在以后的数百年里通过各种渠道被广泛临摹流传，宋高宗和清康熙、雍正、乾隆、嘉庆、光绪皇帝多次主持临摹与推广《耕织图》。可知历代《耕织图》摹本 50 多种（国内 30 多种、国外 20 多种）。这些来自不同时代、不同地域、不同画家、不同国度的《耕织图》，每一种版本，每一幅图画，每一首诗歌，每一句题跋，每一枚收藏钤印，都是所在时代的缩影，都铭刻下所在时代的烙印，为我们了解与研究各个时代的农桑生产、科学技术、社会经济、文学艺术的发展，提供了直观形象、鲜活生动的信息。由于时代久远，楼璹《耕织图》原本已流失，目前可见最接近原本的摹本为南宋吴皇后《蚕织图》（藏黑龙江省博物馆）、元代程棨《耕织图》（藏美国华盛顿弗利尔美术馆）；流传最广泛的摹本是清焦秉贞《康熙御制耕织图》（原图已佚，各种临摹翻刻较多，但有两个重要版本，即现藏中国国家图书馆的墨印彩绘本、现藏美国国会图书馆的绢本设色彩绘本）。

　　《耕织图》非凡文化意义在哪里？中国是世界"四大文明古国"中唯一没有中断文明的国家，这与中国一直没有中断农业生产和不断总结农业生产经验有重要关系，农耕文明火种传到今天，使中华文明耀眼光芒一直照亮大地。以农立国的中华文明绵延不断五千年，这在世界人类发展史上是独一无二的，也是值得中华民族骄傲自豪的。习近平总书记指出："我国农耕文明源远流长、博大精深，是中华优秀传统文化的根"[①]，"农耕文化是我国农业的宝贵财富，是中华文化的重要组成部分，不仅不能丢，而且要不断发扬光大"，"深入挖掘优秀传统农耕文化蕴含的思想观念、人文精神、道德规范"[②]，"走中国特色社会主义乡村振兴之路……必须传承发展提升农耕文明"[③]。《耕织图》描绘的大量生产农具图像、领先的农桑生产工艺技术、多彩的农耕社会生活，不仅是中国农业文明史珍贵资料，还是中国农耕文明绵延传承杰出代表，为探寻世界农业文明轨迹提供了不可或缺的影像，为新时代中国乡村振兴提供了无尽宝藏。

　　《耕织图》如何在新时代发挥更大作用？习近平总书记提出建设丝绸之

---

① 《习近平：把乡村振兴战略作为新时代"三农"工作总抓手》，《人民日报》2018 年 9 月 22 日。

② 《习近平李克强王沪宁赵乐际韩正分别参加全国人大会议一些代表团审议》，《人民日报》2018 年 3 月 8 日。

③ 《中央农村工作会议在北京举行　习近平作重要讲话》，新华社 2017 年 12 月 29 日。

路经济带和 21 世纪海上丝绸之路重大倡议，把"一带一路"建设成为和平、繁荣、开放、创新的文明之路；明确要求"把饭碗牢牢地端在中国人自己手里"①，"把世界上唯一没有中断的文明继续传承下去"②。《耕织图》的诞生和传播，正是中国人民"端牢饭碗""开放和平""繁荣文明"的生动案例。今人胸怀敬畏之心、传承之志，走进宋韵临安、耕织於潜，寻找中华古代文明的历史隐秘、"丝绸之路"上绵延不绝的文化密码，揭示《耕织图》精彩的前世今生，探索《耕织图》当下发扬光大的有效途径，正是责无旁贷的历史使命。

"溪头夜雨足，门前春水生"，800 多年前，楼璹《耕织图》就以优美鲜活、形象生动的诗句，向我们展示了农耕文明的无限魅力和壮丽场景。今天，我们有理由相信，伴随着中华文明成果在人类文明史上大放光彩，一幅幅新时代的耕织图新愿景，必将在古老的天目山下绽放新生，必将在中华民族伟大复兴的征途上徐徐展陈。

地名备注：

1）"临安府"，南宋京城临安专称。宋室南渡，升杭州为"临安府"，以示临时安顿、北上收复失地之心，绍兴八年（1138）正式定都"临安"（杭州），宋亡后杭州不再使用该称。

2）"临安县"，杭州属县。东汉建安十六年（211）设"临水县"，西晋太康元年（280）改"临安县"，沿用至今。1958 至 1960 年，於潜、昌化两县先后划入临安县。今为杭州市临安区。

3）"於潜县"，杭州属县。秦朝即置於潜县，汉武帝元封二年（前 109）於潜县属丹阳郡，南宋时为京城临安（杭州）畿县。1958 年划归昌化县，1960 年随昌化县划归临安县。今杭州市临安区於潜镇、天目山镇、太阳镇、潜川镇 4 镇为原於潜县范围。

---

① 《中央经济工作会议在北京举行　习近平温家宝李克强作重要讲话》，《人民日报》2012 年 12 月 17 日。
② 《习近平在文化传承发展座谈会上强调　担负起新的文化使命　努力建设中华民族现代文明》，《人民日报》2023 年 6 月 3 日。

# 第一章

## 为什么中国有《耕织图》

中华民族具有百万年的人类史、一万年的文化史、五千多年的文明史。

在中华民族文化发展悠久深远的历史长河中，涌现了举世瞩目的《耕织图》。

什么是耕织图？耕织图，就是记载反映农耕生产和丝绸织造的图像。中国的耕织图像在新石器时代早期就已经出现。

"耕织图"有广义和狭义区分。广义说，所有反映农耕蚕织生产的图像，无论它是单独的画面还是成系列的画面，都可称"耕织图"；狭义说，"耕织图"特指或专指全面、系统、完整记载耕织生产全过程的画卷，比如南宋楼璹的《耕织图》。我们这里主要讲述的就是狭义范围的"耕织图"，即南宋於潜县令楼璹绘制的《耕织图》。

楼璹《耕织图》是在悠久深厚、纷繁多样的中国历代农耕与蚕织图像基础上不断积累提升、融汇集成而诞生的，是广义范围耕织图像中脱颖而出的最杰出代表，是中国古代耕织图像的集大成者，是我国第一部系统完整反映农耕生产和养蚕丝织生产全过程的画卷，创造了多个中国乃至世界之最。

为什么《耕织图》会在中国诞生而不是在其他国家呢？因为，中国是男耕女织的古老农业国度，是世界水稻人工种植和养蚕丝织生产技术的发源地，是世界四大古代文明古国唯一保留至今的国家。中华民族是一个高度重视农业的民族，在华夏大地上持续 10000 多年的农耕蚕桑生产生活，为耕织图像的产生、发展、升华、传承提供了独一无二的沃土，创造了得天独厚的契机，搭建了发展繁荣的平台。

## （一）中国是男耕女织的古老农业国度

中国是世界耕织文化的重要起源地。10000 年前，我们的先民就开始人工种植水稻；7000 多年前，我们就已熟练掌握水稻培育种植、加工技术；

5000 年前，我们建立了农业社会、开始拥有丰富深厚的农业文明。同样，7000 多年前，我们的祖先开始人工养蚕，4000 多年前就生产丝绸，2500 多年前就有丝绸产品销往国外，古代希腊人和罗马人称中国为"赛里斯"，意为"丝国"。

农耕蚕织生产与人们朝夕相伴，融入生活各个方面，描绘耕织生产的图像与诗歌自然诞生。以图画形式记载农耕蚕织生产场景，至今可见最早的是我国战国时代青铜器刻纹，如日本东京国立博物馆、北京故宫博物院收藏的数件战国时期铜壶采桑图，成都百花潭、河南辉县出土的战国时期铜壶采桑图，都形象描绘女子采桑场景；最早的农耕生产图为汉代壁画，有在陕西、江苏、山东、山西等地发现的"牛耕图"，内蒙古和林格尔县"农耕图"，四川彭州"播种图"，成都"收获图""春米图"等。而以诗歌形式描绘农耕蚕织生产的文字记载，最早可见于《诗经》，这部中国最早的诗歌总集中有大量耕织生产农事诗。

### 1. 考古改写历史：中国是世界水稻起源地

原始社会，随着渔猎时代向农耕时代转型发展，社会分工逐渐明朗：男性以在野外从事耕种粮食及渔猎等较为危险繁重的劳动为主，女性则以在居住地从事驯化养殖和纺织生活必需品等相对安全轻松的劳动为主，于是慢慢地就有男耕女织的职责分工。

国际学术界曾认为，中国只是世界古代农耕文明五大发源地之一：古巴比伦、古埃及、古希腊、古印度、古中国，在 20 世纪上半叶国外有不少学者认为稻作起源在印度，然后传到中国、日本和东南亚诸岛，这是因为当时考古出土的稻谷标本以印度为最早。然而从 20 世纪 70 年代开始，中国各地考古出土的稻谷标本年代越来越早，远远早于印度，一次次刷新西方人观点：中国华丽转身为世界上最早种植水稻的国家、世界农耕文明重要起源地。

中国是历史悠久的农业大国。可它来自哪里？它就来自长江中下游地区的稻作农业，来自黄河流域种植粟黍两种小米为代表的旱作农业。由于楼璹

《耕织图》描绘的是稻作生产，因此我们就重点从南方稻作农业来探寻《耕织图》源头。

1921年，在河南省渑池县仰韶文化遗址（距今7000—5000年），发现栽培稻的植物遗体和印有谷粒痕迹的陶片，距今约5000年。由于缺乏更多出土实物，加上当时国力薄弱，研究难以深入，未能认定此为中国水稻种植的历史依据。此后100年来，全国各地陆续发现新石器时代含有稻谷、碳化稻谷（米）、稻作生产工具的遗址上百处，其中五次重大考古发现，改写了中国水稻种植历史，也改写了世界农耕文明历史。

第一次为1962年。江西上饶市万年县大源镇发现仙人洞与吊桶环遗址（距今25000—9000年），是一处旧石器时代末期向新石器时代早期过渡阶段的重要遗址。经考古人员多次挖掘，发现栽培稻植硅石和生产农具，有专家认为，此处先民们在1.7万年前就驯化野生水稻，1.2万年前就人工栽培水稻，应该视为世界范围内已知最早的稻作农业证据；该地还出土了脱落谷粒的组合工具磨盘和磨石、点播种子的"重石器"、收割的蚌镰。这些重大考古发现，引起国家对农业考古的重视：1986年在北京建立中国农业博物馆，1981年6月在江西博物馆成立"中国农业考古研究中心"，创办《农业考古》杂志，举办多期"国际农业考古学术会议"。在此期间，涌现陈文华、闵宗殿、游修龄、严文明等学者，他们提出"中国是世界水稻重要起源地"的学术观点，引起国内外学术界高度关注与热烈争论。

第二次为1973年。浙江余姚河姆渡遗址（距今7000—5000年）出土大量人工栽培稻谷和一批原始耕作工具，比当时认为最早种植水稻的印度还早2300年。国际学术界普遍认可河姆渡是世界上最古老、最丰富的稻作文化遗址，被誉为"世界水稻之乡"。从此，彻底打破了"中国水稻来自印度"的传统观点。

第三次为1988年。湖南澧县彭头山早期新石器文化遗址（距今8200—7800年）发掘出土世界上最早的稻作农业痕迹——稻壳与谷粒。这一发现，为确立长江中游地区在中国乃至世界稻作农业起源与发展中的历史地位奠定了基础，将中国的稻作耕种历史又推前了 1000 年。中国作为世界上最早种植水稻国家的地位再次得以巩固。同一时期的浙江跨湖桥文化遗址（距今 8000 年）出土的水稻遗存和骨末耜，也充分佐证了长江下游地区在 8000 年前就掌握了人工种植水稻的技术。

第四次为 2000 年。这是一次改写浙江文明史和中国文明史乃至世界文明史的考古发现。这年秋冬之际，考古工作者在浙江省浦江县发现上山文化遗址，这是中国东南地区年代最早的新石器时代文化遗址。经过四次考古挖掘，出土大口盆、石磨盘、平底盘等 1000 多件文物，经碳十四测定，结合考古地层学和类型学研究，遗址距今约 10000—8500 年，为长江下游地区迄今发现最早的新石器时代遗址。

考古学家还在已出土的夹炭陶片表面，发现较多稻壳印痕，胎土中有大量稻壳、稻叶，在遗址中还有稻米，其中有 4 粒完整的碳化稻米，经过研究分析，属于驯化初级阶段的原始栽培稻，连同发现的水稻栽培、收割、加工、食用等工具形成完整的证据链，专家认为这是世界上发现的最早的稻作农业遗存，也是长江下游地区发现最早的稻作遗存，由此引出稻米"长江中下游起源说"，把中国水稻种植年代再次上溯到了 10000 年前。2020 年 11 月，在"上山文化遗址发现 20 周年学术研讨会"上，来自国内外的专家认定：

上山文化是迄今发现的世界上最早的稻作农业文化遗存，是世界稻作文化的起源地；

上山文化遗址群是世界上最早的农业定居聚落，是中国农耕村落文化的源头；

上山文化彩陶是迄今发现的世界上最早的彩陶。

水稻，可谓是上山送给世界的最大礼物。"中华文明探源工程"项目首席专家、中国考古学会理事长王巍先生指出，浦江上山文化遗址距今有 10000 多年历史，正处于万年文化的中心，是中华 10000 年文化的重要实证，可称之为改写人类文明史的重要发现。考古学界资深权威专家严文明为上山文化题写了"远古中华第一村"；"中国杂交水稻之父"、中国工程院院士

袁隆平题词"万年上山，世界稻源"

袁隆平则为上山遗址题词"万年上山，世界稻源"，作出关键性重大定位[①]。

第五次为 2005 年。由北京大学、哈佛大学和湖南省文物考古研究所组成的"中国水稻起源考古研究"中美联合考古队 20 余人，在湖南省永州道县玉蟾岩文化遗址挖掘出土大约 12000 年前的人工栽培稻，该栽培稻属旧石器向新石器过渡时期，甚至有可能更早，是世界上最早的栽培稻标本。这次考古成果，把中国水稻种植历史一下子标高到 12000 年前，与 1962 年在江西仙人洞与吊桶环遗址发现的水稻遗存物、2000 年在浙江浦江发现的水稻遗存相吻合。这一发现再次掀起国际学术界关注热潮。由此，中国牢牢稳坐世界最早人工种植水稻国家的宝座。一些中国学者提出"水稻起源于中国"的观点，被越来越多学者认可。

时至今日，世界水稻起源地究竟在哪里，依旧是国际学术界争论的焦点，而随着时间推进、考古文物发现，争论焦点也在不断变化。根据现有考古发现，多倾向于多源说：即中国与亚洲大陆、非洲大陆、欧洲大陆三地起源说。但普遍认为中国是世界水稻重要起源地，同时也是最早种植水稻的国家，将水稻辐射传播到东南亚地区。

### 2.上山突破历史：钱塘江流域是水稻故乡

地处长江流域的江南地区，雨量充沛、土地肥沃、水网连片、人口较多，具备水稻人工种植的自然条件与社会需求。在近 50 年的文化遗址考古中，就发现了不少浙江、江苏、湖南、湖北、四川等地的出土稻谷标本与农具以及大片的水稻田遗迹。以严文明、闵宗殿、杨式挺先生为代表的权威农业考古专家认为，中国人工栽培水稻起源于长江流域，特别是长江下游东南沿海

① 浦江县上山遗址管理中心：《上山遗址保护和申遗工作情况汇报》，2023 年 6 月编制。

地区，"以江苏、浙江为中心而向外传播"。新石器时期，当世界各地先民还在主要依靠渔猎果腹、茹毛饮血的时候，生活在长江流域的中国人已吃上用水稻烧制的大米饭。随着考古进一步发现，特别是 2000 年在浙江省浦江县上山文化遗址发现的 10000 年前水稻种植遗存实物，证明钱塘江流域先民在 10000 年前就已掌握水稻种植与食用技术，改写了世界水稻发源历史：钱塘江流域同长江流域一样，都是水稻的故乡。

那么，就让我们沿着考古发现的时间足迹，来感受中华文明的曙光在钱塘江流域冉冉升起的奇观吧。

1976 年，浙江余姚河姆渡遗址发现大量稻谷壳、稻叶和 70 多个牛肩胛骨制作的骨耜。出土陶器上画有稻谷成熟后低头的图像，在一个陶釜底上发现一块锅巴，这证明当时已能把稻子加工去壳做成大米饭。可见距今 7000—5000 年前，河

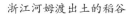

浙江河姆渡出土的稻谷　　浙江河姆渡出土的农具"耒耜"

姆渡人就熟练掌握了水稻种植加工技术，吃稻米饭已成生活日常，钱塘江流域稻作农业已相当发达。

1980 年，浙江桐乡罗家角遗址发现 156 粒稻谷遗存，经鉴定为距今 7300 年的人工栽培籼稻和粳稻，较当时河姆渡遗址发现的稻谷遗存年代早 300 多年。

2001 年，浙江萧山跨湖桥遗址发现距今 8000 年的 1000 多颗碳化稻粒，为原始栽培稻。遗址还发现农业生产工具骨耜，有平头和双刺两种。2004 年，浙江余姚田螺山遗址出土大量距今约 6500 年的古代稻谷。2007 年，湖南澧县鸡叫城遗址发现大量碳化谷糠和完好的灌溉系统。

2010 年，江苏泗洪县顺山集文化遗址，发现 8000 年前古稻田和先民依水而居、生火做饭遗迹，被称为"中华第一灶"。2017 年，在浙江良渚古城

文化遗址发现 5000 年前大量碳化稻谷及古水利工程，良渚文化时期稻作农业已相当进步，稻谷有籼、粳稻之分，并普遍使用石犁、石镰，丝麻纺织都达到较高水平。

2020 年，发现浙江余姚施岙遗址（距今约 6700—4500 年）古稻田，为河姆渡文化和良渚文化时期稻田，总面积 90 万平方米，为目前世界上发现的面积最大、年代最早、证据最充分的大规模稻田。2021 年，在四川成都新津宝墩遗址，发现 4500 年前碳化水稻等植物遗存、水稻田和作为建筑构件使用的碳化竹片。还在 600 平方米水稻田遗迹中，发现 1 条与该区域相连通的水沟遗迹，1 条疑似田埂遗迹，1 处疑似水稻根窝遗迹。

同时，2000 年发现浙江浦江上山文化遗址后，经过 20 年考古调查，至 2020 年已在浙江省金华、衢州、绍兴、台州等 4 个市 11 个县（区）先后发现上山文化遗址 21 处，这些遗址以钱塘江流域和金衢盆地为中心分布，形成一个面积约 3 万平方公里的遗址群，是迄今中国境内乃至东南亚地区发现的规模最大、分布最为集中的早期新石器时代遗址群，在世界范围内也是非常罕见的[1]。上山文化遗址的发现、挖掘和研究结果，用文物实物实证钱塘江流域是水稻重要起源地，从而改变水稻主要源于长江流域的说法：上山文化向中国乃至世界宣布——中国水稻故乡在钱塘江流域和长江流域。

根据各种考古新发现，农史考古专家严文明提出：长江流域是稻作农业的起源地，即栽培稻在距今 12000 年前后起源于中国南方腹心地带；距今 9000 年前后在湖南湖北地区和钱塘江流域得到发展，并逐步向淮河流域推进；距今 8000 年左右，在淮河流域及以南地区，稻作已较普遍；距今 7000 年以后，在长江流域稻作农业成为主要饮食和经济来源，并传播到黄河中下游地区，生产技术更趋成熟。根据浙江西天目山考古发现的石器、陶片，可推得《耕织图》诞生地於潜早在新石器时期就有人类居住生活。於潜地处钱塘江流域中上游，东距良渚直线距离约 30 公里，南距浦江上山

---

① 浦江县上山遗址管理中心：《上山遗址保护和申遗工作情况汇报》，2023 年 6 月编制。

约50公里，西距江西万年约50公里，北距桐乡约35公里，正处于水稻起源中心地带。在这块孕育中华文明的土地深处，一定还蕴藏着尚待破解的密码。

### 3.中国创造历史：发明蚕桑丝织生产技术

中国以"四大发明"闻名于世。其实早在战国的指南针、东汉的造纸术、唐代的火药、北宋活字印刷术问世之前，中国就已发明丝绸生产技术，这一重大发明改变了中国乃至世界的生产与生活形态。中国是世界公认的最早驯育野蚕并缫丝织绸的国家。早在新石器时代晚期，中国人就学会驯化野蚕、栽桑养蚕、生产丝绸，并惠及全世界，至迟在距今2500多年前的春秋战国时期，中国丝绸就传入古代希腊、罗马等地，古代西方世界就是通过丝绸认识中国的，称中国为"丝国"（被称为"瓷器之国——CHINA"是在1000年后的16世纪，葡萄牙开拓东西方海上商路，才将中国瓷器带入欧洲）。英国著名科学史学者李约瑟在《中国科技史》中明确记载中国最早发明丝绸，而世界其他国家相当长一段时期还不知道蚕桑丝绸。特别是近一百年来，大量出土文物实证，更加夯实中国养蚕丝织技术7000年的悠久历史。就让我们沿着历史足迹来一次丝绸考古的百年挖掘穿越吧。

1926年考古发现：中国至少在5000年前就开始养蚕。1926年，北京清华大学考古队，在山西夏县西阴村仰韶文化遗址发掘出一枚被切割过的蚕茧，为新石器时代中后期遗存。这枚蚕茧的出土立即引起全世界同行业轰动，因为它是当时能借以考证中国蚕丝起源的唯一实物凭证。国内外学者对这枚蚕茧进行考证，一致认为这是世界上最早的人工饲养蚕茧。这与"嫘祖娘娘发明养蚕"传说所处的"黄帝时代"基本一致。

山西仰韶文化出土被切割蚕茧

浙江钱山漾遗址出土的丝线、丝片

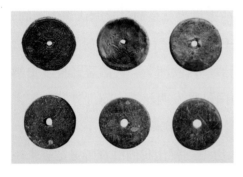

浙江河姆渡出土的织机部件纺轮

1956 年考古发现：中国至少在 4800 年前就有丝织生产。1956 年和 1958 年，文物专家对浙江湖州吴兴钱山漾遗址进行两次发掘，发现绸片、丝带、丝线等一批尚未碳化的丝麻织物。其中绸片和丝带为人工饲养的家蚕丝织物，为新石器时期晚期遗存，是世界上最早的绸片。2015 年 6 月，国务院命名钱山漾为"世界丝绸之源"。

1973—1978 年考古发现：中国至少在 7000 年前就开始养蚕纺织。1973 至 1978 年间，在浙江余姚河姆渡遗址出土文物中，发现抽纱捻线用的木、陶、石纺轮，还有一些原始织机部件，如木质打纬刀、梳理经纱用的长条木齿状器、两端削有缺口的卷布轴等。出土文物实证了中国至迟在 7000 年前就熟练掌握养蚕和丝绸织造技术。

黄河流域、长江流域无疑是中华文明摇篮。但从古代农耕和蚕织生产遗迹与文物实证来分析，钱塘江流域也无愧为中华文明摇篮。地处钱塘江流域中上游的於潜，人类在 10000 年前就在此活动，该地区北距钱山漾直线距离约 40 公里，东距河姆渡约 100 公里，处于"世界丝绸之源"中心交叉位置，生活在这片沃土上的先民，自然携带着养蚕丝织原始基因。

4. 农耕起源神话：后稷和神农的传说故事

中国作为农耕文明重要起源地，数千年来有不少关于农耕起源的神话故事，流传广泛的有"后稷农业始祖传说""神农尝百草"故事，后稷和神农因此都被奉为中国农业起源始祖。由于时代久远，缺乏文字记载，学术界对神农与后稷关系有不同观点：有的认为后稷和神农是两个人，有的认为后稷与神农是一个人。

后稷画像

"后稷农业始祖"传说。大约4000多年前，炎帝后裔有邰氏的女儿姜嫄，因踩巨人足迹而生子，此子被认为是不祥之物，姜嫄将其丢弃，但丢弃了三次孩子都没有死，只能将其抚养长大，起名叫"弃"。弃从小就喜欢农艺，长大后尝遍百草，掌握了农业知识，在"教稼台"讲学，指导人们种庄稼，传播农耕文化，成为远古时期的一位大农艺师，被尊称为农业始祖。《史记·周本纪》载"周后稷名弃。其母有邰氏女，曰姜嫄"，《诗经·生民》"诞后稷之穑，有相之道"记述了后稷发展农业的成就和功勋。至今，在陕西省武功县故城东门外仍建有"后稷教稼台"。

神农画像

"神农尝百草"传说。神农，姓姜，名魁，又称炎帝、农皇，传说中的太阳神、农业和医药的发明者，与传说人物燧人、伏羲合称"三皇"。《淮南子·修务训》载："神农尝百草之滋味，水泉之甘苦，令民知所避就，一日而遇七十毒。"据说有一天，他把一棵草放进嘴里就感觉到天旋地转，栽倒在地，无法说话，只能用手指身边一棵灵芝草，人们就摘了灵芝嚼烂后喂他，毒就解了。从此人们说灵芝草能起死回生。传说神农最后尝断肠草，中毒而亡，终年120岁。他的一生，攀山越岭，尝遍百草，还记录整理我国第一部农书《神农》。在杭州临安於潜镇和天目山一带民间，至今还有"神农尝百草"故事流传。

### 5.丝绸起源神话：嫘祖、马头娘和青衣神

早在新石器时代晚期，古蜀的西陵氏、蜀山氏、蚕丛氏等部落，即以养蚕著称。关于蚕桑丝绸起源的神话故事民间流传较多，主要有"化身为蚕"马头娘说、嫘祖"教民养蚕"说、青衣神"蚕丛氏"等，而流传最广的是嫘祖"教民养蚕"的故事。

嫘祖"教民养蚕"故事。据《史记·五帝本纪》记载，"黄帝居轩辕之丘，而娶于西陵之女，是为嫘祖"。嫘祖是黄帝妻子。一次嫘祖在野桑林里捧着大碗喝水，正巧树上有野蚕茧落入碗里，她忙用树枝挑捞蚕茧，竟挑出一根根丝线。丝线白洁光亮、柔韧润滑，连绵不断、愈抽愈长，嫘祖便用它来纺线织衣。为了保持供应量，嫘祖开始驯育野蚕用来抽丝纺织衣服，并把养蚕丝织技术传授给宫女们。后来，养蚕丝织技术从宫廷传到民间，在民间广泛传播。嫘祖被后世膜拜为"先蚕"和"蚕神"，历代王后嫔妃与民间蚕农都有祭拜"先蚕"习俗。浙江吴兴东岳宫曾建有"蚕神庙"祭祀嫘祖。今在江苏苏州盛泽镇有清道光年间所建"先蚕祠"供奉嫘祖，苏州祥符寺巷还有一座"嫘祖庙"。

嫘祖画像

化身为蚕的"马头娘"故事。《搜神记》有一则蚕桑起源神话。相传古时候蜀地有父女二人，父亲外出劳作，留下女儿在家养马。父亲日久未归，女儿思念父亲。一天，女儿竟对白马开玩笑说"你如能找回父亲，我就嫁给你"。白马听后挣脱缰绳奔驰而出，历经艰难坎坷找到父亲，不断用马头摩擦父亲身体，好像有话要说，并望着家的方向悲鸣不已，父亲大为惊奇，猜测可能家中有事发生，即骑上白马赶回家中。之后，白马未能如愿娶蜀女为妻，始终不肯吃喝，每次见到女儿出入都用四蹄击打地面，父亲觉得奇怪，便问女儿缘故，女儿

如实相告。父亲认为此事有辱家门，用箭射死
白马，剥下马皮晒在院里。一天，女儿走过马
皮旁，马皮突然飞起，将女儿席卷而去。父亲
四处寻找数日，后在一棵大树上发现女儿和马
皮一同化为蚕落在树上，蚕长大成茧后，茧又
厚又大。邻家女孩取下一些蚕来饲养，长大成
茧后拉出丝线织成衣裳，村妇见状便纷纷效仿。
于是，蚕织技术一传十、十传百在民间流传，
养蚕织丝由此而来。

马头娘画像

　　浙江湖州有"马头娘"民间传说，叫"马
头娘"为"蚕花娘娘"，形象为骑白马的女子。
今四川和浙江嘉兴地区，在养蚕织丝生产过程
中，蚕农仍喜欢供奉"马头娘"。於潜曾在南
阳山建有蚕神庙，至民国时尚有祭祀蚕神的习
俗[①]，紫水、麻车埠、乐平、七坑一带乡村，
至今还有信奉蚕花姑娘——"马头娘"习俗。

　　"蚕丛氏"青衣神故事。青衣神是四川地
区男性蚕神。《三教源流搜神大全》载："蚕
丛氏初为蜀王，常服青衣，巡行郊野，教民蚕
事。乡人感其德，以为立祠祀之。祠庙遍于西
土，无不灵验，俗概呼之曰青衣神，青神县亦

青衣神画像

以此得名。"《仙传拾遗》记述："蚕丛氏自
立为蜀王，教人蚕桑。作金蚕数千头，每岁之首，出金头蚕以给民，民所养
之蚕必案琴，罢即归蚕于王。"不少学者认为，蚕丛即蚕神，以蚕色青，故
称青衣神。此外的男性蚕神就极少见。北宋张唐英《蜀梼杌》则言后蜀广政

---

① 余烈主编：《於潜县志·坛庙》，1989年印制。

二十三年，蜀太后梦青衣神来言："宫中卫圣龙神乞出居外。"这却是预兆蜀将要被宋吞灭。所以青衣神不仅为蚕神，也是蜀地保护神。在蚕丛氏出生地四川省青神县，建有"青衣神"塑像及文化广场。

## （二）中国历朝政府务农重桑传统深远

俗话说"基础不牢，地动山摇"，在古代中国，这个"基础"就是农业。恩格斯早就认为"农业是古代世界的一个决定性部门"，"供应人类世世代代不断需要的全部生活条件"。我国农业历史悠久，西周时统治者就意识到"农为天下之本"，此后 3000 多年历代统治者始终坚守这一共识，高度重视农业、倾力发展农业。传说早在原始社会末期，禹为"劝农"率先垂范，亲自治水，"三过家门而不入"。周文王为"劝农"，春雨刚停就命人通宵达旦驾车到桑田现场指导桑农生产，在《诗经·国风·定方之中》有"灵雨既零，命彼倌人，星言夙驾，说于桑田"的描述，这应是我国最早的劝农文字记载。到春秋战国，各国对农桑格外重视，以致楚国和吴国竟为边境两位农妇的桑树之争发动战争。这在《史记·伍子胥列传》有载："楚平王以其边邑钟离与吴边邑卑梁氏俱蚕，两女子争桑相攻，乃大怒，至于两国举兵相伐。吴使公子光伐楚，拔其钟离居巢而归。"其实，农业一直是人类社会的生命线、人类生存发展的前提，历代统治者无不以农为本、以农立国、以农强盛，出台系列劝农政策，引导民众从事耕织。

"农为天下之本"是中国历代统治者始终坚守的共识，由此形成世界上最为久远、最为系统、最为持久、最具中国特色的"劝农"政策。"历史上所以出现盛世时期，其主要原因之一就是重视发展农业，而发展农业的根本问题之一就是如何调动农民的积极性。"[①]历代统治者制定的"劝农"政策在实践中不断总结优化和转型升级，到了南宋时期各种"劝农"政策

---

① 彭治富、王潮生：《中国古代的重农思想与重农政策》，《古今农业》1990 年第 2 期。

更趋完善，有力地促进了南宋经济文化发展，对於潜县令绘制《耕织图》带来深远影响。

### 1. 重视顶层设计：制定全国农桑保护法令

统治者们深谙"农业是人的衣食之源、国家的财富源泉、社会安定的物质基础、战争胜利的必要条件"，深悟"强国之本，重在农桑"，在社会动荡、战火纷飞、政局变幻的岁月里，为保护农桑安全发展，纷纷出台法律法规法令。

西周时，周文王就颁布了主农官员劝农的法令制度，责令当时主管农耕的官员"田畯"们，必须亲临农耕现场指导农业生产。这在《礼记·月令》有记述："王命布农事，命田畯舍东郊……五谷所殖，以教导民，必亲躬之。"

春秋战国时，各国统治者大力提倡农桑生产，颁布了一批保护蚕桑法令，不仅鼓励官营机构养蚕织丝，还对民间蚕织给予支持，极力维护蚕农利益，甚至为了蚕妇的桑树争议，不惜发动国家战争[1]。

秦朝颁布法令，出台农业休耕制度，将大片土地授予农民，旨在克服地广人稀的弊端，引导农民实行土地轮换休耕，更好地利用地力，增加粮食产量。商鞅变法还规定：凡外来农民到秦国，享受秦国国民待遇，可得授田，免除兵役徭役，十年不征田赋。在这样的优厚条件下，大批他国农民纷至沓来，不仅增加了秦国人口，还带来了先进生产技术，提高了秦国劳动生产率，大大增强了秦国国力[2]。

汉武帝多次下令兴修水利发展农业。他强调："农，天下之本也，泉流灌浸，所以育五谷也。"在他统治期间，营造了"用事者争言水利"的氛围，一批大型水利工程先后建成，中小型水利工程的兴建不可胜数，出现了我国水利史上罕见的盛况，为后世农田水利事业和农业生产发展奠定了良好基础。[3]

魏晋南北朝时期，曹操首创"亩课田租，户调绢绵"税收法。曹操下令：

---

① 〔汉〕司马迁：《史记·伍子胥列传》，中华书局，2009。
② 林若初：《秦始皇全传》，华中科技大学出版社，2018。
③ 朱佳丽：《宋代科技政策研究》，硕士学位论文，苏州大学，2018年。

"其收田租亩四升，户出绢二匹、绵二斤而已，他不得擅兴发（不得随意增加其他税收）。"在汉末时局混乱、通货膨胀、币值不稳的年代，以实物征税，既可减少人民负担、奖励生产、安定民心，也能让政府征得财赋，可谓一举多得。

唐代统治者多次发布保护蚕业敕令。《全唐文》中约13处记载了唐代皇帝保护蚕业敕令，如"农事方起，蚕作就功……其有贷粮未纳者，并停到秋收"。

北宋法律规定禁止民众砍伐桑树。宋太祖诏令："民伐桑枣为薪者罪之：剥桑三工以上，为首者死，从者流三千里；不满三工者减死配役，从者徒三年。"毁坏桑树罪至于死，稍轻者也要流放到3000里外，可见宋代对毁桑树者处罚手段格外严厉，足以证明统治者对生产资料严格保护的决心。[①]

### 2.注重率先垂范：皇帝皇后每年亲耕亲蚕

历史经验告诉执政者：重视农业发展才会有国家强盛、政权稳固、社会安定、百姓安康，而农业发展关键在于调动农民积极性。在当时的统治者看来，最好的是以"大禹治水"为榜样，自己带头参加耕织生产，并告示天下、扩大宣传，激发民众倾心农耕。

据《周礼·地官》记载，西周王朝的历代天子都会在每年孟春，举行"籍田"仪式，亲自手持农具耒耜，率领大臣们向上天"祈谷"。这大概是可见最早帝王亲耕的文字记载。"籍田大礼"为后代各朝帝王所追崇，成为后世各朝帝王劝农的"必修课"。

汉代举行皇后养蚕典礼。据《三辅黄图》记载，上林苑有蚕馆，为王后亲蚕之地。每年养蚕前夕，宫中后妃便在这里举行养蚕典礼，一次饲养量达"千薄（箔）以上"，这当是自西周以来"古者天子诸侯必有公桑蚕室"的遗制，但规模之大是空前的。这大概也是可见最早皇后亲蚕的文字记载。汉文、景二帝皆带头耕田，并令皇后带头种植桑树、养蚕织丝。《汉书·文帝纪》："夫农，

---

① 《浙江通志》编纂委员会编：《浙江通志·蚕桑丝绸专志》，浙江人民出版社，2018。

天下之本也，其开籍田，朕亲率耕"，"皇后亲桑
以奉祭服"。

隋朝统治者每年行"祭先农蚕、亲耕桑之礼"。

唐代皇帝重视亲耕"籍田"仪式。唐太宗在全
国范围内营造重农课桑风气，倡导天子亲自举行籍
田仪式，为万民作表率，激励全国农民奋力耕耘种
植。唐高宗时，在北郊举行亲耕"籍田"仪式；唐
玄宗时，也在龙地举行亲耕"籍田"仪式。[①]

这些皇帝皇后亲耕亲蚕典礼仪式，广为天下
知，几乎做到了朝野皆知、家喻户晓，起到了广
泛宣传发动作用，极大地鼓舞了民众从事农耕蚕
织生产活动的热情。

唐太宗画像

### 3. 设置专门机构：历朝均有农官管理农桑

所谓"农官"，就是专门管理农业生产事项的政府官员。在新石器时期，
农业就成为人类生活的主要经济部门，有神农、后稷等先人担任负责农业生
产的"农官"；及至西周，社会分工更加细化，才有农官的文字记载；此后
春秋战国、秦汉、南北朝等，均设有管理农业事务的各种"农官"；唐宋时期，
"农官"制度已较完善，从中央到地方的州县都设有各司其职的"劝农官"，
强化了各级"劝农官"督促农桑生产的具体职责。这种管理制度体系，对后
世影响深远。

西周时期，农业已相当发达。据《礼记·周官》记载，周代设置大司徒、
载师、里宰、遂人、司稼等大批劝农官，督促指导农业生产。《诗经》也有
周成王年幼知稼穑艰难，尤重农业，设置农官，劝勉农桑等内容记载。

秦代，中央政府在国家财政管理官员之外，还专门设置了治粟内史掌管

---

① 蒋猷龙：《隋、唐、五代时期的蚕业》，《蚕桑通报》2019 年第 1 期。

农业物产。还设置多个专管蚕织生产的官职："少府，秦官，掌山海地泽之税，以给供养，有六丞。属官有……东织、西织，东园匠十二官令丞。"东织、西织是负责丝织生产的官营作坊。秦代还设有"锦官""服官"两职。足见当时秦国蚕织生产的产业规模与经济地位不可小觑①。

从汉武帝开始，征集大批士兵到边郡屯田。屯田一方面是国家充实边境、防御敌国的重要国防工程，另一方面也有效推进边郡地区农业发展，以经济稳定来巩固边疆边防。在有屯田任务的边郡设有"农都尉"，由中央的大司农直接领导，全权负责当地屯田事务，农都尉下又设有各级农官②。

隋朝设有专门机构管理丝绸官营生产。隋文帝设置太府寺，其中下属的司染署就是一个染织生产部门。隋炀帝分太府寺为少府监，统属之中有司织、司染等署。这足以说明，丝绸生产已成为国家的一个重要部门，且当时已对生产管理进行了细化分工。

唐朝设有体系较为完备的劝农官。"劝农官"在中央，有司农卿一人，少卿一人；在地方，为道、州、县的副长官，主要职责就是劝课农桑；在基层，每百户设里正一人专掌户口与劝课农桑。唐太宗还派遣使臣到各地劝课农桑，要求使臣到州县时"不得令有送迎，若迎送往还，多废农业，若此劝农，不如不去"③。这种不扰地方、不扰农时、务实低调的工作作风，至今都值得我们学习。唐代宗派遣太子詹事李岘为江南东西及福建等道的劝农宣慰使，代表他到当时的江南东西道（今江苏、浙江、安徽、湖南等地）和福建一带的水稻蚕桑产地，巡查基层官员劝农情况，可见对劝课农桑的极度重视。

北宋劝农官设置，除中央、地方常设司农机构外，还在各路设劝农使、副使，明确赋予其劝农职责。宋真宗还令地方官诸路转运使、提刑的正副使、知州等一定级别的官员为"劝农使"，史称"劝农使入衔自此始"：宋代各级地方长官均兼一地之劝农使，从此形成完整的劝农制度。各级地方官员以"岁

① 朱新予主编：《中国丝绸史（通论）》，纺织工业出版社，1992。

② 张涛：《秦汉地方农官如何推动农业生产》，《人民论坛》2018 年第 36 期。

③ 许道勋、赵克尧：《唐太宗传》，人民出版社，2015。

时劝课农桑"为考课内容，还有"硬任务"：每年春月农作初兴之时，守令须出郊劝农；劝农之时，须作劝农文一首，以宣告君王"德意"。看到这里，我们就不难理解於潜县令楼璹为什么画《耕织图》了。

### 4. 发挥杠杆作用：适时减免税赋持续发展

俗话说"民以食为天"，"国以农为本"。农本思想是各朝帝王执掌天下的"秘钥"，如何用这把"秘钥"开启强盛辉煌之路呢？历代统治者往往会在维护政权利益前提下，为确保农业这一最大税赋之源取之不竭，在劝课农桑、奖励生产的同时，针对性地出台有关减免税赋、与民休息、缓和宽松的政策，以期农业经济的永续发展。

秦代，对农桑采取系列奖励政策。秦嬴政执政后，由于粮食歉收、疫病流行，为解决社会问题，实行向国家缴纳粮食达到一定数量便赐爵的政策，如《史记·秦始皇本纪》就有"蝗虫从东方来，蔽天。天下疫。百姓纳粟千石，拜爵一级"的记载。还将农夫（当时称为"啬夫"，为专门从事耕种的农夫）中表现优异者，破格提拔为下层田官。据《史记·商君列传》记载，早在商鞅第一次变法时，秦国为鼓励耕织还推行过奖励政策：百姓只要向国家缴纳一定数量的粟，就可以免除一定的徭役。

汉代，对农桑的奖励政策更为显著。对百姓来讲，如果努力耕种庄稼，可以被推荐拜为"力田"，作为政府官员的候选人，就有机会"吃官饭"。汉文帝、武帝、成帝时，实行纳粟拜爵劝农政策，如《汉书·食货志》记载，"令民入粟边，六百石爵上造，稍增至四千石为五大夫，万二千石为大庶长，各以多少级数为差"。还实行过"纳粟除罪"政策。

三国时期，诸葛亮兴修水利、奖励种桑养蚕，还设立"锦官"一职，专管织锦生产。当时成都人烟稠密，市场繁荣，许多人家以织锦为业，成都生产的蜀锦闻名天下，质量最佳，魏、吴两国向蜀汉购买大量蜀锦，繁荣的织锦产业为蜀汉增添了经济来源、增强了基本国力。

唐朝历任皇帝均知蚕桑生产对于巩固政权的重要性，因而特别重视桑树种植，明确规定有田不种植桑树者，将受处罚；同时，也怜悯蚕农之艰辛寒苦，每遇蚕桑失时减收，即下令减免赋税，稳定民心。

北宋初年实行奖励蚕桑政策，纺织业得到快速发展。宋太祖"命官分指诸道申劝课桑之令"，宋神宗"分遣诸路常平官专领农田水利，民增种桑柘者，勿得加赋"，各地官吏按中央政令要求分别落实推广，如浙东提举朱嘉印发王文林的《种桑法》，教民种植，在湖州推广桑树嫁接和整枝的技术，在萧山总结了"暑伏织者为上，秋织者为下，冬织者尤下"的经验。

历朝统治者这些"劝农"举措，无疑是对南宋於潜县令楼璹的多重激励，作为地方的"劝农使"，多少加强了他绘制《耕织图》的想法。

### 5.奖优罚劣引导：农桑成绩考核地方官员

一年之计在于春。周代帝王每年孟春举行"籍田"仪式后，都要分别派官员到各地巡行，代表天子劝农，督促地方官员抓好农耕蚕织生产落实，并以劝课农桑的实际成效，作为地方官员的政绩考核、奖惩的依据，这在《礼记·月令》有明确记载："命野虞出行田原，为天子劳农劝民，毋或失时。命司徒巡行县鄙，命农勉作。"

汉代之所以出现文景之治盛况，与文、景二帝重视农桑生产，严格考核地方官员有内在联系。西汉各帝都多次下达劝农诏书，将劝课农桑的好坏作为考核各级官员政绩的重要内容。景帝对劝农不力的官员，特别是侵害农民利益的官员给予严厉处罚，如《汉书·景帝纪》载："吏发民，若取庸……坐赃为盗。二千石听者，与同罪。"在汉代，官吏只要"劝课农桑"有功就可获赏赐，如天水太守陈立"劝民农桑为天下最，赐金四十斤"，这在《汉书·西南夷两粤朝鲜传》有记载；如丹阳太守李忠因为垦田增多，户口增加，三公奏课为天下第一，而迁豫章太守[①]等。

唐代把劝课农桑纳入地方官员政绩考核。中央政府将农业发展状况作为

---

① 〔南朝宋〕范晔：《后汉书·李忠传》，中华书局，1965。

考核地方各级行政官员政绩的重要指标，把派员检查、督导农业生产作为通常的工作方法。唐还设置"中和节"，鼓励百官向皇帝进农书、献种子。

苏东坡在於潜捕蝗纪念碑

北宋对基层农官待遇优厚。据《宋史·食货志》记载，宋代地方官吏中，直接负责教民稼穑的农官，除前朝原有的乡三老、里胥外，还有农师。"农师"由于直接在基层劝课农桑，考核优秀者还享有较高待遇，"为农师者，蠲税免役"，这些举措，调动了基层的积极性。为鼓励和监督基层官吏劝农，上级部门时常会派专员下基层实地督查和指导工作。如北宋熙宁年间（1068—1077），於潜地区蝗虫泛滥，影响水稻收成，杭州府派通判苏轼，多次到於潜等地指导县令捕蝗虫，在他一路捕蝗虫走过的山岭道上，今潜川镇塔山，立有一石碑记载该事。苏轼捕蝗至於潜时，还特意为时任於潜县令毛国华写了一首诗，题曰《赠於潜令毛国华》，诗云："宦游逢此岁年恶，飞蝗来时天半黑。羡君封境稻如云，蝗自识人人不识。"可见当时於潜水稻田畈接天连片、一望无际，蝗虫铺天盖地、灾害严重，各级官吏责任在身、压力重大，也体现了上级官员对基层农官——捕蝗一线指挥官"毛县令"的关心和支持。

### 6. 强化科技普及：改良推广农桑生产技术

改革是前进的动力，科技是发展的核心。在人类社会发展进程中，谁掌握新的生产资源、新的生产技术，谁就掌握发展的主动权。历代统治者都十分重视耕织技术的革新变化，对新的技术成果常常亲力亲为宣传推广。

春秋战国时期，各国注重"奖励耕织，发展蚕桑"政策，养蚕、缫丝、织绸技术得到发展，人们在生产实践中总结出了桑蚕化育的规律，如蚕"冬伏而夏游，食桑而吐丝，前乱而后治"，"夏生而恶暑，喜湿而恶雨"等，强调要把握季节，选良种浴茧，促其发蚁成蛾，交配产卵，以提高来年蚕丝产量和质量。这些新经验，得以在各国推广。[①]

秦国大力推广铁制农具和科学播种。春秋时就出现铁制农具，战国时各国才开始使用。因为当时冶炼技术落后，铁制农具造价高昂，农民无力购买，由此制约了秦国农业生产和荒地开垦。为解决这个问题，秦国下令：农民可以到官府借用铁制农具，如有损坏只需上报官府，不用赔偿。秦国法令《仓律》，还对每亩土地使用种子的数量做出了规定，向农民提供优良种子和科学耕种技术指导[②]。

汉代大力推广牛耕和冬小麦种植。汉武帝任命熟悉农业科学的赵过为搜采都尉，主管农业，赵过创造了代田法，改革了耕田工具，发明了耕犁，并在全国推广牛耕。汉武帝还听从了董仲舒推广冬小麦种植的建议，派遣专门官员到受灾地区推广冬小麦的种植[③]。

隋唐五代时期农业生产工具和生产技术快速发展，铁制锸、铲、镰、铧、锄等普遍使用，犁的形制改进尤为突出。北方直辕犁传到南方后，由于犁铧厚阔，入土阻力大，不易翻土与转弯，犁地效果差，不适应南方"山多、田块小、转弯多、土壤黏性大"的环境，人们在日常实践中将直辕犁改造为"曲辕犁"。曲辕犁因为最早出现于唐代后期的长江中下游地区，并得到应用和广泛推广，故又称"江东犁"。曲辕犁的发明和使用，极大地提高了劳动生产率和耕地质量，为中国传统农具史揭开了新的一页，它标志着中国

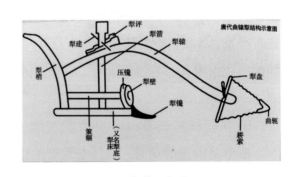

曲辕犁示意图

①　上海纺织科学研究院：《纺织史话》，上海科学技术出版社，1978。

②　林如初：《秦始皇全传》，华中科技大学出版社，2018。

③　韩养民：《汉代的农业科学家赵过》，《西北大学学报（自然科学版）》1979年第1期。

耕犁发展进入了成熟阶段，是中国耕犁发展史上的重要里程碑。此后，曲辕犁成为中国耕犁的主流犁型。①

唐朝还特别尊重农业规律，推广科学的农耕方法。统治者强调"不失农时"与"不妨农事"，唐太宗还屡次下诏，命令各级政府可停不急之务，以保证农时，不误农时。贞观五年（631），皇太子冠礼所择"吉日"在二月，唐太宗认为正逢孟春、恐妨农事，不顾大臣反对，毅然将太子冠礼时间由春耕大忙的二月改为秋后农闲的十月。开元二十一年（733），唐玄宗为保证农时而命令停止兴办一切"不急之务"，并让地方官吏设法帮助有困难的农户完成耕作；次年，他再次强调"农桑之时，不得妨夺。州县长官，随时劝课"②。由于统治者尊重农业生产规律，提倡科学农耕思想，上至朝廷下至地方官员都形成了不夺农时的共识，做到了"三时农不夺，午夜犬无侵"，为农耕蚕织生产提供了安全的制度保障，才有了大唐盛世。受唐代"劝农"政策影响，才有宋代农耕蚕织繁荣，才有宋代科技文化兴盛，才有南宋楼璹《耕织图》问世。

### 7. 文明不断秘诀：及时编修农书总结经验

人类发展历史证明，古代社会的任何一个国家或民族，任何一个朝代或时期，要获得最基本的物质生活条件和强盛的军事国防力量，都必须要有稳定的农业生产，这是古代社会生存与发展的基础。一旦农业生产中断，物质来源中断，文化和传统也将中断。"历史上的文明古国巴比伦、古埃及、古罗马的衰亡，就与农业中断有直接关系。"③中国传统农业之所以能够长期、稳步、持续发展，得益于在农业生产上有先进、丰富、完备的技术知识体系，而这个体系就是中国的农书。历代统治者高度重视这个体系的建设，从农本思想出发，及时总结农业生产经验和技术，将这些务实可行的经验和技术编

---

① 唐珂主编：《农桑之光——中华农业文明拾英》，中国时代经济出版社，2011。

② 侯江红：《唐朝政府农业经济职能研究》，博士学位论文，云南大学，2011年。

③ 康君奇：《略论中国古代农书及其现代价值》，《陕西农业科学》2007年第6期。

写成农书，推而广之，让更多的人知道和掌握，从而保障农业生产不断适应新的发展需求，始终使农业成为人类赖以生存的基础产业、文明传承的青春产业，永续发展，万古不衰。

一万年以来，中华民族在长期的实践中创造和积累了丰富的经验和技术，最初只能靠耳濡目染、口口相传。有了文字以后，才开始记述这些知识技术和经验教训，如甲骨文中的有关字句、《诗经》中的《七月》《无羊》《噫嘻》《臣工》《丰年》等。但这些仍然还不能算作农书，真正意义上的农书开始出现于战国时期。根据《汉书·艺文志》记载，战国时期曾经有《神农》《野老》等农业专书，可惜早已失传。在战国末期编写的《吕氏春秋》中有《上农》《任地》《辨土》《审时》4篇，保存了先秦农学的片段，应该是现在我们看到的关于农业的最早论文。春秋战国时期是中国农书的初创时期。此后，随着农业生产技术日益发达、印刷术的发明，大批记载农业生产知识、技术经验总结的农书纷纷问世，直接指导各地农业生产，为我国传统农业发展发挥了重要作用，做出了重大贡献，并对后世产生深远影响。被称为"世界第一部图文并茂的科普农书"的南宋於潜县令楼璹绘制的《耕织图》，就是在前人大量优秀农书基础上，不断吸收升华的结果。

在南宋楼璹以前我国有哪些著名的农书？当我们翻开历史的资料库，会发现历代农书实在是浩如烟海，根据编著成书时间最近的《中国农业古籍目录》[①]前言记述："本书目收录农书存目共计2084种"，按照"综合性、时令占候、农田水利、农具、土壤耕作、大田作物、园艺作物、竹木茶、植物保护、畜牧兽医、蚕桑、水产、食品与加工、物产、农政农经、求换赈灾、其他"等分为17大类。我们仅选择与农耕蚕桑有关的代表性农书：《氾胜之书》是现存最早的农书，西汉成帝在位时（前32—前7）编写，距今已经有超2000年历史；东汉《四民月令》，是我国最早的一部农历性质的综合性农书；北魏《齐民要术》是古农书中完整保存至今的最早一部农书，也是

---

① 张芳、王恩明：《中国农业古籍目录》，北京图书馆出版社，2002。

世界农业科学史上第一部比较系统的农业著作；宋《陈旉农书》是现存最早的专述南方水田种稻养蚕的农书；北宋秦观《蚕书》，是我国现存最早，也是世界最早的养蚕专著；等等。这些都是冰山一角，林林总总的农书名著，信手拈来就有不少的中国之最、世界之最，足以证明中国古代农本思想的坚固地位、中国农业文明的灿烂光辉，也足以说明南宋楼璹绘制《耕织图》有深厚的历史渊源。

## （三）农桑生产图像从远古一路走来

远古时期，原始人类最早的交流方式是舞蹈和语言。随着社会分工的细化，慢慢地出现了图像，然后才有了文字。图像直观形象、简洁生动，是人类漫长历史演进过程中最直接最悠久的意愿表达方式，并逐步从客观记录演变为艺术表达、从生活需要转化为审美需求，一直与我们相伴左右。中国农耕文化历史悠久，我们的祖先勤劳智慧，创造了辉煌的耕织文化，留下了大量的农耕蚕桑生产生活图像。从远古岩画、春秋战国青铜、秦汉砖石的农桑图像，魏晋南北朝和五代十国的农耕壁画，到唐宋时期的田园风俗画和北宋宫廷耕织画，可以说中国古代耕织图像历史源远流长、载体丰富多样、内容包罗万象、数量浩如烟海。这些各个时期的耕织图像世代绵延，就像无数涓涓细流汇聚成源源不断的长河奔腾向前，涌向一个又一个新的时代，并在奔腾向前的过程中不断推陈出新，不断诞生新的生命——南宋楼璹《耕织图》就是在这奔腾向前的潮流中，激越而出的最耀眼浪花。就让我们沿着这条奔腾不息的历史长河，逆流而上，一路寻找耕织图像的源头。

1. 最早的农耕岩画：东南沿海的"天书"

1979 年冬天特别寒冷，但这个寒冷冬天却给我们带了惊喜：考古人员在江苏连云港发现我国最早的农耕岩画。在海拔 400 多米的锦屏山将军崖上有一块长 22 米、宽 15 米、面积约 330 平方米的黑色岩石，这块普通的岩石上面刻有

三组线条和农作物图样。锦屏
山周围分布着二涧村等11处新
石器时代遗址和桃花涧旧石器
时代晚期遗址。经过考古人员
鉴定，将军崖岩画距今约10000
年，岩画内容反映了原始先民
对土地、造物神以及天体的崇
拜意识，是中国发现的最早反

江苏将军崖农耕岩画示意图

映农业部落社会生活的岩画。著名考古学家苏秉琦先生称之为我国最早的一部
"天书"[1]。

在文字发明以前，岩画是原始人类最早的"文献"。分布在我国南北各
地的古代岩画，不仅记录了原始人类的政治经济、社会生活、生产状态，也
记录了原始人类的思想价值、精神世界、文化需求，是我们了解中华民族创
造文明、创造历史的历程的重要途径。近些年来，陆续在内蒙古、黑龙江、
宁夏、甘肃、青海、新疆、西藏、四川、江苏、广西、云南、贵州等地发现
的远古时期岩画，就有不少描绘农耕蚕织的画面。

### 2. 最早的蚕桑图：战国青铜器蚕桑纹饰

勤劳伟大的先辈们在开拓创造丝绸文明过程中，不仅留下了蚕茧生产遗
存实物，还留下了大量蚕桑生产生活的图像。刻有我国最早的一批蚕桑图像
的青铜器，目前可见有三件。这三幅图都显示出了当时栽桑技术的发展水平，
展现了先民在蚕桑生产中的智慧。

春秋时期"越式桑蚕纹铜尊"。这是1963年大自然给我们送来的一个宝贝，
这年盛夏湖南衡山地区大雨连绵，引发山洪暴发，洪水不断猛烈冲击着霞流市
（今霞流镇）湘江堤坝，竟然在堤岸下冲出一个2700多年前的青铜器。这个

---

① 　盖山林：《中国岩画》，广东旅游出版社，2004。

被洪水冲来的青铜尊上刻有蚕桑图案，记载了古越人从事蚕桑生产的劳动场景，被命名为"春秋越式桑蚕纹铜尊"，专家认为这是我国历史最久远的桑蚕图像。现藏于湖南省博物馆。该铜尊通高21厘米，口径15.5厘米，重2.75千克，鼎部花纹分为三组。第一组颈部，分两层，上层为一圈由直线、斜线、曲线构成的几何形纹样，以锯齿纹为底边，下层为两排"S"形卷云。第二组为圈足上部饰回转曲折的几何图案，用锯齿纹封边。第三组位于器腹的主体花纹，由四片图案化的桑叶组成，叶上布满了各种形态的小蚕，或爬或蠕动或啃食桑叶，都各得其所、悠闲自然，蚕纹无足，身短小，双目圆突出，与甲骨文中蚕字图形相似，符合"身屈曲蠕动若蚕"的文献记载。据记载，我国家蚕品种以体色分有纯白、黑稿、虎斑、斑马等，这在铜尊的蚕纹上均清晰可见；铜尊口沿面铸有十几组蚕形，每组两条，翘首相对，作眠蚕状。铜尊上多种形态的蚕桑纹饰，充分地证明了春秋晚期桑蚕人工养殖的技术已经十分成熟，而这些画面所展现的田园桑林的生活气息十分浓郁。

战国"宴乐射猎采桑攻战纹铜壶"。1965年在四川成都百花潭出土，现藏于

战国青铜器（刻有采桑纹）

战国青铜器采桑纹饰展开

战国青铜器采桑示意图摹绘

北京故宫博物院。在这个青铜器上所绘的"采桑图"，清晰可见桑树经人工修剪过，树冠桑叶茂盛，舒展开来，有利于形成高产的乔木桑树形。图中采桑的女子身姿曼妙、体态婀娜，服饰整齐秀雅，采桑场面整饬有序，据考证，这样的采桑场面并非普通的劳动场面，而是人们祭祀祈祷的场面，这样的蚕桑纹刻被称为"桑林之舞"。

战国"采桑纹铜壶"。河南辉县琉璃阁出土。"采桑图"刻于铜壶壶盖上，画面上有两株桑树，一株与人同高，一株低于人肩。据考证，高大的，称"荆桑"，低矮的，称"女桑"。低矮的树形亦是经过修剪而成的，易于桑叶采摘。

### 3. 画像砖画像石：汉唐时期农桑生产图

继岩画和青铜器农耕蚕桑图像之后，农耕图像开始大量出现在东汉至唐代时期的画像砖和画像石上。画像砖，是用拍印或模印方法，印制在泥砖上烧制而成的图像砖；画像石，是直接在石头上绘制或雕刻图像的作品。

画像砖，从战国晚期到唐宋时期均有发现，生产于中原、西南和江南的广大地区，尤以河南和四川两省出土最多，其中有不少反映播种、灌溉、收割、春米、桑园等内容的图像，画面丰富，叙事生动。画像石较晚于画像砖，是汉代和魏晋时期地下墓室、庙地祠堂、墓阙和庙阙等建筑上雕刻画像的建筑构石，主要分布在河南、湖北、安徽、陕西、山西、四川等地，其中有部分农耕蚕织图像，但不及画像砖丰富。可见农耕蚕织生产生活图像主要为汉代画像砖中雕刻的耕织图像、魏晋墓砖壁画中的耕织图像，以及少量的唐代墓葬壁画，内容多为北方农耕场景，都是某个单一的生产环节和单幅小场面，没有出现完整系列的图像。

农耕图像方面，代表性的有山西平陆枣园、陕西米脂和绥德、江苏睢宁等地汉代墓葬出土的"牛耕图画像砖"和东汉"播种图画像砖"、"艾草播种图画像砖"（四川德阳出土）、"农事图画像砖"、"薅秧图画像砖"、"收获弋射图画像砖"、"春米图画像砖"、"碾米图画像砖"、"推磨图画像砖"、"舜子耕田图画像砖"等。还有陕西米脂和绥德与江苏睢宁出土的汉"牛耕

汉画像砖"牛耕图"
（山西平陆枣园汉代墓葬出土）

汉画像石"纺织图"（成都博物馆藏）　　　　汉代画像砖"曾母投杼图"

图画像石"、四川彭山汉代"春米图画像石"、成都汉代"庄园农作图画像石"、陕北东汉"拾粪图画像石"等。[1]

　　蚕桑图像方面，江苏泗洪县曹庄出土汉代画像砖"曾母投杼图"[2]。汉代墓室画像石"纺织图"，出土于四川成都曾家包东汉墓，该图描绘了当时纺织画面的一个全景，图中所示，在一个空旷的场地上，有拉着重物的马匹和窖茧大缸；旁边还有鸭子、狗这类家畜。画面的左右两端各有一织妇正操作着织机，织机一简一繁，右侧简单的织机似是当时民间普通织机，左侧复杂的是当时一种较先进的织锦机，这两种不同的织机说明当时既能生产普通的丝织品，又能生产高级的织锦。整个画面俨然是墓主人生前，其庄园中的生产场面，反映出了当时丝织生产的进步和发展。[3]

① 王红谊主编：《中国古代耕织图》，红旗出版社，2009。

② 蒋猷龙：《浙江认知的中国蚕丝业文化》，西泠印社出版社，2007。

③ 夏亨链、林正同主编：《汉代农业画像砖石》，中国农业出版社，1996。

### 4.壁画农桑图：敦煌和嘉峪关石窟画像

在壁画中反映农桑生产单个场景的图像最为集中、数量最多的当属敦煌莫高窟。在甘肃敦煌莫高窟及其周边石窟，从4世纪开始至14世纪，前后绵延1000多年，至今保存有十六国、北魏、西魏、北周、隋、唐、五代、宋、西夏、元代洞窟800多个，壁画5万多平方米。在这些繁多的洞窟壁画中，有农业生产作业图像80多幅，实属罕见。在80多幅的农作图中，描绘了当时人们耕犁、播种、除草、打场、扬场等劳动场景，还出现了耕犁、铁铧、锄头、镰刀、连枷等数十种农具。其中，唐宋时期的13幅打场图像中都有用连枷的场景，为一人抢连枷或两人手持连枷对打，直观描述了当时的粮食脱粒加工技术。

《敦煌学和科技史》[①]一书统计，敦煌有农耕图壁画83幅。其中北周3幅、唐代47幅、五代22幅、宋代8幅、西夏3幅。代表性的农耕壁画有，唐代《雨中耕作图》（敦煌23号窟、12号窟）、《耕种图》（154号窟、85号窟）、《耕获图》（敦煌25号窟、196号窟）、《牛耕图》（敦煌361号窟）、《一种七获图》（205号窟），五代《春碓图》《牛耕图》《耕获图》《推磨图》（均在61号窟），宋代《耕获图》《耕作图》（均在55号窟）。多表现北方地区农耕生产内容和场景。

在众多墓室壁画中以甘肃嘉峪关魏晋墓室壁画最为有名，该壁画有600余幅，其中有"耕地图""耙地图""耱地图""耕种图""播种图""打连枷图""扬场图""屯垦图""采桑图"等，嘉峪关一批魏晋墓葬中的壁画上也有不少反映农耕蚕桑生产的图像。从这一连串的图画可看出这时期我国耕作系统已经相当完备了。有些

"耕获图"壁画（五代，61窟）

---

①　王进玉：《敦煌学和科技史》，甘肃教育出版社，2011。

图画内容虽然汉代已出现过，但仍具
有新特点：一是出现了少数民族；二
是有大量耙地图，并出现秦汉时代还
没有的农具"耙"；三是出现了"军
队屯垦图"。魏晋南北朝时期社会动
荡不安，战乱频繁，为供养庞大的军

"采桑图"壁画（魏晋6号墓）

队，从曹操开始就大兴屯田制，使军队能直接进行生产，从而减轻了政府和
百姓的负担。甘肃地区又刚好处于少数民族与汉族杂居的地区，战乱更加频繁，
魏晋等各代统治者都曾在此驻扎重兵，防止少数民族入侵，这一地方发现的"屯
垦图"就是这一现象的生动表现[1]。如嘉峪关魏晋第5号墓有《双牛犁地》（彩
色）、《耙地》（彩色）、《采桑》、《妇女提笼采桑》，第6号墓有《采桑》
（黑白，一人采桑，一人射箭）、《采桑》（彩色，一人左右手分别抓住左
右两棵桑树）等。


### 5. 田园风俗画：唐宋悄然兴起的创作风

　　到了魏晋南北朝后期和唐代，一批文人雅士开始关注农耕生活，将绘画
视野投向农耕蚕织生产场景以及农耕生产工具，出现了一批田园风俗画，这
应该是最早期的文人耕织图画像，开创了文人雅士绘制耕织场景的先河。其中，
最具代表性的是画家张萱《捣练图》、韩滉《田家风俗图》，还有黄庭坚题
石恪画《机织图》。

　　《捣练图》，为唐代著名画家张萱绘制于唐玄宗开元年间（713—
741），绢本、设色，纵37厘米，横147厘米，原件现藏美国波士顿美术馆。
《捣练图》分三节，分别描绘了在砧上打丝绢、检查缝修、熨烫等制作丝绢
的劳动情景。第一节画妇女4人，其中两人对面站着齐举木杵，正打着砧上
的一匹白丝绢。另一妇女手持木杵站在一旁，对面一妇女身靠木杵作卷袖状，

---

① 王潮生：《中国古代耕织图》，中国农业出版社，1995。

宋微宗摹张萱《捣练图》局部

她们两人正准备接替前两个妇女进行"捣练"；第二节画一妇女侧面坐在毡上，正注视着牵引车上掌握丝线的左手，坐在凳子上的妇女正专心检查打过的丝绢上的微小破绽，用她熟练的手技进行缝修；第三节是描绘这匹绢经过打、修之后还要进行烫熨。画一手中执扇看守炉火的女孩，在她前面有两个妇女分开站立，两人双手用力拉着一匹洁白的丝绢，中间一妇女手执熨斗正在小心翼翼地熨烫白绢。其对面一少女用手托着轻柔的丝绢并注视着移动的熨斗，作配合状，以防烫焦。另一顽皮的女孩弯着腰似要从绢下窜过。全图共绘12名妇女，或长或幼，或坐或立，神情姿态各异；人物之间彼此呼应，显得既联系紧密又自然和谐。无论捣练者的执杵挽袖，缝修者的细心理线，拉练者的仰身用力，以及煽火幼女之畏热，观熨女孩之好奇等都刻画得惟妙惟肖，所以它不但是一幅优美动人的人物画卷，而且生动地描绘了制作丝绢的过程和妇女劳动的情景，突出地反映了唐代织造工艺的发展。

《田家风俗图》为韩滉所绘制，描绘了当时农耕生产"自灌溉至入仓凡九事，事系以诗"。韩滉（723—787），唐代著名画家，官至宰相，善画人物，尤喜画农村风俗和牛、马、羊、驴等，以流传至今的《五牛图》而举世瞩目，可惜除《五牛图》外，韩滉的其余绘画未能传世。韩滉以田家风俗人物和生产生活为题材的绘画我们已无缘亲见，只能从仅有的文献记载来推测其大体风貌。在唐代，诸多画家热衷描绘雍容典雅的贵族人物和华丽富贵的鞍马，而不屑于将田家风俗事物作为绘画题材。作为一朝宰相，韩滉却将绘画题材转向农家生活生产，关注田家的悲欢。他在农村生活和田家风物的描绘中，记录着农家生活的喜怒哀乐，寄予着对广大穷苦百姓的深切同情，并从中发现一种农家生活质朴自然的美，在怡然自乐中蕴含着一种恬淡闲适的情调。韩滉开创了田园风俗绘画的先声，形成了以韩滉为首的田园风俗绘画一派，他的《田家风俗图》就是最早的文人耕织图画、最早的诗画合一尝试，对后世耕织图的发展具有深远的启示意义。有学者认为，韩滉是诗画结合绘制耕织图的开创者；也有人认为，楼璹《耕织图》的配图诗受韩滉《田家风俗图》影响，耕图有 9 个场景的五言诗与韩滉相近或相同。清乾隆皇帝在《唐韩滉"田家风俗图"识语》中，通过分析鉴定认为："唐韩滉《田家风俗图》一卷，自灌溉至入仓凡九事，事系以诗……得刘松年《耕织图》（根据楼璹《耕织图》临摹的）每图亦有诗以韩卷相较，九事及诗悉合。心始疑之，因考其原委……南宋人诗不应书出韩滉"，明确指出楼璹的诗并非出自韩滉。由于韩滉《田家风俗图》未能传世，我们只能从历史文献的只言片语中去猜测，拿不出实际证据。但不管怎样，历史文献有过韩滉绘制《田家风俗图》9 图并配诗歌的记载，我们相信南宋时期的文人们一定比我们有更多的机会看到这些图。无论如何，楼璹绘制《耕织图》时，无疑难以回避韩滉《田家风俗图》的影响。

〔唐〕韩滉《五牛图》局部

　　《机织图》为宋初画家石恪绘制。石恪，字子专，成都郫县（今四川省成都市郫都区）人，善画佛道、人物，形象夸张，笔墨纵逸刚劲。石恪所绘《机织图》至今未见，仅见黄庭坚为该画所题的诗句。黄庭坚（1045—1105），字鲁直，号山谷道人，分宁（今江西修水）人，北宋诗人，书法家，他是苏轼的学生，但与苏轼齐名，人称"苏黄"。黄庭坚题石恪《机织图》云："荷锄郎在田，行饷儿未返。终日弄机鸣，恤纬不思远。"该诗不仅刻画了一位普通劳动妇女在织机前辛勤织造的情景与心态，也描绘了男耕女织的生活风尚[①]。比黄庭坚小45岁的楼璹，既出生成长于书画世家，自己又是书画收藏家，是很有机会看到这幅《机织图》与题诗的。当然，这种诗画结合的艺术表达方式，也自然不可能不影响楼璹的诗画创作风格。

## （四）讴歌农桑生产生活的诗歌历史悠远

　　中国不仅是农业大国，也是诗歌大国。万古长青的农事生产活动持续不断地启迪着人们的思想思维，造就了丰富深厚、独具特色的农业文化。而在丰富多彩、历史悠久的农业文化和诗歌海洋里，最远古、最灵动的就是农事诗，这些反映人们农耕蚕桑生产生活的诗歌通俗易懂、节奏明快、朗朗上口、口口相传、千古不灭、万代传唱。从最早的农事诗《击壤歌》和农事诗总集《诗经》，到东晋陶渊明开创中国田园诗先河的《劝农》诗，再到唐代李绅千古绝唱《悯农》诗，源远流长、绵延不断，就像一年一度的春风，在中华大地的秀丽山川、肥沃土地、茂盛桑林上空吟唱盘旋。直到有一天，这股吟唱的春风翻过高耸林立的天目山，盘旋于天目溪两岸，被这里男耕女织的田园风光吸引，停下了脚步，留驻在水田稻浪、绿桑蚕房，与翩翩穿梭的丝织蚕娘一起开始她新的吟唱，于是就有了楼璹《耕织图》诗的拔地生长、随风吟唱。

---

① 丁炳启编著：《古今题画诗赏析》，天津人民美术出版社，1991。

## 1. 最古老的农事生产诗歌——《击壤歌》

中国的农事诗，重在描写农业生产、介绍农耕环节、说明农作技术、叙述农事作用、反映农村生活、展示农人心情、表达作者观点。一般多为农业生产生活的客观描述，并在客观描述中融入作者的主观想象与个人情感，是生活实践与艺术创作的完美结合产物。学术界公认，我国最早的农事诗是原始社会时期先民吟唱的《击壤歌》。

《击壤歌》是神话传说中"三皇五帝"尧帝时代的一首民间歌谣。尧帝时代距今很遥远，根据专家考证加推测，尧时代距今大约有 4300 年。这首民谣不仅在民间广泛流传，还被载入相关史籍，才得以传到今天。据《帝王世纪》记载："帝尧之世，天下大和，百姓无事。有八九十老人，击壤而歌。"这位八九十岁的老人所歌的歌词是："日出而作，日入而息。凿井而饮，耕田而食。帝力于我何有哉？"也就是我们今天所看到的《击壤歌》。用今天的语言来理解，大意就是："太阳出来就去耕作田地，太阳落山就回家休息。挖一眼井就可以有水喝，种出庄稼就可以有饭吃，帝王的权力对我来说有什么好羡慕的呢？"这首淳朴的民谣无疑是当时农耕社会背景下，劳动人民自食其力、自然安逸的生活写照。它生动地描述了四千多年前，远古时代的先人们，一边在田间地头劳作，一边吟唱歌曲，抒发心中的感慨，消解耕作疲劳的场景。这为我们传递了许多信息，如先人们当时的劳作状态为早出晚归，非常辛苦，但习以为常，以歌为乐，非常豁达恬淡；当时的生活状态为自耕自食，自给自足，自得其乐，所追求的不过是一瓢饮水、一餐饭食，简单而满足，辛勤而快乐。

为什么在《击壤歌》里会呈现"简单而满足，辛勤而快乐"的生活状况？因为这首农事诗客观记述了当时的社会环境：处在三皇五帝的尧时代，所谓皇、帝，就是氏族公社的首领，实行公推制或禅让制，承担的不过是管理、规划、指挥功能，与劳动者并无根本的利害冲突，所以其乐融融，和睦相处；当时生产力又极其低下，没有剩余产品，所以就没有剥削压迫的条件。虽然物质极端贫乏，生活极端单调，劳作极端辛苦，但并没有影响人们精神和心灵的快乐，人们应需而作，随性而歌。所以，后人称《击壤歌》为"远古的田园牧歌"。这种怡然自得、知足常乐的风格与心态，一直影响着后世的农事诗创作。

2. 最早记载农事活动的诗集——《诗经》

从《击壤歌》的产生，我们可以更加明白这么一个千真万确的道理：生活创造艺术、艺术来自生活，勤劳智慧的劳动者就是最早的文学艺术家。不仅"远古的田园牧歌"如是，而且"最早的诗歌总集"更如是：《诗经》的每一首诗歌都是来自农耕社会劳动者的创造，都是来自西周到春秋中期先民们的勤劳和智慧。作为我国第一部诗歌总集，《诗经》共305篇，根据诗歌所反映的内容可以分为祭祖颂歌、周祖史歌、农事诗、战争徭役诗、婚姻爱情诗等，其中有大量的农事诗，哪怕不是直接写农事的诗，也都以农事为背景、以农事为场景、以农事为抒发对象。因为，在那个时代，只有农业才是人们生活的根本与全部，就如恩格斯说的"农业是全部古代世界一个决定性的生产部门"，也如鲁迅先生比喻的，人不可能离开自己生活的环境，就像人不可能用自己的手抓住自己的头发离开地球一样。《诗经》毫无疑问也必须遵循这些规律：它的描写、它的内容都不可能脱离它所处的那个时代、不可能脱离人们赖以生存的农业。所以，《诗经》不仅是中国最早的诗歌总集，也是最早记载农事活动的诗集。

在《诗经》这部"我国最早记载农事活动的诗集"中，收录了大量涉及农耕蚕织生产生活场景和细节的诗歌，还有了不少重农课桑、倡导农桑的"劝农诗"。由于西周高度重视农业，每年春天在农事开忙之前都要举行"籍田礼"，统治者希望通过举行"籍田礼"祭祀神灵以祈求风调雨顺，祈求神灵赐予农业生产丰收，示范于庶民百姓以催促农耕，训导子孙以知稼穑之艰难。这方面的内容有大量描述，如《诗经·周颂·载芟》就是一首描写籍田礼上祭祀社神场景的诗歌，"谓周公、成王太平之时，王者于春时亲耕籍田，以劝农业，又祈求社稷，使获其年丰岁稔"。又如《周颂·臣工》这首诗歌，全诗一章，共十五句，可分三层，这是周王耕种籍田并劝诫农官的农事诗，意在"此戒农官之诗"。如《诗经·小雅·节南山》云："弗耕弗亲，庶民弗信。"意在用自己亲耕的实际行动，让百姓信服农耕的重要性，由此训示群臣子孙须知稼穑之艰难。

《诗经》众多劝农诗中，最有代表性的是《诗经·周颂·噫嘻》，生动地描述了周成王率众劝农的场面："噫嘻成王，既昭假尔。率时农夫，播厥百谷。骏发尔私，终三十里。亦服尔耕，十千维耦。"这是一首反映周代社会场面宏大的农耕动员劝农诗。用今天的话来讲，大概意思就是："成王轻声感叹作祈告后，大声告诉大家我已招请过先公先王，我将率领这里的众多农夫，去播种那些百谷杂粮，田官们推动你们的耜，在一终三十里田野上（终为井田制土地单位，每终占地一千平方里，纵横各长约三十一点六里，取整数称三十里），大力配合你们的耕作，万人耦耕（耦为两人各持一耜并肩共耕）结成五千双。"全诗一章，一共八句。前四句是周王向臣民庄严宣告自己已招请祈告了上帝先公先王，得到了他们的准许，以举行此籍田亲耕之礼；后四句则直接训示田官勉励农夫全面耕作[①]。诗虽短而气魄宏大，从第三句起全用对偶，后四句句法尤奇，即使在后世诗歌最发达的唐宋时代也颇为少见。在中国农史学界，有专家曾经将这首诗视为"中国劝农诗之母"。

### 3. 晋陶渊明开创田园诗派——《劝农》

《诗经》对后世诗歌创作影响深远，秦汉之后的诗人几乎都继承了诗经的创作风格，尤其是《诗经》中的农事诗对后世的劝农诗、农耕诗、田园诗创作影响极为深刻：《诗经》农事诗面向当下、面向农业、面向农民、面向生产、面向生活、面向劳动者的现实主义创作风格，深深地铭刻在魏晋时期诗人的骨子里、血液中。在众多诗人、众多农事诗中，最有代表性的是陶渊明和他的《劝农》诗，以及由他创始的田园诗。陶渊明开创的田园诗对唐宋

---

① 徐燕琳：《劝农文学：一种值得注意的文学体类》，《学术研究》2011 年第 6 期。

陶渊明画像

田园诗诗风影响历久不衰，并一直持续到今天。

陶渊明（约365—427），名潜，字元亮，别号五柳先生，江西人，东晋杰出诗人、辞赋家、散文家。曾任江州祭酒、镇军参军、彭泽令等职，最后一次出仕为彭泽令，80多天便弃职而去，从此归隐田园。他是中国第一位田园诗人，被称为"古今隐逸诗人之宗""田园诗派之鼻祖"。传世作品共有诗125首，文12篇，被后人编为《陶渊明集》，其中最著名作品有《桃花源记》《饮酒》《归去来兮辞》等。

在《陶渊明集》中收有大量的农事诗，如《劝农》《饮酒》《时运》《归园田居》《移居》《和刘柴桑》《癸卯岁始春怀古田舍》《庚戌岁九月中于西田获早稻》《丙辰岁八月龄下巽田舍获》《有会而作》《疑古九首之一："种桑长江边"》《杂诗二十首之一："代耕本非望"》《桃花源诗并记》等。《劝农》是陶渊明农事诗的代表，诗共六章，可分为三段。《劝农》全文为："悠悠上古，厥初生民。傲然自足，抱朴含真。智巧既萌，资待靡因。谁其赡之，实赖哲人。哲人伊何？时维后稷。赡之伊何？实曰播殖。舜既躬耕，禹亦稼穑。远若周典，八政始食。熙熙令德，猗猗原陆。卉木繁荣，和风清穆。纷纷士女，趋时竞逐。桑妇宵兴，农夫野宿。气节易过，和泽难久。冀缺携俪，沮溺结耦。相彼贤达，犹勤陇亩。矧伊众庶，曳裾拱手。民生在勤，勤则不匮。宴安自逸，岁暮奚冀。儋石不储，饥寒交至。顾尔俦列，能不怀愧。孔耽道德，樊须是鄙。董乐琴书，田园不履。若能超然，投迹高轨。敢不敛衽，敬赞德美。"第一段（前三章）陈述了传说中的古代教民耕种的后稷以及垂范躬耕的舜、禹参加农业生产的事迹。第二段（四、五两章）引用了春秋乱世的隐士长沮、桀溺默默耕耘的故事，郑重地申明了"民生在勤，勤则不匮"的道理。第三段（第六章）列举了孔子和董仲舒等古代圣贤蔑视劳动的事实。《劝农》集中反映了陶渊明的"农本"思想——他从人类生存和发展的高度，朴素地认识到农耕稼穑乃是一切社会政治生活的基础前提，敢于大胆否定以农为耻、不劳而食的传统观念，对农民身份及其职业给予高度肯定和赞扬，高度赞颂历代圣贤的重农务本，并由此表达了对完美的农业社会制度的向往。陶渊明的《劝农》诗，通篇反映了重农课桑的谆谆劝导，成为中国历史上"劝农诗"的典范。

在中国诗歌史上，陶渊明的农事田园诗数量最多，成就最高。这类诗充分表现了诗人对淳朴田园生活的真情热爱，对生产劳作投入与收获的客观认识，对勤劳智慧劳动者的友好感情，对男耕女织自给自足生活的无限向往。作为一个文人士大夫，这样的思想感情，这样的内容展示，这样的描写方式，在文学史上是前所未有的，尤其是在魏晋时期门阀制度和观念森严的社会里显得特别可贵。可以说，他的田园诗以淳朴自然的语言、白描写实的手法、高远脱俗的意境，为中国诗坛开辟了新格局，为唐宋田园诗派创立了新天地，为历代农事诗创作树立了新标杆。唐宋大家对其顶礼膜拜：唐代诗圣杜甫诗赞陶渊明为"宽心应是酒，遣兴莫过诗。此意陶潜解，吾生后汝期"；宋代诗人苏东坡对陶潜评价为"渊明诗初看似散缓，熟看有奇句"，苏东坡还作了 109 篇和陶诗，可见陶对苏影响之深，对北宋诗人影响之深。

4. 家喻户晓的千古绝唱和遗憾——《悯农》

唐代，诗歌创作进入了空前繁荣时代，农事诗写作也随之登上了高峰。《全唐诗》收录诗人 2300 多家、诗歌 49000 多首，其中就有不少描写田园生活的农事诗。唐诗里的农事诗主要反映了重农、喜农、悯农等内容，其中写雨或写"喜雨"的极多，以"雨"作为诗名和写雨的诗人，无疑最多就是诗圣杜甫，传诵最广的《春夜喜雨》前四句"好雨知时节，当春乃发生。随风潜入夜，润物细无声"，这首写雨的诗，好像没有直写农事，但诗人的灵气、感受和表现，显然与农事相关：春雨的意象，便是对一年农事的期许和遥望。杜甫与白居易，恐是唐诗帝国里写悯农诗数量最多、内容也最厚重的诗人，杜甫有《春旱天地昏》《大麦行》《岁晏行》《为农》等，白居易有《村居苦寒》《观刈麦》《重赋》《卖炭翁》等，都脍炙人口。但"安史之乱"击穿了大唐盛世，社会开始动荡不安，农业生产遭到严重破坏，农民生活受到较大影响，悯农、哀农的诗就成为这一时期农事诗里的重要部分。最有代表性的是李绅的《悯农》。

《悯农》共二首，其一为"春种一粒粟，秋收万颗子。四海无闲田，农夫犹饿死"，其二为"锄禾日当午，汗滴禾下土。谁知盘中餐，粒粒皆辛苦"。《悯农》传诵的范围和力度，不亚于李白的《静夜思》。因为"谁知盘中餐，粒粒皆辛苦"讲的是要珍惜农人的劳动成果和自然予人的馈赠，在悯农、惜农、珍农上引起了社会广泛而持久的认同，至今还被编入小学语文课本。可以说在中国孩子们的成长过程中，没有一个人不读《悯农》诗的，也没有人不会背诵"锄禾日当午，汗滴禾下土。谁知盘中餐，粒粒皆辛苦"这首诗。毫无疑问，李绅的《悯农》是我国农事诗中最为通俗易懂、最为传播广泛、最为经久不衰、最为老少皆知的著名诗句，自唐代以来历代传诵不绝，是名副其实、当之无愧的千古绝唱。

我们在传播这首千古绝唱时，可能并不是所有人都知道《悯农》背后的故事：这首诗作者李绅是一个才华横溢、满怀怜悯之情的文人，还是一位臭名昭著、作恶多端的贪官，具有极端的两面性。李绅（772—846），无锡（今属江苏）人，唐朝宰相、诗人，卷入牛李党争，为李党重要人物。李绅打小有悲天悯人之心，20多岁时目睹农民耕种田间却得不到温饱，含泪写下两首《悯农》诗，被誉为悯农诗人的典型代表。但他科考进士入仕后，依附李党势力官至宰相，身居高位后忘了初心，生活豪华奢侈、家中私妓成群，还徇情枉法，杀害李党对手，引起众怒。唐宣宗即位后，整治朝廷党争，李党失势，党争无辜被害之人得以平反。这时李绅已去世，但按唐律规定，酷吏即使离世也要剥夺爵位，子孙不得做官。去世的李绅被处"削绅三官，子孙不得仕"。我们不禁感叹：一个出生苦寒的少年悯农诗人，假如不忘初心，坚守怜悯之情，关注民生疾苦，不苟求荣华富贵，

李绅画像

不陷入党争，或许他仕途没有那么风光，但至少不会连累子孙后代，也不会留给后世无限遗憾。

### 5.北宋潇洒的田园行走诗人——苏东坡

苏东坡画像

苏轼（1037—1101），字子瞻，号东坡居士，世称苏东坡，眉州眉山（今四川省眉山市）人，北宋文学家、书法家、美食家、画家、治水名人。北宋嘉祐二年（1057），苏轼参加殿试中乙科，赐进士及第。嘉祐六年（1061），中制科入第三等，授大理评事、签书凤翔府判官。宋神宗时曾在杭州、密州、徐州、湖州等地任职。元丰三年（1080），因"乌台诗案"被贬为黄州团练副使。宋哲宗即位后任翰林学士、侍读学士、礼部尚书等职，并出知杭州、颍州、扬州、定州等地，晚年因新党执政被贬惠州、儋州。宋徽宗时获大赦北还，途中于常州病逝。宋高宗时追赠太师，宋孝宗时追谥"文忠"。苏轼是北宋中期文坛领袖，在诗、词、散文、书、画等方面成就卓著。文纵横恣肆，诗题材广阔，清新豪健，善用夸张比喻，独具风格，与黄庭坚并称"苏黄"；词开豪放一派，与辛弃疾同是豪放派代表，并称"苏辛"；散文著述宏富，豪放自如，与欧阳修并称"欧苏"，为"唐宋八大家"之一。苏轼善书，是"宋四家"之一；擅长文人画，尤擅墨竹、怪石、枯木等。作品有《东坡七集》《东坡易传》《东坡乐府》《潇湘竹石图》《枯木怪石图》等。

苏东坡一生命运跌宕起伏。曾两次大起大落，一度官至显赫高位也一度被贬，坎坷经历使他走过祖国南北山水，见到世态变幻莫测，对田园山水深怀敬意，便潇洒地行走在山水田园间，创作出不少田园诗，成为那个时代田园诗杰出代表。晋代诗人陶渊明开创了中国田园诗先河，其后出现了谢灵运等山水诗派代表人物，在唐朝将山水和田园合并为山水田园诗派。自南齐萧统在《昭明文选》中第一个发现陶渊明文学价值后，其不为五斗米折腰的士大夫精神成了后世文人楷模。后世许多文人在仕途上不如意，或者对官场生涯起伏感到疲倦，都以陶渊明作为精神归宿。苏东坡就是这一类文人中最具有典型性的一位。苏东坡现存诗歌约 2700 多首，仅"拟陶""和陶"诗就有120 多首，其中田园诗占 15%。这些田园诗最大特征是"民本"思想浓郁，主要表现了对黎民百姓的关怀、悠然自得的心境、真善美的情感①。

　　苏东坡一生曾两次来杭州为官。第一次是北宋熙宁四年（1071）十一月至熙宁七年（1074）九月，任杭州通判。第二次是元祐四年（1089）七月至元祐六年（1091）三月，任杭州知州，主政一方。苏东坡在杭州任通判时，曾多次到属县於潜考察农桑生产、指导抗御蝗虫灾害，并在於潜写下一批描摹和赞美田园生活、农夫蚕妇的诗句。据江跃良先生主编《临安历代诗词选》（团结出版社 2019 年），收录苏东坡在於潜考察指导农耕生产时写的田园诗6 首，为《赠於潜令毛国华》《於潜绿筠轩》《於潜令刁同年野翁亭》《於潜女》《捕蝗至浮云岭，山行疲荼，有怀子由二首》《山村五绝》等。其中就有脍炙人口的《山村五绝》之一："竹篱茅屋趁溪斜，春入山村处处花。无象太平还有象，孤烟起处是人家。"《山村五绝》之二："烟雨蒙蒙鸡犬声，有生何处不安生。但教黄犊无人佩，布谷何劳也劝耕。"细腻生动地描绘了当时於潜农村恬静安逸的田园生活。而《於潜女》则是苏东坡于北宋熙宁六年（1073）三五月间，巡察富阳、新城，到於潜时创作的"农事诗"，此时正逢春天，於潜处处洋溢着春季农桑生产的生命活力，这种春天的活力、生命的活力，带给苏东坡强烈的感染，面对春季里农妇在天边劳作的场景，他寥寥几句，就描绘了於潜乡村的劳动妇女天然淳朴、勤劳妩媚的形象："青裙缟袂於潜女，两足如霜不穿屦。觕沙鬓发丝穿柠，蓬沓障前走风雨。"这些诗，不仅是优美的田园诗，更是务实的劝农诗——无论你是谁，只要读了这些诗句，便会对农业、农村的生活油然而生向往之情，对於潜自然恬静、世外桃源式

---

① 俞兆良：《东坡田园诗的特征与意义》，《惠州学院学报（社会科学版）》2015 年第 4 期。

的风光无限向往。

　　苏东坡既是一代文豪，更是地方官员——肩负"劝农使"责任。他创作的劝农诗风格，对当时和后世影响深远。在苏东坡游走于杭州等地乡村大唱田园诗歌之时，东海宁波悄然诞生了一个新生命——楼璹在苏东坡 54 岁时，来到这个世界。我们很难判断同为州府主官的楼璹父亲楼异与苏东坡是否有过交往，楼璹有没有见过比自己父亲大 4 岁的苏伯伯。按常理来讲，楼璹作为四明显赫家族后裔是有可能见到苏东坡的。即使未见过苏东坡，在他童年的家学训练中，是不会没有苏东坡诗词学习内容的。这样看来，苏东坡田园诗风格对楼璹诗画风格影响是显而易见的——楼璹在苏东坡离世的 32 年后，走上於潜县令岗位，效仿苏东坡潇洒地行走在於潜乡村田园，吟诗作画，创作了举世瞩目的《耕织图》和诗。

第二章

为什么《耕织图》会在於潜诞生

　　人们不禁要问：中国这么大，有不少地区的农耕和蚕织生产与文化十分发达，为什么《耕织图》偏偏在於潜诞生了？其中，有偶然，更有必然。只要我们翻开历史，就会惊讶地发现，原来这世上凡事都有缘起因果，从来就没有空穴来风。

　　唐代末年，临安石镜人钱镠创建了吴越国，定都杭州，并缔造了富庶的江南，为宋代经济、社会、文化、科技的繁荣奠定坚实基础；我国历史上三次北方人口大量南迁，给南方地区带来中原地区先进的生产技术和人才，推动了江南地区快速发展；宋室南迁定都杭州，将原在北方的政治、经济、文化中心改建在南方，为江南地区全方位发展奠定良好基础；宋代朝廷大力倡导农桑生产，推行劝农政策成为各地重农课桑的"指挥棒"，为绘制《耕织图》制造了潜在而强烈的需求；唐宋时期，大批文人墨客诗画之作热衷描摹现实生活，乡村诗画写真风靡大地，为《耕织图》创作者提供了学习范本；南宋京城临安西郊於潜县，当时农耕生产兴旺、丝绸产业发达，为《耕织图》问世提供了滋润土壤。这些都是《耕织图》诞生前的必要而充分准备。在天时、地利、人和各方面条件具备下，《耕织图》就顺其自然，孕育而出了。

## （一）历史奠定基础：吴越国与江南富庶

　　吴越国的缔造者钱镠（852—932），字具美，享年80岁，出生于临安县石镜山下，因其出生时长相丑陋，其父亲钱宽欲将其丢弃井里，幸好被祖母（临安方言称"婆婆"）阻拦，从钱宽手中将襁褓里的钱镠抢了回来，故钱镠有"婆留"乳名。钱镠身处唐末和五代十国时期，国土四分五裂，强藩群起争霸，天下战乱纷繁，社会动荡不堪，百姓民不聊生，时世却造就了英雄：出身寒门的钱镠，从一个挑盐脚夫蜕变成"一剑霜寒十四州"的江南雄豪，并在东南地区建立了自己的势力范围——吴越国，后梁开平元年（907）定都杭州，后封为吴越国王，历经三世五王存续72年（五代十国中吴越国立国时间最长）。其间，钱氏家族的历代吴越国王，都不忘初心，坚守钱镠家训，一以贯之"保境安民、善事中国"的治国方略，发展农桑为两浙民生休养生息创造安定环境，使两浙地区在战乱纷繁的时代里，寻得了和平稳定、民生安宁的物理空间，抓住了经济、社会、科技、文化发展的时机，吴越之地快速富庶与强大起来，杭州也作为一个大都市脱颖而出，改变了当时北盛南弱的格局，为宋代经济社会繁荣、文化科技领先奠定了坚实的物质与精神基础，为"上有天堂，下有苏杭"的世代传唱谱写了厚重的前奏曲。用复旦大学教授葛剑雄的话来说，钱镠和吴越政府最关键性的贡献就是：使江南变成了"天堂"，使江南从此成为中国经济文化最发达的地区。

### 1. 为南方休养生息保境安民

钱镠和黄巢一样，都靠私贩官盐起家。唐末为控制盐业税收，盐业由官方专卖，盐价一直飙升，盐的零售价要高于产地价十几倍甚至几十倍。卖盐所获的丰厚利润使得私盐贩子队伍急剧扩张，朝廷严禁贩卖私盐，对私盐贩子处以重刑，仍无法禁止。随着官军围剿追捕，私盐贩子纷纷组成自己的武装进行反抗，钱镠也拥有一批跟随者。浙西镇遏使王郢叛乱，危及浙东浙西社会安宁，地方豪强董昌组织民团，任命钱镠为偏将，一起平定了乱局，两

钱镠像

人被朝廷授予官职。后来黄巢起义，钱镠参与镇压黄巢军，因能力出众任镇海军节度使，割据两浙地区。公元907年朱温灭唐建立后梁，钱镠受封为吴越王。钱镠属下认为朱温是篡国之贼，不能接受封赏，应该兴军北伐。但钱镠却觉得当时吴越周边强邻围绕，虎视眈眈，若举兵伐梁会导致腹背受敌，必然引发新一轮战争，战火一旦燃起，百姓必遭荼毒。因此，钱镠坚持对朱温顺从，以称臣示弱换

钱镠贩盐图

取和平安定。遵循这一基本思路，吴越国先后尊后梁、后唐、后晋、后周和北宋等中原王朝为正朔，一直朝贡中原，并且接受其封册。

这种"保境安民"策略，是钱镠审时度势根据吴越国国情决定的，这也得益于钱镠的经历和他父亲钱宽的告诫。为了生计，钱镠少年时就参加贩盐，一根盐担走天下，一双铁脚踏山岗，穿梭于沿海与山区，目睹战火给百姓带来的灾难，动乱给经济带来的破坏，深切感悟到社会安宁、百姓安定的极端重要性；同时，吴越国地处东南沿海，疆域小国力弱，北方和西方是吴国，南方是闽国，一旦发生战争就要三面受敌，处于危险境地；父亲钱宽因钱镠整天在血海里冲杀深感恐慌，担心杀戮会留下仇恨，给钱氏家族带来被报复的灾难，遂回避不见儿子钱镠，并多次告诫钱镠："吾家世田渔为事，未尝有贵达如此，尔今为十三州主，三面受敌，与人争利，恐祸及吾家，所以不忍见汝。"[1]父亲的告诫对钱镠产生很大影响，为防止钱氏家族受到报复，钱镠制定了严密防守、安定为上等一系列的管理与发展思路：钱镠既不敢发动战争，也怕别人进攻自己，他居安思危，处事谨慎，采取了一系列"转攻为防、以防为主"的举措。如在自己房间备有粉盘和警枕，粉盘是为了随时将想到的事情写在上面作为备忘，警枕为圆木所做的枕头，防止熟睡。有时他还把铜丸弹到城墙外面，试探值更守夜的士卒是否警觉。有天深夜他着便服去敲北门遭到拒绝，守卫士卒说就是大王来了也不能开。第二天，他当面重赏士卒，表扬士卒谨慎尽职。

---

① 〔宋〕薛居正：《旧五代史》，中华书局，1976。

　　钱镠之所以明智地选择了"对外示弱、对内宽仁"策略，是因为他经过多年的刀光剑影生涯，不断反思形成了"民本"思想，提出"民为贵，社稷次之，免动干戈"主张，始终贯穿于吴越国建国和治国实践。因此在五代乱世之中，他不为乱世权欲所趋，恪守"保境安民"政策，在天下纷乱大环境里却为吴越国百姓创造了一方平安稳定的环境，也在战乱纷争的夹缝中获得难得的经济复苏与发展机会。因为，他知道在强大的丛林法则面前，东南吴越没有实力入主中原，只有保境安民、励精图治、发展农桑、善事中原，才能避免战争、百姓安乐、壮大势力，这才是赖以生存的上策。钱镠给子孙立下遗训，"要度德量力而识时务，如遇真主，宜速归附"。钱镠这一根深蒂固的民本思想，换来了吴越国近百年安定，在之后的岁月里，中原战火纷飞，吴越却少了很多战争杀戮，百姓生活安居乐业，经济社会繁荣发达。这就是钱镠的伟大之处。

钱镠在风云变幻中守护着江南的平安（塑像）

### 2. 为打造吴越名都扩建杭城

根据《淳祐临安志》记载，杭州城的建设始于隋文帝开皇十一年（591），当时，杭州在柳浦西依山而建，周围仅 36 里 90 步，15380 户。隋炀帝大业六年（610）江南运河开通，推动了杭州经济发展和城市建设。到了唐太宗贞观年间（627—649），杭州有 35071 户；到了唐玄宗开元年间（713—741）增加到 86250 户。从建城开始 150 年时间人口增加了 8 倍，而且商业繁荣，已成为江南大郡[①]。随着人口迅速增长，杭州经济也迅速发展，从吴越时期开始，杭州经济在全国的重要地位逐渐显现。

唐昭宗景福二年（893），吴越王钱镠将镇海军节度治所从镇江移至杭州。当年，拥有浙西 6 个州地盘的吴越王年仅 41 岁，正年富力强，率兵士和民夫 20 多万人开始了对杭州城市的大规模扩建。根据北宋范林禹《吴越备史》卷一记载"新筑罗城自秦望山由夹城东亘江干，泊钱塘湖（今西湖）、霍山（今少年宫后）、范蒲（今艮山门外）凡七十里"。罗城的修筑工程十分艰巨，由于"江涛势急，版筑不能就"，后来"沙涨一十五里，功乃成"，这次筑城所开城门 10 个：龙山门（在六和塔西）、竹车门（在望仙桥东南）、南土门（在荐桥门外）、北土门（在旧菜市门外）、宝德门（在艮山门外无星桥）、北关门（在夹城巷）、西关门（又称涵水门，在雷峰塔下）、新门（在炭桥东）、盐桥门（在旧盐桥西）、朝天门（在吴山下，今镇海楼）。新建的罗城将隋唐旧城包在里面，可见其规模之浩大。后梁太祖朱温开平元年（907），吴越国定都杭州，钱镠对杭州进行了进一步扩建。梁开平四年（910），大兴土木，修建宫殿，罗城又扩展了 30 里，内有子城，外有夹城和罗城，共三重，子城设在凤凰山东麓，作为王宫；夹城和罗城规模宏伟，十分壮丽。通过几次扩建和治理，钱镠在过去泛滥成灾的地方，造起了龙台水榭，使之变成了华丽的建筑群体，引来了四面八方的文人商客，一时"钱塘富庶，盛于东南"，商业更加发达，杭州已经成为王宫宏大、建筑雄伟、富甲一方、繁华美丽的

---

① 〔宋〕吴自牧：《梦粱录》，浙江人民出版社，1980。

钱王射潮（雕塑）

城市，这就为 200 年后宋朝赵氏南渡定都杭州打下了坚实的基本设施基础。当时，杭州的宏伟豪华，在欧阳修的《有美堂记》中就有详尽的描述："若四方之所聚，百货之所交，物盛人众，为一都会，而又能兼有山水之美，以资富贵之娱者，惟金陵（今南京）、钱塘（今杭州）。……独钱塘，自五代始时，知尊中国，效臣顺及其亡也。顿首请命，不烦干戈。今其民幸富完安乐。又其俗习工巧。邑屋华丽，盖十余万家。环以湖山，左右映带。而闽商海贾，风帆浪舶，出入于江涛浩渺、烟云杳霭之间，可谓盛矣。"

钱镠在扩建杭州城的同时，还兴修水利、捍筑海塘，开通海运、拓展外贸，疏浚西湖、整治内涝、广筑城池、兴建寺庙。特别是吴越国提倡佛教，大兴寺院，成为当时中国的佛教中心，号称"佛国"。根据《西湖游览志》记载："杭州内外及湖山之间，唐以前为三百六十寺，及钱氏立国，宋朝南渡，增为四百八十寺，海内都会，未有加于此者。"今天杭州的灵隐寺石塔、梵天

钱王兴修水利图

寺经幢、六和塔、雷峰塔、保俶塔、闸口白塔、临安功臣塔和苏州虎丘塔、上海龙华塔等，都是吴越国时期建造的。这些古代建筑与西湖一起，都成为"人间天堂"杭州的历史人文经典景区。富庶美丽的杭州吸引着天南海北的各界人士前来从业与定居，给杭州带来了丰富的人口红利。因为唐末战乱，江浙地区人口耗损巨大，吴越国定都杭州后人口才开始增长，特别是杭州城人口增长明显，王明清《玉照新志》卷六便说，"杭州在唐，繁雄不及姑苏、会稽二郡，因钱氏建图始盛"，在籍户接近唐朝天宝时的在籍户数。就为北宋江浙地区人口的高增长提供了较高人口基数，也为南宋政治经济中心南移提前做好了基础准备。[①]

　　钱镠还礼贤下士，广罗人才，兴办教育，为宋代文化科技进步培育大批人才。治理国家需要各方人才，钱镠深刻明白这个道理，在他主政吴越数十年间，求贤若渴，对网罗人才不遗余力。为表示自己对人才的尊重，钱镠在吴越国宫殿设置专以招揽人才的机构——"握发殿"，意指自己将像周公一样"礼贤下士"。罗隐是当时的"江东才子"，因未获重用郁郁寡欢，钱镠将罗隐引到杭州，委以重任，担任钱塘县令、给事中等职，还常与罗隐诗歌唱和，朝廷文书不少也出自罗隐之手，并采纳罗隐建议取消了西湖百姓的"使宅鱼"杂税。钱镠对高僧也礼遇备至，常向高僧问法求教，当时的高僧贯休，以诗画闻名，曾经寄诗给钱镠，其中两句为"满堂花醉三千客，一剑霜寒十四州"，钱镠提议"十四州"改为"四十州"，遭到贯休拒绝，贵为吴越

①　吴铁城、李希圣：《论吴越国王对两浙地区开发和建设的历史贡献》，《地域研究与开发》1995 年第 6 期。

国王的钱镠也一笑了之。[①] 吴越国还大力推进州县办学，在杭州、越州、睦州、明州、婺州、苏州等十三州，兴办各类书院近百家，数以万计的莘莘学子受到学校的规范教育，最终成为大宋治国安邦的栋梁之材。

### 3. 为夯实经济基石发展农桑

从远古时代开始，一直到三国东吴以前漫长的岁月里，江南地区经济发展落后于黄河流域，到了三国东吴、东晋南朝和吴越国时期，由于相对安定的政治局面，江南经济得到迅速发展。特别是吴越国时期，钱镠坚持"世方喋血以事干戈，我且闭关而修蚕织"原则，始终把经济发展放在第一位，采取"保境安民"与"开拓富民"双管齐下的策略，一边对外示弱称臣以求吴越免除战乱，一边对内励精图治以求吴越民富国强。经过80多年努力，吴越国管辖的江南地区经济得到突飞猛进的发展，出现了"钱塘富庶，盛于东南"，"吴越地方千里，带甲十万，铸山煮海，象犀珠玉之富，甲于天下"[②] 的赞誉。吴越国的富甲一方，为宋代江南经济（尤其是浙江经济）的全面发展奠定了基础，也为南宋时期北方政治经济重心南移杭州奠定了基石。

从这个角度看，吴越国王钱镠在位40年，最大的功绩在于他大力兴修水利、发展农业、奖励蚕桑。千百年来，钱塘江的海潮一直祸害百姓，为了防治海潮之患，钱镠修筑了从六和塔到艮山门的工程浩大的钱塘江石堤，人称"钱氏捍海塘"，从此根治了钱塘江水患，这一伟大的水利工程，至今还在守护着杭州和杭嘉湖、萧绍、姚北三大平原的农业生产。为提高农业产量，钱镠加大农田灌溉水利的整治，建立了"都水营田司"作为统一规划水利事业的专门机构，同时由士兵组成"撩浅军"近万人，负责西湖、太湖修整与疏浚工作，有力促进了杭州和太湖流域的农业生产。钱镠还组织大批人力在绍兴开筑鉴湖，使鉴湖高于田一丈左右，湖高海底，田居中央，水少时可泄湖水灌溉田，水多时又可把田中之水泄放入海，做到旱涝保收。由于吴越地区地

---

① 〔清〕王士禛编：《五代诗话》卷八，人民文学出版社，1998。
② 〔宋〕苏轼：《表忠观碑》，载《苏东坡集》，商务印书馆，1958。

势较为低洼，水乡田面较低，为获得粮食丰收，吴越农民在河渠两岸农田周围筑成堤坝，内以围田，外以隔水，称之为"圩田"，这是农业史上一大进步。钱镠为确保圩田不受洪水之灾，特意分拨一部分部队屯驻，在圩岸上种植树木，以提高圩岸强度，确保粮食丰收。这种圩田一直到南宋都在建筑，作为确保农业丰收的重要生产技术，广为流传。

唐代，浙江丝织业发达。唐光化三年（900），怀才不遇的及第进士褚载浪迹到广陵（今扬州），当时广陵、杭州、广州是中国三大通商口岸，广陵丝织技术堪称全国一流，褚载被当地精美豪华的丝织品和巧妙的丝织技术深深吸引，随即忘却求官之不顺，一门心思钻研机杼之法。几年后，褚载回到祖居地杭州，把广陵先进丝织技术和机杼之法教给杭州人，从此杭州丝织有了显著发展。吴越时期，北方大量人口流入吴越境内，加上钱镠极力推行奖励蚕桑的政策，吴越丝织业得到了迅猛发展。钱镠一边积极鼓励民间百姓从事丝织业，一边十分重视官营丝织业建设，官府集中了全国大批能工巧匠进行丝织生产，当时西府（杭州）就有锦工300余人，这应该是杭州历史上官营织造的开端。钱镠向后唐进献贡品时，就有大量越绫、吴绫等丝织品。

到钱俶时，丝织业更加发达，有一次进贡就有"贡锦绮28万匹，色绢79.7万匹"。吴越国发达的农业经济、先进的生产技术、宏大的丝织产业，为北宋至南宋时期北方经济中心南移到江南杭州夯实了物质基石。①

在浙东，特别是越罗

钱镠夫人吴王妃带头养蚕图

---

① 倪士毅、方金如：《论钱镠》，《杭州大学学报（哲学社会科学版）》1981年第3期。

闻名天下的宁绍地区，有流传千年的迎神赛会，除迎祭社稷神外，各行各业也迎祭祖师爷，如木工奉鲁班为祖神，称"鲁班先师菩萨"；中医奉孙思邈为祖神，称"药王菩萨"；戏班尊唐明皇为祖神，称"唐皇菩萨"；而纺织业则尊钱镠为祖师，称"机神菩萨"。这些民间风尚习俗，体现了钱镠奖励农桑、发展蚕织、促进生产、造福于民的历史功绩。

### 4. 为天下和平统一纳土归宋

五代十国时期是极其动荡的时代，天下大乱、战争不断，藩王割据、占地为王，江山四分五裂。当时，中原王朝虽然自居正统，但割据政权的统治者，或名义上称臣，实际上独立；或不断扩张实力，以便夺取王位；或公开抗衡，自立为帝。钱镠在乱世中出生，在乱世中成长，在乱世中割据，还在乱世中立国，对乱世给社会和百姓造成的灾难深恶痛绝，从吴越王到吴越国王，不管是在立国前还是立国后，钱镠都始终坚持"尊王一统"的封建正统观念，始终把中原王朝看成是唯一至上的圣朝，是国家的正统领导机构，自己的吴越王割据地以及后来的吴越国领地，都是中原王朝的一部分。

钱镠一生不仅自己坚决不称帝，还坚决反对别的藩王称帝，始终捍卫国家统一。唐昭宗乾宁二年（895），钱镠的老领导董昌在越州僭越称帝，钱镠奉诏令发兵讨伐之前，念及老领导曾经的培养恩情，先致信董昌，劝董昌坚守臣节，"既受皇家厚禄，宜尽臣下微忱"，"与其闭门作天子，使九族百姓俱陷涂炭，曷若开门为节度使，俾子孙富贵无忧"，董昌鬼迷心窍，不听劝阻，钱镠怒斥董昌为"贼寇"坚决讨伐并将之消灭。唐天祐四年（907）当梁太祖朱温灭唐后封钱镠为吴越王时，节度使判官罗隐建议出兵讨梁，被钱镠拒绝："我若出征，邻国趁虚来袭，百姓必遭荼毒，我以有土有民为之，不忍兴兵杀戮。"钱镠接受了中原新王朝后梁朱温的诏封，赢得了吴越国数十年安宁。为了子孙后代的安宁，钱镠在临终前还谆谆教导子孙要恪守臣节，要做到"善事中国，勿以易姓废事大礼"，"凡中国之君，虽易异姓，宜善事之"，"要度德量力而识时务，如遇真主，宜速归附"。

　　钱镠制定的"以小事大，善事中国"方针策略，对以后的几代吴越国王影响深重，特别是钱俶担任吴越国王期间，就不折不扣完成了先祖钱镠遗愿——不事干戈、纳土归宋。宋太祖赵匡胤在开宝八年（975）消灭了割据政权南唐，五代十国中仅剩吴越国和北汉。吴越国当时经济发达、社会富强、兵马富足，为江南一方强盛之地。但面对北宋强大兵力和赵匡胤统一中国的决心，四处无援的吴越国在历史重大关头该如何选择？吴越国领导者钱俶悄然探望病重高僧延寿，就宋灭南唐危及吴越走向一事专门征询延寿意见，延寿尽力劝谕钱俶"纳土归宋，舍别归总"。钱俶审时度势，以天下苍生安危为念，遵循祖宗武肃王钱镠遗训，为保一方生民践行"重民轻土"理念，采纳了延寿临终遗言。北宋太平兴国三年（978）五月，钱俶毅然入宋京开封正式"纳土归宋"：主动取消自己王位，将所部十三州一军、八十六县、

钱王祠每年举办祭祀钱王典礼

五十五万六百八十户、十一万五千一十六卒，悉数献给宋朝。由此，"吴越国"这个番号没有了，但吴越这块江南富庶之地保住了没有战火的安定环境，吴越生产力免遭破坏，人民也免遭生灵涂炭，从而稳定和巩固了中国和平统一的政治局面，尤其为宋代经济强盛埋下了坚实种子。北宋著名诗人苏轼给予充分赞赏——"其民（指吴越百姓）至于老死，不识兵革，四时嬉游，歌鼓之声相闻，至今不废，其有德于斯民甚厚"。

其实，在北宋结束五代十国分裂割据的局面中，只有吴越钱氏是和平解决的，不烦干戈，泽被后世。历史是这样评价的："完国归朝，不杀一人，其功德大矣。"曾经有人撰文说，为了表彰和纪念钱氏家族对统一中国做出的巨大历史性贡献，北宋初年"钱唐老儒"在编《百家姓》时，特意将钱姓放在第二位，仅排在皇帝之姓赵姓之后，可见其待遇规格之高，于是千年以来就有了《百家姓》"赵钱孙李"的第一方阵，家喻户晓。①

## （二）人口带来红利：北民南迁与江南繁荣

农业经济发展很大程度上依赖于人口的集聚，人口大量集聚经济才有繁荣的机会。人口分布与自然环境、气候土壤、生产资源、山川人文、政治社会、军事战争、政权政府等因素有着密切关系，随着这一系列因素变化，人口分布也会相应发生变化。在中国漫长的农业经济社会时期，人口无疑是生存和发展的"风向标"：哪里适合人生存哪里就会集聚人口，哪里人口集聚众多哪里就是社会的中心。

位居中国版图北方的黄河流域是我国农业文明发祥地之一，是古代中国开发最早的地区，这一流域所处的中原大地，人口高度集中，土地辽阔肥沃，粮食生产丰盈，经济建设领先，王朝交相更替，文化相对发达，是我国最早的经济中心、政治中心、文化中心。但是，随着北方不断的自然灾害、战争

---

① 卢劲：《百家姓为何以"赵钱孙李"起首》，《文史天地》2020年12月。

灾难、政权动乱等因素给人口生存发展带来负面影响，迫使大量人口离开故土，寻找新居住地。同时，位居中国版图南方的长江流域、淮河流域、钱塘江流域相对北方而言，土地肥沃、雨水充沛，季节分明、阳光充足，旱涝较少、灾难不多，山多林茂、人口稀少，政权稳定、社会安宁，更适合人生存发展，正是北方人口迁入的首选之处。于是，就有了中国历史上三次北方人口大南迁，开始改写中国政治格局、经济重心、文化中心的南北布局。

### 1.战乱引发三次迁徙，大量北方居民徙居南方

西晋"永嘉之乱"引发了第一次人口南迁，这次北人南渡是北方强盛重心向南方逐步转移的始点。晋惠帝在位期间政治腐败，发生内部同族兄弟权力相争的"八王之乱"，生产遭受严重破坏、全国百姓怨声载道、国力国防十分薄弱，这给外敌入侵造成可乘之机。西晋惠帝永兴元年（304），匈奴贵族刘渊利用各族百姓起义反晋机会，起兵离石（今山西省吕梁市离石区），立国号为"汉"。晋怀帝永嘉四年（310）刘渊死后其子刘聪继位。永嘉五年（311）刘渊儿子刘聪带兵攻占洛阳，俘虏晋怀帝，纵兵烧掠，杀王公士民3万余人，灭亡了西晋政权，史称"永嘉之乱"。此后，民族间仇杀不断，大量人口为躲避战乱，从中原迁徙到长江中下游，史称"衣冠南渡"。根据《晋书》记载，当时起码有半数以上的中州（古指河南一带）百姓南渡："洛阳倾覆，中州士女避乱江左者十之六七。"中原民户南渡长江者超过百万，其中有琅琊颜氏、琅琊王氏（该家族出了十多位宰相，还有王羲之、王献之等历史名人）等不少当时的名门望族。这次战乱引发的北方人口南迁，时间前后持续了两百多年，是中国古代历史上出现的第一次人口南迁高潮。

唐代"安史之乱"引发了第二次人口南迁。唐代安禄山与史思明发动的叛乱，史称"安史之乱"，是大唐289年历史由强盛走向衰落的转折点，在此后140年就没有再出现像"贞观之治""开元盛世"那样的盛况。唐玄宗开元和天宝年间（713—756），社会矛盾尖锐，中央集权削弱，藩镇割据势力相继而起。天宝十四年（755）唐将安禄山以诛杨国忠为名，在范阳（今北京）

起兵叛乱，击败唐军，攻下洛阳，次年称帝，领兵进入长安，同时使其部将史思明占有河北十三郡地。唐玄宗逃亡四川，唐肃宗在灵武（今宁夏灵武市）即位。叛军所至极其残暴，肆意杀戮平民百姓，人们纷纷起来反抗，战乱十分血腥残酷。唐肃宗至德二年（757）安禄山被其子安庆绪所杀，长安、洛阳被唐将郭子仪收复，安庆绪退守邺郡（今河南安阳）。唐乾元二年（759）史思明杀安庆绪，回范阳自称燕帝，并再次攻下洛阳。唐上元元年（760）史思明被其子史朝义所杀。唐代宗广德元年（763）史朝义穷途末路，畏罪自杀，叛乱由此平定。"安史之乱"前后7年多时间，严重破坏了经济生产和社会安定，唐朝从此由盛而衰，形成藩镇割据局面，就是后来的五代十国时期——历史上新的藩王混战、社会动荡一页又被翻开，北方人口大量逃往相对稳定安全的南方，以求寻找可以安身的一席之地。中国大地上出现的这次南迁高潮，史称"四海南奔似永嘉"，之后"天下大计，仰于东南"。河南、山东、湖北等很多地区方圆百里人烟稀少，甚至洛阳城中"城邑残破，户不满百"，郊外"鞠为荒榛"（《新五代史》），大量的中原人口南渡长江来到浙江、江苏等地寻求庇护。在这些南迁人流中，有不少当时名门望族与文人雅士渡过长江来到吴越国境内，为吴越国快速发展带来了新的力量与人才。

北宋"靖康之乱"引发了第三次人口南迁。这段金灭北宋的历史，加速北方人口南迁，是南方地域性重要地位超越北方的重要转折点：从此南方的经济、政治、文化中心得以确立。北宋靖康元年（1126）冬季，金军攻破东京（今河南开封），在开封城内大开杀戒，公然奸淫妇女、侮辱皇室，肆意勒索搜刮掠夺，金军还公开向北宋索要"金1000万锭，银2000万锭，帛1000万匹，少女1500人"，并胁迫北宋皇朝遴选3000多名皇室宗族年轻女性和民间妇女，送到金军驻扎在开封城外的大寨供金军肆意玩弄；靖康二年（1127）四月，金军贵族俘虏押解北宋开封14000多人（包括宋徽宗、宋钦宗和北宋皇室、后妃等数千人，民间与皇族年轻女子数千人，开封城内教坊乐工、技艺工匠等数千人），携带掠夺而得的法驾、仪仗、冠服、礼器、天文仪器、珍宝玩物、皇家藏书、天下州府地图等北去，东京城中公私积蓄为之一空，皇室与平民百姓都遭受到了外族入侵的极大灾难和极大侮辱，北宋也宣告灭亡。被金军掳到北方的北宋两任皇帝和上万名汉族妇女（包括宋高宗生母），还被金人百般折磨、百般羞辱、百般奸淫，历尽了各种难以启齿的凌辱，北宋两个皇帝也死在金人之手（一个被折磨得重病死于监狱，一个被胁迫参与赛马被折磨死于乱蹄）。这段历史又称靖康之耻，这段汉民族被外族极端凌辱的历史，是两宋时代的耻辱，也是中国历史的耻辱。

　　"靖康之乱"后，金军向北宋大部分地区持续进攻，侵占一个又一个郡县，宋室皇族的部分人员，在宋徽宗第九子、宋钦宗弟弟康王赵构带领下四处逃亡。靖康二年（1127）五月初一，康王赵构在应天府（今河南商丘）登基，改年号为"建炎"，史称"南宋"，赵构成了南宋历史上第一个皇帝——宋高宗。南宋政权建立初年，金兵步步紧逼应天府，大多官员人心涣散，举家南迁，寻求避难。建炎元年（1127）10月开始，宋高宗赵构带领南宋流亡政府先后一路逃难辗转扬州、建康、镇江、越州、杭州、台州、温州等地，其间曾经将杭州升为"临安府"、将越州升为"绍兴府"，改年号为"绍兴"，并以绍兴为临时驻地，直到绍兴二年（1132）才回到杭州定居，结束流亡，将杭州设为南宋王朝的"行在"。绍兴八年（1138）正月，正式定都临安（杭州）。南宋流亡政权在一路流亡、多次择都的过程中，最后选择在东南沿海城市杭州定都，改名"临安"，以表示临时安定、将北上收复失地之心。至此，宋朝半壁江山沦陷，南宋偏安一隅格局形成。这一时期，中原大地各个民族百姓生活在血腥、厮杀和被掠夺、被凌辱的水深火热之中，无安宁之日，北方人民因不堪忍受女真贵族压迫，为逃离苦海求得一席生存之地，纷纷举家举族南渡长江来到南方，南迁浪潮一浪高过一浪。其时，南方经过五代十国发展，江南水田农业已经超过了北方旱地农业，自然条件与生产条件都优于北方，以江苏、浙江为中心的东南地区是接纳北方移民最多的迁入地，仅苏州就有20多万人迁入①。杭州作

---

① 张欣：《"安史之乱"引发的人口迁徙与技术革新及影响》，《陕西理工大学学报（社会科学版）》2020年10月。

为南宋都城地位确立，立即吸引了大批北方移民蜂拥而来，"高宗南渡，民从者如归市"。与以往大迁徙相比，移民迁入地有较大幅度扩展，素以"瘴湿"著称的岭南也成为士大夫趋之若鹜的避难地。大量北方各民族人口迁入，带来了北方各行各业先进的人才、理念、技术，南方各个行业开始超过北方。

民族矛盾是残酷的，战争动乱是残酷的，历史变革是残酷的。但这些残酷若放在人类进步长河中来看，具有两面性：一方面对经济、社会、人类带来了极大破坏，甚至是毁灭性破坏；另一方面也给人类带来生存发展的强烈渴望，迫使人们去寻找别的生存途径，从而获得新生。"永嘉之乱""安史之乱""靖康之乱"之后，北方尤其是经济文化发达的中原地区，人口三次大量流失，客观上促进南北经济文化融合、中华民族大家庭融合，自魏晋南北朝开启的中国经济中心向南转移的历程在南宋得以完成。特别是"靖康之乱"导致北方大量人口南迁，给中国南方尤其是江南地区带来巨大"红利"：直接促进了南方地区人口数量快速增长，中国人口重心彻底实现了南移；经济生产蓬勃发展，中国经济中心真正落户南方；政治格局彻底改变，南宋政治中心定都江南杭州；人才集聚初步形成，全国文化中心非江南莫属。

从南宋开始，南北格局发生了根本性变化，北强南弱已开始逐渐成为历史。

## 2. 南方人口快速增长，中国人口中心实现南移

从先秦至南北朝时期，北方人口比重基本上一直高于南方人口比重，但经历三次人口南迁之后，每次南方人口比重均快速上升，明显超过了北方。在西晋"永嘉之乱"300多年后的唐朝初年，南方人口占54.6%，北方占45.4%，南方人口首次超过北方。唐中期"安史之乱"200年后的北宋初年，南方人口占60.4%，北方占39.6%，从此南方无论是人口数量还是人口密度等方面都超过北方。据哈佛中国史《儒家统治的时代——宋的转型》记载，由于北方人口的大量南迁，到宋徽宗崇宁元年（1102），中国1.01亿人口中

的 75% 已经生活在淮河、汉水以南了。北宋"靖康之乱"36 年后的南宋高宗绍兴三十二年（1162），南方人口就占全国的 64%，可见南方地区有全国三分之二的人口。[①]

"靖康之乱"宋室南渡后，南方人口的增长就更为突出。南宋"建炎之后，江浙、湖湘、闽广，西北流寓之人遍满"。南方的两浙路、江西西路、荆湖南路、福建路、广南西路、成都府路、潼川府路、利州路、夔州路等 9 个地区的人口户数，在南渡前后就有十分明显的变化：南渡前的北宋崇宁元年（1102）为 767 万户，南渡后的南宋绍兴三十二年（1162）为 964 万户，60 年时间突然增加了 197 万户。[②] 按当年南宋全国人口 1240 万户、6450 万人计算，户均为 5.2 人。也就是说，南渡后南方一下子新增加了 1000 多万人，竟占南宋全国人口六分之一，即每六个南宋人中有一个是北方迁来的。其中两浙路增加户数 26 万户、139 万人，增长 13.4%。不可思议的是广南西路（今广西）增加户数 25 万户、130 万人，增长 106.6%，是南渡前的一倍多，试想一下，当时如果你走在广西大路上，遇到两个人其中必有一个是北方来的。福建增加 32 万户、166 万人，增长 31%。在这么短暂的时间内，因为北方战乱、民生涂炭、人民无法生存而给南方带来了巨大影响：北方人口洪水般地跨过长江，直接导致了南方人口数量快速增长，使中国人口重心彻底南移。

### 3. 经济生产蓬勃发展，中国经济重心移步南方

中华文明 5000 年历史中，我国广袤大地上由于自然条件、社会环境、人文素质、政权更替等原因，经济发展千差万别，极不平衡。社会发展不可避免地会在最与当时生产力相适应的地区形成一个经济中心，这一中心与其他地区相比，人烟稠密、经济发达，是国家和当时社会最主要的经济区。中国第一个经济重心形成于黄河中下游地区，也就是中原地区。经济重心

---

① 梁方仲：《中国历代户口、田地、田赋统计》，上海人民出版社，1980。

② 田强：《南宋初期的人口南迁及影响》，《南都学坛》1998 年第 2 期。

是相对稳定的，但随着社会生产力的发展和经济、政治、国防形势的演变，必然也将寻找更适合的发展区域。我国历史上的经济重心大致经历了由西向东、由北向南的变化历程，最终在中国东南地区聚合成一个新的经济重心，并取代了黄河中下游地区经济重心的地位。推动我国经济重心由北向南转移的幕后推手，就是历史上三次北方人口大量南迁，尤其是北宋末年北人大批南渡，完成了经济重心南移的最后一步。此后，南盛北衰格局再也没有改变过。

西晋以前，南方生产力比北方要低得多。秦代开始有计划地向南方长江、闽江、珠江流域推进，设置郡县，开发资源，兴修水利，有力地促进了南方生产力提高。两汉时，位于荆湖地区的江陵（今湖北一带），也成为一方的经济都会。三国时，南方"牛羊掩原隰，田池布千里"，"湖船长江，贾作上下"[①]，描述了孙吴统治下的江南地区，到处都是一望无际新开垦的田地、漫步在田地里的牛羊，以及江河湖泊中商船穿梭往来的繁荣景象；诸葛亮治理下的蜀国，依靠天府之国的优越条件和灌溉之利，生产得到较快发展，成都平原沟渠纵横、稻浪翻滚。但总体上来讲，黄河流域经济总量与实力相比南方仍然占有绝对优势。西晋司马氏正是凭借这点优势，完成统一全国的大业。西晋末年永嘉之乱和晋室南迁，初步改变了这一传统优势。在以后的"安史之乱""靖康之乱"以及两次人口南迁，北方经济受到更惨烈打击，日益萧条，往日的优势不复存在，南方已经稳坐全国经济中心的宝座，北方政府的粮食供应，大部分要取于江南地区，这时京杭大运河就发挥了功不可没的作用。[②]在三次人口大南迁中，南方经济中心确立最直接的推手，是北宋"靖康之乱"和"宋室南渡"。宋室定都杭州，大批北方人口从中原大地奔涌而来，不仅为南方经济发展提供了大批劳动力，还带来了北方先进地区的先进生产力和先进技术，使得南方优越的自然资源得到较为充分的开发利用，加快了经济生产发展。

---

① 〔晋〕陈寿著、〔南朝宋〕裴松之注：《三国志·吴书》，中华书局，2006。

② 张冠梓：《试论古代人口南迁浪潮与中国文明的整合》，《内蒙古社会科学（文史哲版）》1994 年第 4 期。

大量荒山闲地的开垦和种麦面积的扩大。江南人口激增，粮食需求也相应激增，人均耕地相对减少，现有耕地已无法承载供给，好在北方南迁人口中有很多年轻力壮之人，劳动力资源充沛，南迁人口除部分租种良田外，大多转向开垦荒山闲地进行种植。南宋政府也给予大力扶持，号召移民开垦荒山闲地，采取减免租税、租借耕牛和种子以及开荒工具等优待移民措施，还将垦荒面积纳入官员政绩考核范围。南方原来以种植水稻为主，但北方人喜爱面食，北人南渡后南方实行"稻麦两熟制"，既种植水稻也种植小麦，而且小麦种植面积快速扩大，发展到南宋中后期，两浙、两湖、江西、四川等地区已经普遍种植小麦，江南的农业种植结构和民众的饮食结构也随之发生了明显变化。

手工业生产技术和商业经营能力的提高。"靖康之乱"后由北方迁往南方的移民中，一部分是具有各种手工业技艺的专业人员，他们将北方较为先进的生产技术带到了南方，从而推动了南方手工业的发展。如陶瓷业，在宋室南渡后北方原有的定、汝、钧三窑都遭到破坏，南宋为保证朝廷使用建立了两座官窑，同时因南方巨大的市场和海外贸易的需求，大批民窑也纷纷建立，北方的工匠参与其中传授技艺，仿制汝窑技术几乎可以以假乱真。浙江龙泉窑在南宋时期的青瓷造型，多效仿汝窑，这些无疑离不开北方移民工匠的智慧和贡献。北宋在於潜天目山下开设生产人们生活日常用品的瓷器窑场，南宋时规模进一步壮大，瓷业生产突飞猛进，达到鼎盛，产品不断满足超百万人口特大城市京都临安的需要，至今在天目溪两岸还保留着30多座宋至元初的窑址。如丝织业，原在汴京织锦绣院、纹绣院作坊工作的工匠，在南迁后也将这方面的技艺带到了南方。南方的印刷业、酿酒业等也均受到北方移民所传入的技术影响。南宋定都临安（今杭州），人口迅猛增加，生活资源需求扩大，市场容量剧增，加之工商业者带来雄厚的资金和灵活的经营手段，临安城的商业贸易迅速地繁荣了起来："处处设有茶坊、酒肆、面店、果子、彩帛、绒线、香烛、油酱、食米、下饭鱼肉鲞腊等铺"，这些大小工商业店铺不乏北方移民参与其中。北方移民还喜欢用装饰画装点门面吸引顾客、扩大利润，为南方商业者普遍接受，连零散小商贩也深受影响，"多是车盖担儿，盘盆器皿新洁精巧，以炫耀人耳目，盖学汴京气象"，"杭州大街，买卖昼夜不绝"①，以致南宋都城临安也是热闹非凡，胜似北宋都城汴京（今开封）。其中，北方移民为南方农业技术的改进、手工业和商业繁荣做出了杰出贡献，为中国经济中心在南方确立做出了不可磨灭的杰出贡献。

### 4. 政治格局彻底改变，南宋权力中心定都临安

中国历史上三次北方人口的大量南迁，南迁人员介入南方当地的政治社会生活，在一定程度上调整了南方的政治格局，尤其是宋室南渡定都临安，中央集权管理最高机构设在临安，大量的北方官宦大族、皇亲国戚、名人雅士，跟随赵氏皇族云集南宋新首都临安，使临安迅速成为名副其实的全国政治中心。在改变了全国政治格局的同时，这些北方移民中的优秀人物，参与京城

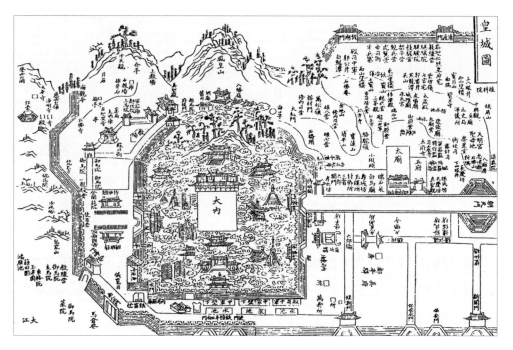

皇城图（《咸淳临安志》附图）

---

① 〔宋〕吴自牧：《梦粱录》，浙江人民出版社，1980。

临安和南方各级政府管理以及其他教育文化活动，将北方先进的管理理念、方法、制度转化为当时的政策，就在无形或有形中改变了南方从中央到地方的政治格局。这种变化是潜移默化的，也是合乎时宜的，更是历史潮流的趋势，对南宋定都杭州后，痛定思痛、奋发图强、励精图治、再创辉煌的历史建树发挥了重要作用，对中国优秀历史传统文化的传承具有特殊而积极的意义。

北方移民组成了最高统治机构。赵氏家族统治者从生灵涂炭的首都汴梁（今开封），匆忙逃难流亡，并在流亡过程中建立了南宋，但仍然过着提心吊胆的日子。只有到相对安宁的江南，南宋高宗皇帝赵构选择了在杭州定都，建立偏安一隅的南方政权，这才使数年的逃亡流浪生涯得以画上句号。南宋政权的最高统治者来自北方，最高统治集团也来自北方。统治集团中的重要成员皇帝、后妃、大臣等落户杭州，统治集团的许多机构也来自北方，相当于把设在北方（河南开封）的整个皇家办事机构都迁移到了杭州，虽然更换了"办公场地"，但其实质性的内容没有改变，这就不可避免地对南宋的政治产生不可忽视的影响。

北方移民构成了南宋军队的主力。北宋王朝为了抵御辽、西夏、金的侵扰，将全国绝大多数的"禁军"队伍驻扎在北方，南方很少有军队。"靖康之乱"前，北宋京城汴梁被金军包围，全国"禁军"奉命迁往汴梁保卫京都，南方几乎没有什么军队。同时，当时普遍认为南方人比北方人矮小，性格怯弱，不爱习武，也不会骑射，战斗力不强，南方人被朝廷认为"怯弱南兵，不足为用"；北方人比南方人高大，身强体壮，尚习武术，善于骑射，加上不断有北方移民进入南方，南宋朝廷便将这些北方移民或补充南宋御前部队，或另外组建新的部队，因此禁军的主力基本上都是由北方人组成。在宋室南渡后，南宋部队的主要将领几乎全是北方人，如刘光世、韩世忠、岳飞、张俊等，而朝廷赖以支持抗金的部队主力也是来自北方移民。

重用南方士大夫以求政治力量平衡。北宋是以中原王朝为基础，平定南方各割据政权后建立起来的政权。在北宋初年，对南方的士大夫往往采取排斥态度，很少重用。到了仁宗时期，随着南北隔阂的逐步消失，排斥南方士大夫的现象才告结束，开始重用南方士大夫。到了北宋后期，由于南方士大夫在进士科考中越来越占优势，一段时间内南方人在朝廷中的地位反而超过了北方人。"靖康之乱"后，北方士大夫大量南迁，宋高宗对他们也极力加以重用，但不久，为尊重南方的社会基础和政治态度、抑制北方武人势力崛起，重用北方士大夫的现象迅速被改变，南方的大量士大夫得到重用。根据史料统计，在高宗朝有籍贯可考的 80 名宰相和重臣中，北方移民有 34 人占42.5%，南方人占 57.5%。自高宗后，朝廷更加重用南方人，而北方移民及其后裔被重用的比例明显下降：孝宗朝北方人为 25.5%，光宗朝 15.5%，理宗朝为 5%，度宗朝则无一人。在路一级的官员中，南方人也占据优势，根据吴廷燮《南宋制抚年表》记载的安抚使 702 人，除去籍贯不明的 176 人，移民及其后裔 158 人，约占 30%，而南方人 368 人，约占 70%。这些政治因素的改变，不仅充分证明南方政治中心的彻底确立，也充分证明南方在中国历史舞台的地位与分量日渐重要与凸显。

### 5. 人才集聚初步形成，全国文化中心非江南莫属

北方南渡人口是为了躲避战乱和异族掠杀而被迫离开中原的，有汉族人，也有女真、契丹、吐蕃等少数民族，在向南迁徙的群体中不仅有平民，还有众多的富商大贾、文人墨客、官宦大族、皇亲国戚，以及能工巧匠、手工艺者等，无所不包。这些不同民族、不同阶层、不同职业的群体，很多是某个方面的行家里手，有些还身怀绝技，是难得的人才。一时间，南宋京都杭州自然成了全国各类人才集聚之地和南北文化融合之地。随着南逃人流大潮蜂拥而至的各路人才云集江南，给南方带来了崭新的人文气息，促进了南北各民族之间的文化交流与碰撞，北方的语言发音、民情风俗、文学艺术、生活习惯、审美情趣、地方美食等传统，在人们日常生活中悄无声息地影响和改变着南方。

文化素质方面。自古以来，位于黄河中下游的中原大地，被认为是文化最发达的地区，北宋都城开封就处于中原腹地，自然是全国文化的高地。而南方虽然经过了西晋、唐中后期的两次大规模人口南迁，人口素质、文化水

佚名《西湖清趣图》局部

平大有提高，但在总体上仍然不如北方。直至"靖康之乱"第三次人口大规模南迁，南方人口的文化素质、文化水平在总体上才逐渐赶上和超过北方。北宋灭亡后，随着南宋政权的南移，大量的贵族、官僚、文人世族也携家带口随之南来，政治中心的转移带来了文化中心的转移。这批文化上的精英随着宋室南迁，也把中原地区先进的文化传播到了南方，为南方文化事业的发展做出重大贡献，使南方人口文化素质得到明显提高。

　　文学艺术方面。宋代由北方南迁的移民中有一些著名的诗人，如绍兴年初的陈与义、吕本中、曾畿等，南宋词人中也有李清照、辛弃疾等。移民中的文人学士几乎都饱尝了战乱的巨大创伤，经历了人间的悲欢离合，这些不同寻常的经历，极大地丰富了他们的创作来源，对宋代文坛的文风产生深远的影响。在北宋的开封城设有固定的娱乐场所，人们称之为"瓦舍"，是民间艺术演出场所、城市商业性游艺区，也叫瓦子、瓦市、勾栏瓦舍，是中国戏剧史上一个重要的文化现象，具有独特的地位。南宋定都杭州后，在杭州城里也出现了多处"瓦舍"。汴京、杭州两地"瓦舍"中演出的节目也多相同，如杂剧、诸宫调、参军戏、说书等，其中的表演艺人也多为北方移民。这种北方南迁过来的"瓦舍"，后来成为宋元时期兴盛一时的民间艺术演出方式，它不光与中国真正完整意义上的戏剧——杂剧与南戏的演出相联系，而且也是当时全国各地城市文化活动的主要场所。非常遗憾的是，曾经风靡的"勾栏瓦舍"演出样式，却在明朝永乐年间消逝，距今已经 600 多年了。

地方语言方面。随着北民南迁，南宋京都杭州城里住进了不少开封人——这些原北宋京都汴梁的居民跟随宋室南迁举家来到新的京都杭州。他们集聚而来，集聚而居，集聚而动，汴京原来的群体基本还保持着，没有大的变化，仍然用汴京话交流。由于汴京人多在朝廷工作，说的是"官话"，具有一定的权威性，加上汴京人众多，各色行业在杭州开业，直接分布在杭州的大街小巷，与杭州本土居民直接交流，久而久之，汴京的语言发音深刻地影响着杭州地方方言，许多语言被儿化，如"筷子"叫"筷儿"，"小孩子"叫"小伢儿"。与杭州同一语言区域的毗邻县萧山、余杭、富阳等地均无"儿化"现象，与上海、苏州等地的语言区别更大。杭州之所以成为吴语区的一个"孤岛"，主要的原因就是南宋杭州居住着大量汴京人，是他们把北宋京城开封的地方话带到了杭州，并在杭州生根开花结果，至今杭州话仍然保持了不少的"儿化"音。

生活习俗方面。大量北方移民的南迁，也带来了北方的生活习俗、风俗民情、节气礼仪等，并且也深刻地影响着南方人的生活习俗。历来北方人喜欢吃面食，南方人喜欢吃米饭，但是随着时间的推移，北方移民与南方土著百姓在饮食习惯上相互影响，最后"则水土既惯，饮食混淆，无南北之分"[①]，杭州人也开始喜欢上了吃面食，至今杭州的面馆特别多，还将杭州的标志性"三鲜面"叫作"片儿川"，十足的北方风味、汴京风味。在北方众多的民俗风情中，节日风俗对南方的影响最大，如立春、端午、中秋、重阳、冬至、除夕等北方的节日都随着北民南迁而传入南方各地，并融入南方各地习俗。

---

① 〔宋〕吴自牧：《梦粱录》，浙江人民出版社，1980。

至今，南方的节日习俗基本与北方一致。

南方作为中国文化中心的确立是在南宋建立以后。这一文化中心的确立，是伴随着南宋定都临安（杭州）、全国政治中心南迁而确立的。没有大量的北方文化精英南迁杭州，并投入南宋国家管理、文化建设，团结融合南方文化力量，就不可能有南宋时期中国文化中心在江南的确立。南宋史专家林正秋在《南宋京城临安》（浙江人民出版社1988年10月）一书中说，在南宋京城临安（杭州）从事文化、教育、戏剧、艺术等的专业居民人数接近占临安城内总人口的十分之一，远远超过全国其他州郡数倍到十倍。这反映了临安确实已经成为南宋一朝的文化中心，无疑也是全国的文化中心。

人是社会发展的核心动力。人口集聚增长是经济加速发展的关键因素，也是《耕织图》问世的关键因素。为什么这样讲？因为，随着"永嘉之乱""安史之乱""靖康之乱"等一系列发生在北方的战乱迫使大量北方民众南迁，导致了经济重心的东移和南迁，南方地区早已经不是汉代"地广人稀""丈夫早夭"的局面，仅在南宋"绍兴和议"签订以前的十余年中，就有500多万北方人口迁入并定居南方。[①] 而唐代北方移民携带的复栽技术使江南地区土地利用率从50%上升到100%，宋代北方移民发展了稻麦轮作制，将江南农作物种植制度从原来的一年一熟变为一年两熟，进而将土地利用率提高了一倍。[②] 宋代的最高垦田大约是7.2亿亩，这一数额不仅前代未曾达到，即使后来元明两代也未能超过。[③] 在人口持续增加、土地利用率无法继续提高、耕地数目无法进一步扩大、粮食供应保障需求急剧增长的时代背景下，普及较为先进的生产技术以提高单位亩产成为当时人们的必然选择，较为直观、系统地推广先进生产技术的系列《耕织图》就应运而生。[④]

---

① 邹逸麟主编：《中国历史人文地理》，科学出版社，2001。

② 葛剑雄：《宋代人口新证》，《历史研究》1993年6期。

③ 漆侠：《宋代经济史》，上海人民出版社，1987。

④ 张铭、李娟娟：《历代〈耕织图〉中农业生产技术时空错位研究》，《农业考古》2015年第4期。

## （三）强化政策引导：宋代劝农举措的推进

宋代是中国历史文明承上启下的时代，是最重视农业和蚕桑生产的时代，是劝农政策制度最完善的时代，是农本思想发展到鼎峰的时代，是传统农业经济最辉煌的时代。中国历代王朝统治者都十分重视农业蚕桑生产，皆有出台重农劝农的政策。到了两宋时期，重农厚桑成为基本国策，劝农制度较前朝更为完善，并趋于定型。"劝农诏""劝农使""劝农文"等系列劝农务实举措，是这个时期的特色。特别是南宋偏安一隅后，为稳定政权和民心，满足大量北方移民粮食需求，应对北方战争的大量供给，保障海上丝绸之路货物充足，提供宫廷所需丝织物品，宋高宗格外重农厚桑，大力提倡农耕蚕织生产，着重发展农业和商业经济，激励丝绸产业快速发展，进一步完善了劝农诏、劝农使、劝农文的系列制度，把农桑生产纳入各地官员考核政绩等。最高统治集团的政治决策，就像一个"导航"系统，指挥和引导全国各级地方政府、各级地方官员，认真落实朝廷部署，积极推进农桑生产，一时兴起了农桑生产热潮以及农桑生产推广宣传热潮，在这股热潮的推动和引导下，各路、州、县的主要官员，纷纷撰写劝农文，创作劝农诗，就是在这样浓厚的重农、劝农时代大背景下，南宋於潜县令楼璹身在其中，于县令的岗位上完成了"劝农使"任务——绘制宣传推广农桑生产的《耕织图》。

### 1. 皇帝亲自颁发"劝农诏"劝农

"劝农诏"，最早始于汉代。俗话说，"一年之计在于春"，春季是春耕、春播、春种的关键时期，是事关全年粮食收成的重要时节。我国作为历史悠久的农业大国，历代王朝特别重视每年开春季节的劝农活动，在每年早春举行皇帝亲耕仪式的同时，朝廷还要以皇帝的口吻向全国发布大办农业的诏书，称之为"劝农诏"（其实，我们现在每年年初的"中央一号文件"就是发展农业的内容，与古代"劝农诏"有点类似）。现存史料可见中国最早的"劝农诏"见于《汉书》卷四，西汉文帝二年（前178）正月十五，汉文帝颁布

汉文帝像

诏书专门劝农："夫农，天下之本也，其开籍田，朕亲率耕，以给宗庙粢盛。"从此，孟春颁诏劝农成为汉朝的传统。其后，不管朝代如何更替，各个朝代的帝王都始终传承汉文帝的创制，纷纷效仿汉代的做法，将"劝农诏"赶在春耕前发出。数千年来，春季发布"劝农诏"已经成为历代帝王每年的"规定动作"。

到了宋代，"劝农诏"这一制度更趋完备和规范。每年春季，宋朝皇帝都亲颁劝农诏令，下达农业生产指令，号召全国大兴农业生产，体现了宋代国家层面对农业的高度重视。宋代劝农诏一般有三个部分：首先强调朝廷和帝王对农事的重视，其次对当前农事生产存在的问题进行描述，说明进行劝农的必要性，最后提出一些政策措施来勉励地方长官劝诫农事。除了依靠地方长官劝农，宋代中央统治集团还曾设立农师来进一步促进地方农事发展。宋太祖建隆三年（962），朝廷多次颁发重视发展与保护农耕蚕桑生产的诏书，要求地方各级政府"永念农桑之业，是为衣食之源，宜行劝诱，广务耕耘"，"增种桑柘，毋加赋税"，地方官吏以劝农种桑多少为赏罚标准，"民伐桑为薪者罪之，剥桑三工以上，为首者处死，从者流放充军"。[①]宋太宗太平兴国七年（982），曾颁布一道《置农师诏》。朝廷颁布这道诏令的目的是在乡间推举经验丰富的农师来指导当地农事生产，为此在政策上给予种种优惠，这份劝农诏赏罚皆备，强调地方劝农的重要性，充分调动了基层劝农工作的积极性。宋徽宗政和二年（1112）诏令县令以"十二事"劝农，这"十二事"为：敦本业、兴地力、戒游手、谨时候、戒苟简、广栽植、恤苗户、无妄讼等，大体反映了宋代劝农的主要内容和主要任务，可见劝农的任务不仅局限于农业生产，还涉及社会的稳定（无妄讼）、政府的形象（恤苗户）、民众的素

---

① 《浙江通志》编纂委员会编：《浙江通志·蚕桑丝绸专志》，浙江人民出版社，2018。

质（戒游手）、尊重科学规律（谨时候）等，还要求地方官员要守土负责，作风务实，躬行阡陌，勤勉督查。

### 2. 创设专职岗位"劝农使"劝农

"劝农使"最早始于北宋。中国历代王朝虽然都重视劝农政策和劝农举措，但真正将"劝农"制度化、规范化的是北宋王朝。进入北宋以后，中央政府特别重视农业生产与丝绸生产，出台了一系列鼓励与保护农业耕作与蚕桑丝绸生产的诏令与政策，在劝农官的设置上，除中央、地方常设的司农机构外，还在各路设立了劝农使、劝农副使的专门职位，并明确"劝农使"的职责就是劝农——劝勉、引导、督促、落实当地的农业生产。

宋太宗时期就出现"劝农使"这一职位称呼，但真正将劝农作为固定职位计入官衔体系则是宋真宗时期。宋真宗景德三年（1006），权三司使丁谓提议设立劝农使，并由各州长官、转运使等兼劝农使，自此劝农使成为正式官职，纳入宋代王朝的官宦管理体系。宋朝以来，州、郡、县各级长官以"岁时劝课农桑"为基本考课内容，地方官员以"劝农使"入衔后，当时还明确了"劝农使"两项必须完成的职责：一是每春二月农作初兴之时，守令出郊劝农；二是二月出县衙劝农之时，还须作劝农文一篇，以宣告君王"德意"。根据《宋史·食货志》记载，天禧四年（1020），宋真宗再次为"劝农使"一事专门下达诏令："诏诸路提点刑狱，朝臣为劝农使，使臣为副使，所至取民籍，视其差等，不如式者惩革之，劝恤农民，以时耕垦，招集逃散，检括陷税，凡农田事悉领焉，置局案铸印给之，凡奏举亲民之官，悉令条析劝农之绩。以为殿最黜陟。"从此，宋廷明确了"劝农使"一职的归属：地方官员兼劝农使，其职责包括劝诫农事生产、召集逃散人员、检户检税等。为了促进各级官吏真正重视农业生产，宋王朝建立了"守令劝农黜陟法""守令垦田殿最格"等奖惩制度，将劝农作为考核地方官员政绩的重要内容，成为官员晋升的重要条件。皇帝的诏令和中央政府的考核制度，就像一根挥舞的"指挥棒"，指挥着全国各地各级地方官员，充分明确岗位职责和努力方向，守土有责、恪尽职守，把主要精力放在劝农活动，放在农业蚕桑生产政绩上。[①]
这也是作为南宋於潜县令的楼璹必须完成的基本职责。

### 3. 全国广泛推行"劝农文"劝农

"劝农文"最早始于宋代。为了挖掘农桑生产的最大潜力，获取农桑产业的最大红利，宋代王朝统治者在充分总结劝农政策制度的经验基础上，又创新出台"劝农文"这一机制，可以说，正式的"劝农文"格式文体是从宋代才出现的。对"劝农文"一词，《中国历史大辞典》就有明确释义："劝农文是宋代地方官员向农民宣传发展农业生产之文告。"宋代明文规定：作为各地各级地方官员的"劝农使"，除了其他劝农事务外，每年劝农时还须作劝农文，这是一项硬性规定，也是地方官的"必修课"。

"劝农文"为地方官吏撰写，主要目的是面向基层乡村百姓劝农，内容侧重于农事生产，一般在仲春时节颁布，发布劝农文是地方官员劝诫农事的常见方式。"劝农文"撰写分为三个部分：首先是表达地方长官对劝农的重视，一些劝农文里还有针对当地农业情况的分析；其次是劝农的内容，包括传播农业生产技术、改善当地的社会风气等；最后表达官方对农事活动的期望，强化劝农的效果。在劝农文中，地方长官常常借助中央政令的权威来加强劝农效果。"劝农文"不仅劝农，还有教化社会风气的功能，它的传播主要有三种途径：一是宣读，每年仲春时节地方长官在郊外集结父老，以宣讲的方式为乡民父老宣读劝农文，对一年的农事生产进行指导，为了加强宣读效果，地方长官的劝农文中还有不少表达官民亲近的词句，建立亲近的官民关系能够更好达到劝农和教化的目的。二是张贴，劝农文作为一种官方文本，每年春天由地方守令宣读之后，会张贴在榜上供乡人参阅，成为一种传播途径。三是刻石上碑，劝农文篇幅短小，文句简练，通俗易懂，在宣读、张贴基础上刻成碑文可以长期强化宣传效果。地方长官在固定场所将劝农文宣读

---

①  耿元骊：《宋代劝农职衔研究》，《中国社会经济史研究》2007 年第 1 期。

给乡民，并张榜散播，当地有一定学识和地位的乡贤父老将劝农文的内容和地方官的意愿再次传达到每个乡民，帮助地方长官完成劝农文中教化的部分。乡贤父老成为地方官吏和乡民子弟之间传情达意的中间人，将官和民更加紧密地结合起来，成为地方长官教化乡民、达成理想社会的一部分。起始于南宋初年的"劝农文"，兴盛于南宋中后期，历史上曾经留下不少著名的"劝农文"。①

宋代的"劝农诏""劝农使""劝农文"是一个科学完整的农业生产管理制度体系，其设置充分彰显了宋代统治者治理国家的聪明才智。"劝农诏"由中央政府首脑颁布，一诏下达，管天下、管全国、管全民；"劝农使"由地方长官担任，一官在身，管一路、管一州、管一县；"劝农文"，一文传达，管一地、管一乡、管一村。一个是国家层面，一个是地方层面，一个是乡村层面，可谓是面面俱到，形成一套纵向到底、横向到边的管理体系，使中央的劝农政策、劝农思想、劝农举措能够依靠各个环节的岗位，制度化地落实到最底层——乡村以及农户。这种系统思维的劝农模式设置，相互独立、相互补充、相互完善，最大限度调动了各级政府官员劝农积极性和广大农村农业生产的积极性，有效地促进了宋代农业蚕桑丝织生产的发展，是宋代治理国家、发展经济、促进农桑、稳定社会的创新之举、改革之举、科学之举。

### 4. 流行时尚创作"劝农诗画"劝农

唐宋时期是中国历史上政治、经济、文化、科技发达繁荣的时期，也是中国生产力发展、社会发展、科学技术领先世界的时期。在整个社会高度重视农业生产、关注农村变化的时代浪潮下，唐宋时代的文学艺术也在这个浪潮中刻下了时代的印迹：在诗人与画家中形成了诗画结合、表现农村现实生活的风范，诗画描摹现实之风悄然兴起，诗画表现农村生活、农业生产的优

---

① 康华：《从〈劝农文〉管窥宋代乡村经济社会》，《农业考古》2014 年第 6 期。

秀作品大量涌现。画家田僧亮、董伯仁、韩滉、戴嵩、杨威、左建、毛文昌等均善此道，这一时期涌现出韩滉的《五牛图》、苏汉臣的《货郎图》、毛文昌的《村童入学图》、李嵩的《服田图》等。唐代大画家韩滉（723—787）被宋高宗朝内府收藏的36幅绘画作品中，就有《田家风俗图》《尧民击壤图》《集社斗牛图》等13幅，都是以诗配图的"田家风俗画"。从当时看，诗画一致描摹现实，特别是描摹乡村生活和农业生产似乎成为一种时尚，明显地影响到了南宋时期的诗画风格。生活在这一时期的楼璹，自幼生长在诗画世家，接受诗画熏陶与训练，自己还收藏了不少唐代与北宋时期的名画，

苏汉臣《货郎图》

在耳濡目染、潜移默化中，自然无法摆脱唐宋名家的诗画创作风格影响。

同时，在这一时期，一度兴起了文人雅士书写乡村生活的热潮，不少文学名家热衷于乡村生活的描写，创作了一批记录宋代农村农业生产发展、农民生活状况的诗句，人们称之为"农耕诗"。宋代第一个创作了大量农耕诗的文人雅士，是被称为"神童"的北宋诗人、散文家、北宋诗文革新运动的先驱王禹偁（954—1001），他写的五首《畲田调》真实记录了当地山民垦山开荒的劳动场景，表现出劳动时热烈紧张的氛围和干劲。杭州钱塘（今浙江杭州）人、北宋著名隐逸诗人林逋（967—1028），写的《莳田》

"淤泥肥黑稻秧青，阔盖深流旋旋生。拟倩湖君书版籍，水仙今佃老农耕"，就描写了北宋时期"架田"这种新型的农业生产方式——在湖沼深水中用木作架，四周及底部以泥土和水生植物封实而成的漂浮在水面的农田称"架田"，可随水高下，故不受旱涝。北宋杰出政治家、思想家、改革家、文学家、"唐宋八大家"之一王安石（1021—1086）写下15首《和圣俞农具诗》，其中《耕牛》写道："朝耕草茫茫，暮耕水潆潆。朝耕及露下，暮耕连月出。自无一毛利，主有千箱实。睆彼天上星，空名岂余匹。"诗中描述了春季农民和耕牛早出晚归、披星戴月忙耕田的辛勤劳动场景。北宋文学家、书法家、美食家、画家、治水名人，北宋中期文坛领袖苏轼（1037—1101）创作的农耕诗多达200多首，这些农耕诗都是苏轼在各地任官时深入乡村考察，对所见所闻的记载与描述。如苏轼一次在徐州石潭谢雨的道上写了《浣溪沙》五首，有三首就写到了蚕桑与养蚕的村女，如《浣溪沙》其三："簌簌衣巾落枣花，村南村北响缫车。牛衣古柳卖黄瓜。　　酒困路长惟欲睡，日高人渴谩思茶。敲门试问野人家。"《浣溪沙》其四："麻叶层层苘叶光，谁家煮茧一村香。隔篱娇语络丝娘。　　垂白杖藜抬醉眼，捋青捣麨软饥肠。问言豆叶几时黄。"这些诗句既描绘了农村热火朝天的劳动场面，又表达了自己作为地方父母官对黎民的关切之心、爱民之意。苏轼的农耕诗涉及农耕、蚕桑、丝绸、果林等各个方面，对当时的农耕诗风气的形成有较大影响。[1]

　　宋代统治者不仅重视劝农政策的制定实施，还开始关注并尝试农耕生产场景的图像宣传，在北宋宫廷设置耕织宣传画。为了表示皇帝皇后对农耕蚕织生产的高度重视，提醒告诫朝廷官员重视农桑生产，倡导民众重农课桑发展经济，北宋仁宗宝元初年（1038），曾经在北宋皇宫延春阁两壁画有耕织图。到北宋元符年间（1098—1100），改为山水画。其间整整60年，皇宫延春阁两壁一直都是耕织图画。这段历史，在《建炎以来系年要录》中有所记载：

---

[1]　宁业高、桑传贤选编：《中国历代农业诗歌选》，农业出版社，1988。

南宋高宗说，"朕见令禁中养蚕，庶使知稼穑艰难。祖宗（北宋仁宗）时于延春阁两壁，画农家养蚕织绢甚详"。对此，王应麟云："祖宗时于延春阁两壁画农家亲蚕甚详，元符间因改山水"，"仁宗宝元初，图农家耕织于延春阁"。中国农业博物馆农业考古专家王潮生认为，延春阁耕织图绘是目前已知最早的系列化耕织图，也是已知最早的宫廷耕织图壁画。可惜，这幅已知最早的宫廷耕织图壁画，早已失传。但不管怎么样，这种形式的耕织图表达方式，无疑对后世不久的南宋带来极大启发和深远影响。

## （四）区位占据优势：京畿郊县於潜一派繁荣

於潜历史悠久，新石器时代就有人类繁衍生息。秦朝即置於潜县，汉武帝元封二年（前109）於潜县属丹阳郡，南宋时为京城临安（杭州）畿县。1958年划归昌化县，1960年随昌化县划归临安县。今杭州市临安区於潜镇、天目山镇、太阳镇、潜川镇4镇为原於潜县范围。

於潜位于钱塘江流域中上游，处于我国水稻发源地地带，又为南宋京城临安府（杭州）的畿县，居于京都杭州城西郊，交通便利，农业发达，蚕桑兴旺，民风淳朴，农村富庶，社会稳定，是当时稻作、养蚕、丝织技术最为发达的地区之一，自然也是南宋时期江南地区耕织生产的典型代表。这块耕织生产发达、耕织文化兴盛的沃土，不仅是历代政府赋税重要供给地，还是耕织先进技术重要推广地，并孕育了《耕织图》。

### 1. 自然优势——天然的农耕蚕桑环境

於潜地理环境可用"一山一水、横竖交错"来概括。"一山"即天目山，"一水"即天目溪。天目山脉在於潜北部从西北走向东南，横亘於潜大部分地区，天目山主峰海拔1507米，其余大部分山地为海拔600—1000米，森林茂密、大树华盖、植物繁多、烟雾缭绕。天目溪源自天目山，由北向南纵贯於潜全境，沿途吸纳汇聚虞溪、丰陵溪、藻溪、交溪、富溪、浪溪、昔溪等7条支流，在阔滩村与昌化溪汇合后，出於潜东南汇入分水江进桐庐境内后流入富春江，全长 50 多公里，流域面积 790 平方公里。[①]

於潜地处天目山脉以南、天目溪两岸地区，峰峦起伏绵延、溪沟纵横交错，地势西北高、东南低。天目溪中上游的天目山延伸部分山地多在海拔 100—500 米，为低山丘陵宽谷地区（今西天目、太阳、横路、千洪、绍鲁、藻溪一带），地势低缓起伏，山的脉络不明显，低丘海拔 100—300 米的山地积土较厚，并有部分肥沃的水稻土分布。天目溪中下游则为天目溪河谷盆地平原地区（今於潜镇、塔山、马山、堰口、紫水、乐平一带），大多海拔在 100 米以下，由河流运动冲击而成，层次较为明显，下层为沙砾层，上层为黏土层，还分布大量的水稻土，较为肥沃。

於潜气候温暖湿润，光照充足，雨量丰沛，四季分明，属中亚热带季风气候，适合各种植物生长；於潜既有缓坡丘陵，又有平整水田，沟渠水网相连，泥土滋润肥沃，是"一有雨露就发芽、一有阳光就灿烂"的地方。天目山延

天目溪两岸连片的田畈至今还滋养着这里的百姓

---

① 临安县志编纂委员会：《临安县志》，汉语大词典出版社，1992。

伸地区低丘缓坡，适宜种植桑树和各种果树。天目溪中下游冲积平原，海拔低，气候热，沙地多，为种桑养蚕、水稻耕作奠定天然基础。於潜的地貌、山脉、河流、气候、土壤、光照、雨量等自然要素，充分彰显"江南水乡"区位优势，为发展农业耕种、种桑养蚕、丝绸织造，创造了天然优越的生态环境。

### 2. 政治优势——悠久的县治建设历史

根据在天目山出土的新石器时期的石器工具、陶片，可见早在 4000 多年前，於潜这块土地上就有我们的先民在这里进行劳动生产和社会生活。相传夏后少康之后封越，分支居於潜，至今在於潜阿顶山还有越王坪古迹。

於潜乐平出土的西周印纹硬陶罐
（临安博物馆）

於潜在秦朝即置县，距今已 2000 多年历史，是江南地区建县较早的地方。《吴越春秋》记述"秦徙大越鸟语人置之鄐"，因为与安吉、徽歙接壤，地属鄣郡。《汉书·地理志》说，汉武帝元封二年（前 109），鄣郡更名为丹阳郡，属于扬州，管辖十七县，其中就有"於鄐"。《后汉书·郡国志》开始加水写作"潜"（鄐与潜音同），以后各种史籍都称"潜"（至于"於"字系吴越人发音，无实际意思）。於潜县名一直沿用，到南宋升杭州为临安府并定都杭州，於潜县亦升为京都临安府（杭州）的畿县。根据康熙十一年编修的《於潜县志》记载，北宋崇宁年间（1102—1106）於潜县学从县南二里迁到县北面的攀龙坊。

於潜由于地处杭州城的西部，又拥有道教和佛教圣地天目山，距离吴越国王钱镠故乡临安 15 公里左右，与杭州城距离 40 公里左右，为杭州属县，引来了历代无数名家大师。唐宋时期就有不少杭州地方官员和文人雅士到於潜考察和游历，留下了不少诗篇。如梁武帝普通七年（526），梁昭明太子萧统隐居於潜的天目山读书，在於潜编纂了《昭明文选》30 卷，至今在於潜天目山还有太子读书留下的遗迹。唐代茶圣陆羽（733—约804）则来於潜天目

山采茶、品茶、论茶，还作出於潜
天目山茶品质与安徽黄山相同的论
断。唐代文学家、哲学家、诗豪刘
禹锡（772—842）也曾来到於潜，
留下了《秋日送客至潜水驿》，描
绘了於潜美丽的田园风光："候吏
立沙际，田家连竹溪。枫林社日鼓，
茅屋午时鸡。雀噪晚禾地，蝶飞秋

梁昭明太子在於潜读书的"洗眼池"遗迹

草畦。驿楼宫树近，疲马再三嘶。"唐代大诗人白居易（772—846）到过於潜，
作《新妇石》《体新居寄元八》《南亭对酒送春》等诗句，对於潜的乡村之美，
称赞有加。北宋熙宁六年（1073）三五月间，杭州府通判苏轼到於潜巡查，
在於潜写下了《於潜女》等诗篇传世；熙宁七年（1074）苏轼在於潜指导乡
村治理蝗虫时，也写下了一批描绘於潜的诗歌。

### 3. 交通优势——畅通的天目溪水上航运

天目溪是於潜的母亲河。在现代化交通还未光顾於潜这块古老神奇土地
的时候，天目溪不仅以她两岸肥沃的土地养育了於潜一方百姓，还以通畅的
河道将於潜丰富的物产运往杭州等地。天目溪是联通於潜和杭州的水上航道，
也是於潜与外面世界联系的信息通道。她滋润了大地，更养育了人民。

南宋时期，北方大量人口南迁、朝廷迁居杭州，瓷器的日用市场和宫廷
所需急剧增长，南下制窑工匠进入京城周边地区建立窑场烧制瓷器。古代窑
场为生产原料窑土取材方便和产品运输方便，一般都依山傍水而建。在离京
城 40 多公里地的天目山下就分布着东西两个区块数十家窑场，生产出来的大
量瓷器产品，依靠天目溪水上航道，才能及时运往外地。这些在天目山下出
品的各类瓷器，从於潜县北的后渚桥码头装船，将整船装得满满当当的，顺
着天目溪奔涌的水流，一直南下 50 多里，到乐平和印渚埠再转入分水江，稍
后进入富春江。在富春江由西向东航行，不出一天即抵达京都临安。就这样，

整船整船的天目窑产品源源不断地运往京城进入市场，销往全国各地和海外。让"天目窑"名扬天下的，是至今仍奔腾不息、默默奉献的天目溪。

　　天目溪还承担着更为重要的任务——运送粮食和丝绸产品以及於潜的山货贡品。从现有文字资料来看，至迟从唐代开始，每年秋季，都要将於潜收获的稻米和农妇们织造的丝绸锦缎以及各种本地产的贡品，通过水上航道运往杭州，再转运京城。到南宋时期，皇宫从北方搬到了杭州，定都后称为临安，临安（杭州）人口快速增加，大米、绸缎、日用品等需求大增，於潜粮仓生产任务日益繁重，天目溪运输任务也随之加重。因此，於潜县历代官员格外重视天目溪水上航道运行维护。

　　南宋《乾道临安志》卷二记载：京城临安（杭州）可通水上航道的有六条，其中一条为"西南自浙江入溪至白峰一百五十三里，入严州界"，说的就是钱塘江水路，这条水路西行到了富春江即与分水江相融，稍再向西分水江即与天目溪相接。这就是天目溪通往钱塘江的水上航道。根据1992年出版的《临安县志》记载，唐贞元十八年（802）於潜县令杜咏倡导开紫溪水溉田，又开凿渠30里以通舟楫。南宋绍熙（1190—1194）、庆元（1195—1200）间，於潜知县邵文炳兴修水利，于紫溪下游燕尾滩凿去铦利之石，使操舟者无险阻

天目溪下游"阔滩"

之患，此地至今仍然叫"阔滩"。他还疏浚元丰塘，建乐平、清莲塘。民国二十八年（1939）《於潜县经济概况》记述，自后渚桥至印渚埠长达50华里河道可通船筏。

这些记载，充分证实了唐宋时期至民国时期，天目溪一直是於潜的主要交通途径，承载着於潜大宗物资的外运使命。这也给於潜粮仓的形成与发展提供了必要的基础条件，促进了於潜地区丰富的物产走向全国，走向世界。同样，这也给楼璹绘制《耕织图》提出了内在需求。

### 4. 经济优势——发达的水稻丝绸生产

於潜的地势地貌和气候环境，极为适合水稻种植和蚕桑养殖。大量的低丘缓坡为种植桑树提供了空间，天目溪两岸的冲积平原土质肥沃，为种植水稻创造了有利条件。尤其是天目溪下游河谷平原的藻溪、对石、马山、潜阳、太阳、景村、堰口、乐平、七坑一带，自古以来，农、林、桑、蚕并举，这里的人民朴实敦厚、勤劳智慧，"朴鲁尚质，务农寡诉"，"男务农桑，女务纺织，治生之勤"。於潜，这里土壤肥沃、光照充足、雨水充沛、气候湿润、人民勤劳、政府重农，历史上水稻种植和蚕桑养殖、丝绸织造一直是於潜人

天目溪两岸自古至今为水稻粮仓

民的主要生活来源，也是历代地方政府的主要赋税来源。

唐朝时期，於潜的丝织品就已经成为外贸和贡赋之品，唐开元年间（713—741），於潜上贡的有绯绫、纹绫、白编绫，元和年间（806—820）上贡的有白编绫（朱新予《浙江丝绸史》）。五代，石镜镇（今临安锦城镇，距於潜15公里）人钱镠为吴越国王，采取"世方喋血以事干戈，我且闭关而修蚕织"的国策，劝民农桑，"善诱黎氓……八蚕桑柘"采用各种方法劝导黎民百姓经营蚕桑丝织，一年之中蚕可八熟。[①]不但农村"桑麻遍野"，城镇也是"春巷摘桑喧咤女"，於潜的农桑事业由此得到了较大的发展。当时临安功臣山净土寺等地种植了大面积的桑树。[②]唐昭宗光化四年（901），钱镠衣锦还乡，盛宴父老。"山林皆覆以锦"，以示故乡蚕织的繁荣，反映了当时蚕织盛况的街道名称"绣衣坊""衣锦坊"曾经长期沿用。康熙《於潜县志·财赋志》记载，宋大中祥符年间（1008—1016）於潜有人口19984户、45292人，缴纳"夏税"有丝381斤（古代一斤16两），"秋粮"有苗米11241石、本色绢8240匹、绸547匹、绵5679两。根据这些上缴的稻米与丝绸产品，结合当时於潜全县人口，如果换算成今天的计量单位，我们会发现宋代於潜一年每人缴纳了稻米赋税约30斤，人均缴纳的本色绢和绸约6.5米（一匹为33.33米长，共29万米）。且稻米、蚕丝的质量绝佳，为南宋宫廷贡米、绸缎主要供应地。足见当时於潜的富庶、人民的勤劳、耕织的发达、赋税的丰盈。

宋熙宁六年（1073），杭州通判苏轼巡视属县於潜时所写的《山村》诗中有"桑枝碍引路，瓜蔓网疏离"，可见当时乡村种桑之普遍。这次巡察於潜时苏轼还写了《於潜女》，其中的"青裙缟袂於潜女，两足如霜不穿屦"，将於潜乡村妇女劳作时的青春自然之美，描写得淋漓尽致。还有《山村五绝》之一和之二："竹篱茅屋趁溪斜，春入山村处处花。无象太平还有象，孤烟起处是人家。""烟雨蒙蒙鸡犬声，有生何处不安生。但令黄犊无人佩，布谷何劳也劝耕。"他还在於潜农耕田园生活场景面前感叹地写下了《於潜借

① ［日］渡部武、［中］曹幸穗：《〈耕织图〉流传考》，《农业考古》1989年第1期。

② ［清］阮元编：《两浙金石志》，浙江古籍出版社，2012。

绿筼轩》，留下了"可使食无肉，不可使居无竹"的名句。苏轼还在江、浙、皖水稻盛产地推广"秧马"这一当时比较先进的农耕新工具，於潜境内也有使用。宋室南渡后，统治者更加重视农桑生产，对京城临安近郊县的农桑生产格外重视，常直接派官员巡行各县，督促担负"劝农使"职责的地方官切实劝农重桑、督促黎民百姓积极从事农桑生产劳动。这在很大程度上促进了京城郊县的农桑生产发展。当时，於潜位于杭州行政区内，既是京都临安府的畿县，也是京都日常用品的供给地，更是当时稻作养蚕技术最发达的地方，於潜所产丝茧也以洁白细密、质优上乘闻名，被列为佳品。《咸淳临安志》卷五十八《物产·丝之品》记载："绵，土产以临安（临安县）、於潜白而丽密者为贵。"吴自牧《梦粱录》卷十八《物产·丝之品》也记载："绵以临安於潜白而细密者为佳。"明代郎瑛撰写的史料笔记《七修类稿》卷二七《苏小小考》记载，宋代钱塘（今杭州）名妓苏小小的阿姐盼奴一次向商人诱取百匹丝绢，就指明要"於潜官绢"。可见，当时於潜的蚕桑丝织业，繁荣发达、声名远播。

名声在外的於潜蚕桑丝织产业持续发展，迫切需要当地政府进一步加强政策保障、技术指导，身负"劝农使"使命的县令仕途长足发展，迫切需要耕织技术的不断改进和广泛推广，于是，这块肥沃的土地，一旦遇到阳光和雨露，就会不断生长出新的生命——内容与形式完全崭新的《耕织图》也就应运而出了。

第三章

为什么於潜县令楼璹要画《耕织图》

　　既然我们有历史悠久的耕织图像绘制传统，还有重农课桑的政治经济社会环境，更有诗画描绘现实生活的文坛风尚习俗，那么为什么，在楼璹之前就没有人像他那样来绘制《耕织图》呢？为什么南宋於潜县令楼璹要画《耕织图》呢？这些问题，如果翻开《鄞县志》《四明楼氏家谱》和《楼钥集》，从楼璹所在的楼氏家族兴盛轨迹以及楼璹成长过程来寻找蛛丝马迹，极为深厚的人文背景瞬间扑面而来，我们就会明显地感受到家族的强大基因和艺术造诣，就会逐渐发现内在的层层奥秘和密切关系，就会不由惊叹时世的必然选择：南宋初年悄然问世的《耕织图》，原来是顺"天时"之利、遂"地利"之势、迎"人和"之优，应运而生的时代产物。可以说，一个时代造就了一个家族的兴盛，一个家族造就了一位名士的成长，一位名士造就了一幅宏伟的画卷。这也许就是我们破解问题的密码。

《康熙鄞县志（附鄞县志稿）》封面

## （一）背靠大树：楼璹家世显赫

　　楼璹出生、成长于两宋时期四明（亦即明州，今浙江省宁波市）的名门望族——"四明楼氏"。他赖以生活的家族是著名的"四明四大家族"之一，楼氏不仅家族产业富甲一方，而且政治地位显赫一时。在楼璹生活的年代，不仅有太爷爷楼郁（四明著名教育家，弟子满天下，多为宋代名臣）的光辉笼罩，还有父亲楼异的"荫庇"（楼异就在家门口任明州知府，权贵一方），可谓是"大树底下好乘凉"，楼璹在四明度过的每一天，应该都是别人难以想象的优越。这就为楼璹成长提供了良好条件，也为他的世界观、人生观、政绩观的形成打下了良好基础。

为什么楼璹会有如此优异的机遇？因为，从北宋开始，中央政府高度重视教育、倡导科举入仕，全国文教发达、各地书院林立，思想限制宽松、学术氛围活泼。在整个社会崇文重教大背景下，位于东南沿海、经济发达的明州，就应运而生地涌现了"四大家族"——史氏、楼氏、袁氏、丰氏等一批士族家族。这"四大家族"在两宋时期，仅"史家"一门竟然出了3个宰相（史浩、史弥远、史嵩之），而"楼家"一门就出了46位进士，且大多进入仕途担任地方重要官员，主掌一地之政务，有不少知县、知州（府），还有到中央政府任参知政事（副宰相）等高官的。在大浪淘沙、优胜劣汰的大趋势下，抓住契机、顺势而为，这可能是每一位历史人物成功的秘诀。正因为如此，时世造就了楼氏家族的拔地而起，时世也造就了楼氏家族的显赫一方，时世更造就了楼氏家族的辉煌历史。其实，"四明楼氏"祖居东阳，起始于奉化，后迁到鄞县（明州），从此在四明这块沃土上深扎下去，生根、开花、结果。这个过程，用了360多年时间，经历了唐代、五代十国、北宋、南宋等，四明楼氏全体族人坚韧不拔、勤勉奋进，为家族事业的拓荒、崛起、兴旺、鼎盛等各个阶段的曲折发展做出了杰出贡献。

### 1."楼氏家族"从东阳到奉化艰难拓荒

这一阶段发生在唐末至北宋，代表人物为楼鼎、楼茂郏、楼皓。根据史料记载（《楼钥集》等），楼氏起源于"周武王封有夏之后于杞，为东楼公，子孙因之以楼为氏"，楼氏本居于北方，何时迁居南方无考，但南方的一支定居于婺州（今金华）东阳。唐玄宗先天元年（712），祖居于东阳的楼氏后代楼鼎率领一家人从东阳迁居到奉化金鹅山之阳（莼湖），一住50年；直到唐代宗宝应元年（762），楼鼎的儿子到闽地为官后，家眷们才离开奉化迁回东阳老家，这是东阳楼氏第一次迁居奉化。唐末，东阳楼氏后代楼茂郏率家人从东阳迁居到奉化，这是东阳楼氏第二次来奉化定居。[①] 楼氏在奉化经过

---

① 郑传杰、郑昕：《楼氏家族》，宁波出版社，2012。

数代努力经营，又适逢五代十国时期吴越国王钱镠推行"保境安民，发展农桑"的治国方略，给楼氏家族发展经济、积累财富提供了良好条件，到楼皓这一辈，楼氏已成为富甲一方的大家族。楼皓潜心儒学、熟读经书、崇文重礼、修身治国、敬佛好施、慷慨正义，开始构筑楼氏家族的家风雏形，塑造了楼氏家族新的社会形象和精神世界。楼皓有四个儿子，其中次子楼杲，继承父亲的传统，笃厚重德、积善行义、乐善好施、注重修为，为楼氏家族提出了较为明确的精神目标：崇文重教。

这一阶段，时间较为漫长，300多年间改朝换代三次，楼氏的先祖们在"第二故乡"奉化走出了一片新天地（如今，"四明楼氏"后代仍将奉化视为故土，还有去奉化祭拜祖坟的习俗）。可以说，他们是最早揭开了"四明楼氏"家族奋斗序幕的拓荒者。

### 2."楼氏家族"从奉化到四明定居崛起

这一阶段经历了北宋时期，代表人物楼郁。根据《楼氏家族》[①]记述，楼杲有三个儿子，以楼郁最为著名。楼郁（？—1078），字子文，北宋时期的著名教育家、藏书家。原籍奉化，迁居庆元府鄞县（今浙江省宁波市鄞州区），因居城南，故号城南；居月湖边，学者称"西湖先生"；又与杨适、杜醇、王致、王说合称"四明庆历五先生"。以教育成就卓著、藏书丰盛成为当地名士，他对楼氏家族的贡献，彪炳史册。

楼郁是将家族从奉化

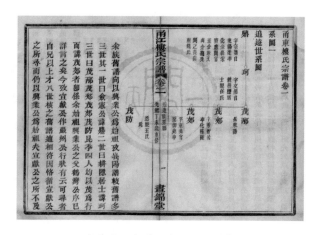

清光绪刊本《甬东楼氏宗谱》

①　郑传杰、郑昕：《楼氏家族》，宁波出版社，2012。

县城迁居四明州城的带路人。楼郁聪颖勤勉、读书习儒、崇文重教，在奉化从教十多年，是远近闻名的乡间教师。这个时期，宋仁宗下诏书在全国兴学，明确规定：全国各地的州府军监都必须建立学校，只有在校学习300天以上者才有资格参加科举考试，并对州县学校的名额、教授和学生的资格都做出规定。仁宗庆历八年（1048），王安石来到鄞县办学，急需教育人才，看中了年富力强、精力充沛的楼郁，写信邀请楼郁到鄞县一起办学。楼郁接信后，遂欣然举家迁居鄞县，来到王安石身边，协助王安石掌教县学。这次迁徙，可以说是楼氏家族"时来运转"的重要转折点：楼郁将居住地从县城转移到州城，这里是经济商贸和文化教育的发达区域，集中了当时社会的优质资源，为家族成员的发展提供了重要条件，也为楼氏家族的崛起创造了有利环境。

楼郁是明州家族中考取进士的第一人。楼郁一边教书育人，一边参加科举考试，于皇祐五年（1053）考取进士。他用自己的行动为学生做出了榜样，更为整个家族做出了表率，激发了其后裔研习儒家经典以从中开辟仕进前途道路的激情，此后读书应举成为整个家族的价值取向，确立了楼氏家族崇文重教的门风、家学，也成为明州地区莘莘学子的奋进目标，一批批基层平民的孩子通过努力学习，参加科举考试，考取进士后，进入仕途，参与国家治理。可以说，楼郁不仅为楼氏家族进入士族阶层树立了榜样，还打通了一条有效途径。

楼郁是家族社会地位和声望的塑造者。楼郁以"古学为乡人所尊"，先后在奉化县城、四明州城从教30多年，培养了大批学生科考中举进入仕途，享有崇高的教育和学术声望，被尊为"庆历五先生"（即杨适、杜醇、楼郁、王致、王说等五人，为北宋庆历年间，明州地区致力儒学传播、民生教化的教育和学术中坚）。特别是楼郁在进士及第后，被任命为庐江县主簿，他竟然没去上任，继续留在明州从事教育，表现出知识分子的清高和风骨，其实他是离不开教育，舍不得学堂，放不下家族，他也因此举更加受到人们的尊敬。也正由于楼郁的30多年辛勤耕耘，桃李满天下，可谓是"一时英俊，皆在席下"，在众多弟子中，优秀者如丰稷、俞允、罗适等这些北宋名臣，都为楼郁带来极高的社会声誉，更重要的是，凭借着深厚的师生情谊，楼氏家族成员在明州地区民间和官场上结成了广泛的人际关系网，这些应该都是楼郁给家族精心构筑的。不然，他为何科考入榜被任命后还不去上任呢？因为，他有自己更远大的目标，背负着家族更宏伟的责任，深刻知道自己的优势所在，他心里最清楚自己科考的目的。所以，他做出了自己的选择，也没有过多解释。在楼郁过世后其孙楼钥也曾经觉得，祖父仅以"禄不及亲"的理由来解释不去上任的缘故，恐怕是远远说不通的。

可以说，楼郁是楼氏家族崛起的关键人物，是家族兴旺的奠基人。是他实现了楼氏家族从富商到官宦世家的彻底转变，开创了"楼氏"在四明地区社会地位、政治地位的新格局。

### 3. "四明楼氏"从富豪到名士壮大兴旺

这一阶段为北宋后期，代表人物是楼异。楼郁生有五子，为常、光、省、棠、肖，其中楼常、楼光先后中进士。楼常（1033—1113）在继承父亲楼郁家风的基础上，较大程度地规整了后裔的行为取向，要求子孙将从政仕进作为自己基本出路。在楼常的言传身教下，他的两个儿子楼异、楼弇都先后考中进士并进入仕途，其中儿子楼异更是得其真传：不仅进士及第走上仕途，而且主动捕捉每一个可能上进的机会，积极地走向仕途更重要岗位，掌握更多关键资源。经过楼异的不懈努力，他曾经两度任明州知州，前后达五年之久，成为家族居住地的行政要员、家门口的"一把手"，这个职位虽然只有五品，不是楼氏家族中最高的官阶，但明州地域的特殊属性、知府权力的最高平台，就为楼氏家族发展带来了千载难逢的大好契机，为楼氏家族发展壮大、兴旺发达打开了天然通途。也正是通过楼异的勤奋努力，他成为朝廷信任、造福百姓的地方官员，并通过卓有影响的杰出政绩，成功地使楼氏家族实现了从望族到名士的华丽转身，从此树起了楼氏家族一代名士的社会形象。怪不得，楼氏家族研究专家包伟民先生也认为，北宋后期楼异两典乡郡，是明州楼氏成为地方名族的决定性阶段。那么，就让我们一起来看看，楼异在其短短的62 年生命里，为家族壮大都奉献了哪些力量。

楼异可以说是典型的"年少得志、仕途通达、经历丰富"。楼异（1062—1124），字试可，楼郁孙，楼常儿子。北宋神宗元丰八年（1085）进士，这一年，他刚好 23 岁，年纪轻轻，高中进士，可谓青年才俊，春风得意，从此在仕途上一路顺风。此后的 30 多年间，在中央政府和多个县、州各级地方政府任职，并担任过多地的行政主官，如当过登封县令（因好山水、喜诗画，人称"诗画县令"），也曾经任泗州知府（今安徽省泗县）、秀州知府（今浙江省嘉兴市）、明州知府（今浙江省宁波市）、平江府知府（今江苏省苏州市）。一路过来，创造了不少政绩，既为当地百姓拥戴敬仰，又受到皇帝的赏识信任，用现在的话来讲，应该是个少年老成、多岗位锻炼、综合能力强、工作经验丰富的领导干部。

楼异精心策划回故乡明州任职。我国古代官员任用，长期执行回避制度。宋神宗以后，更是明确规定地方官对田产所在地和长期居住地（州、县）实行回避制度。按这个制度，楼异是不能在自己老家明州任职的。为回故乡任职实现衣锦还乡、造福家族的夙愿，楼异费尽了心机，一直在寻找机会。北宋徽宗政和七年（1117）55 岁的楼异受命知随州，入殿辞行时，他抓住契机向皇帝提出两个建议：一个是在明州设置高丽司，并造百舟，供高丽使者往来中国之需；另一条是将明州境内的广德湖垦而为田，收租以应奉之用。此两条建议正合皇帝心愿，宋徽宗当即欣然改命楼异出任明州知州。上任明州后，楼异开通海上交通、拓展"海上丝绸之路"、加强海上贸易往来，明州成为赴高丽、日本等国海外贸易的唯一合法始发港；楼异还建造船厂，建"康济""通济"两艘远洋巨轮，它们是当时世界上最大的海船。这样的成就，在明州、在北宋都是显著的。楼异帮皇帝实现了心愿，应奉有功，在徽宗宣和元年（1119）八月，皇帝将他升为直龙图阁学士，并命他继续担任明州知州。要知道，当时的北宋有 300 多个州，知州在制度上规定两年一任，而且不得由本地人担任。这次楼异的续任，是皇帝的又一次破例。

楼异不遗余力壮大家族社会名望。楼异任明州知州长达 5 年，凭借手中掌握的政治资源、社会资源、经济资源、文化资源，尽其所能在经营家族势力方面用心用力。如在月湖之畔建有昼锦坊、锦照堂、怀绶轩等建筑，规模宏大，为楼氏家族子孙的集聚地，诸子聚居更进一步增强了整个家族的凝聚力、向心力和社会影响力，成为楼氏名望地位的象征，并以此为基地广交各方文人名士，为楼氏家族在四明地区树立了较高的社会威望。如为另一大家族史门叶氏作墓志铭，以结好四明史氏家族，使其与楼氏家族建立了良好的关系。如楼异家族每逢清明上坟，场面讲究，规模不小，规格较高，尽显官僚气派，名声在外。这些都为四明楼氏家族营造了较大的社会影响。

楼异还殚精竭虑培养家族后裔势力。楼异一支是楼氏家族中最为兴旺的，他两次结婚，先后娶了冯氏亲姐妹两人为妻，生有 5 个儿子，为琛、璹、琚、璩、珌，楼璹是他的次子。这几个儿子科场考试均无功名，按理说来实现家族奋斗目标、进入仕途将成泡影。但他通过运作，让几个儿子都当上了官，因为儿子们有一个身居要位又深得皇帝信任的父亲，都能"以恩荫入仕"，进入官场。其中，楼璩曾经官居处州知州、明州通判、朝议大夫等要位；楼璹官至於潜县令、扬州知州等。很难想象，如果没有楼异的荫庇，未取得进士功名的楼璹能当上於潜县令；没有於潜县令的经历，楼璹也失去了绘制《耕织图》的平台，也许世界上就少了一幅珍贵的历史画卷。仅从这点上来讲，楼异无疑是英明的。在楼异过世多年后，已经身居朝廷副宰相高位的孙子楼钥为感恩祖父的荫庇，利用身份的便利，上奏皇上争取到南宋朝廷追封楼异为"太师"的机会，并在四明立碑传世至今。

可以说，楼异是楼氏家族壮大的核心，是他实现了楼氏家族的兴旺发达，是他改变了楼氏家族的社会形象——不仅能创造物质财富，还能培养名士人才。尤其是他在明州任职五年，卓有成效的政绩、殚精竭虑的经营，无疑是"四明楼氏"迅速壮大的主推手。

### 4. "四明楼氏"从地方到中央鼎盛复兴

这一阶段为南宋时期，代表人物是楼钥。楼异的儿子琛、璹、琚、璩、祕等5人虽然没有科考中举，但都因为得到父亲"荫庇"，走上了从政道路。楼异的第四个儿子楼璩一脉，是最为发达的一支，楼璩生有9个儿子，他们分别是楼锡、楼钥、楼铝、楼锵、楼锚和楼铺、楼锷、楼鑏、楼铉等，在这一代人中有楼锷、楼铉、楼铺、楼钥等4人进士及第，他们将楼氏业儒科举的家风发扬光大，揭开了四明楼氏鼎盛复兴的序幕。而其中最杰出的代表就是楼钥，他26岁考取进士后进入仕途，并打破了楼氏家族子弟入仕后都只在地方为官的局限，是第一个从地方到中央机构任职的楼氏族人。楼钥以家族入仕的最高官位（副宰相）和南宋名臣、南宋著名文学家收藏家等显赫身份，将"四明楼氏"的辉煌推向了鼎盛。

楼钥（1137—1213），字大防，自号攻媿主人，为楼异的孙子、楼璩的儿子、楼璹的侄子，享年76岁。南宋孝宗隆兴元年（1163）进士第，官至参知政事（副宰相）。楼钥一生才华横溢、博览群书，通贯经史、文辞精博，书法精妙、著作等身，盛交文友、收藏巨丰，是宋代浙江宁波地区重要的政治家、文学家、书法家、藏书家。曾经建有"东楼藏书楼"，藏书为当时明州私人藏书最多。著有《金縢图说》、《乐书正误》、《北行日录》、《玉牒会要》、《圣政书》、《范文正年谱》、《攻媿集》120卷、《攻媿集题跋》10卷、《别本攻媿集》32卷、《诗集》10卷等书，楼钥的这些书籍记录保存了大量南宋时期的政治经济、文化教育、社会习俗等珍贵史料。特别是在《攻媿集》中，比较权威全面系统地记载了其伯父楼璹创作《耕织图》的动机、绘制过程、版本收藏、社会传播、刻板翻印的情况，是研究《耕织图》的最重要文字史料。也正是因为有了楼钥对伯父楼璹的详细记述，我们才能顺利地揭开《耕织图》神秘的面纱，破解800多年前的历史密码，将这幅历史画卷创作的宏伟场景再现眼前。

"四明楼氏"家族敦厚儒学、崇文重教，能诗善画、人才济济，科考功名、鞠躬治国，培养输出了一代代家族的英才，投身那个时代的文化教育、文学艺术、经济建设、社会管理、国家治理，以杰出的建树赢得了社会各方的尊重，他们的努力对明州地区乃至南宋京城临安甚至整个国家都具有较为深远的影响。在这样的大背景下，这个家族的优秀分子——楼璹，脱颖而出，以深厚的家风修为、深沉的家国情怀、深情的艺术品格，绘制了全面反映南宋时期江南水乡农耕蚕织生产全过程的恢宏画卷《耕织图》，为"四明楼氏"家族的荣耀添光增彩，为南宋生产技术发达的场景摄像定格，为历代科技文化艺术的发展提供借鉴。从这个意义上来讲，"四明楼氏"家族功不可没。

《楼钥集》

## （二）训练有素：书香名门培养诗画高手

楼异共有五个儿子，其中第二个儿子楼璹（1090—1162），享年72岁，字寿玉，又字国器，号仰啸。楼璹多才多艺、能诗善画，处事干练、政绩卓著，他带领弟弟楼璩一起协助父亲楼异有力推进了家族的兴旺发达，确立和巩固了楼氏家族在四明地区作为名门望族的坚强地位，受到楼氏家族后裔的格外敬重。但他一生最大的贡献在于，担任於潜县令时绘制了对后世一直产生着重要影响的画卷——南宋《耕织图》。作为地方主要长官的县令为什么要绘制《耕织图》？《耕织图》是县令组织别人画的还是自己亲自画的？如果是他自己画的，那么他的绘画技能又是在哪里学的？这一系列问题，是我在20世纪80年代参与编写《临安县志》（於潜县于1958年划归昌化县，1960年又随昌化县并入临安县）时，最初接触於潜县令楼璹《耕织图》时经常提的问题。为了解决这些问题，找到《耕织图》诞生的最根本动因和最深厚的人文背景，揭开《耕织图》神秘面纱，1988年与1991年笔者先后两次去宁波市和鄞州区，试图从四明楼氏祖居地寻求一些答案——在当地楼氏家族研究者张志国、县志主编胡元福等先生的热情帮助下，笔者在天一阁藏书楼查阅了楼钥留下的一些文集、楼氏家谱和当地县志，实地走访鄞县洞桥楼氏祖居，并与楼氏后裔座谈，获得了一些楼璹家族的资料。今年在执笔撰写本书的过程中，深感"书到用时方恨少"，多次与宁波市和鄞县楼氏家族文化研究专家和后裔沟通，张如安教授和楼稼平先生热情地给笔者提供了《甬东楼氏宗谱》，在他们的帮助下印证了一些史料。通过对南宋文字的凝视、与楼氏家谱的对话和与楼氏后裔的交流，慢慢地，在历史久远的迷雾中，笔者好像隐隐约约看到了楼璹的身影和足迹。

### 1. 潜心家学严格训练的好学童

北宋哲宗元祐五年（1090）庚午二月三日巳时（九点至十一点），一个春风拂面、阳光温煦、万物生长、生命萌动的上午，东海之滨四明（今宁波）楼氏家族的深宅大院，忽然传来阵阵初生儿洪亮的啼哭，还不时伴随着妇女兴奋的声音："老爷，老爷，夫人又生了一个儿子！"这个被称为"老爷"的人，其实只有 28 岁，他就是楼氏家族大院的年轻主人楼异，刚才以洪亮的啼哭宣告降临的初生儿，就是他与夫人冯氏一起创造的第二个男性生命——楼璹。也就是在这么一个风和日丽的普普通通的春天，楼璹就和其他千万个小生命一样，迎着春天的阳光雨露懵懵懂懂地来到了这个世界。从这一天起，"四明楼氏"书香世家的家学摇篮里，又多了一位新学童。

楼氏家族的家学源远流长，绵延不断，就像春风浸润，悄无声息地滋润着每一位楼氏族人的成长。早在楼璹呱呱落地的 130 多年前，富甲一方的先祖楼皓，就在奉化构筑了"潜心儒学、熟读诗书，崇文重礼、修身治国"的家学家风雏形，楼氏后人世代传承。到了学子满天下的教育名家、楼璹的太爷爷楼郁，他传授自己的学术思想给学子的同时，更加注重家学传承，总结提炼并创立了楼氏家族"崇文重教、读书应举、修身报国"的家风，开启了一门书种的传承。到了楼璹的爷爷，身为台州知州的楼常，他将楼氏家风发扬光大，把"崇文重教、读书应举、修身报国"定格为家族子孙遵循与追求的基本目标。在楼常的言传身教下，楼璹的父亲楼异得到了家学真传：学富五车、能诗善画、才华横溢，23 岁就考上进士，但仍然十分低调谦逊。到了楼璹出生的年代，年仅 28 岁的楼异，就已经在县级衙门初露头角了。在楼璹10 岁时，他的叔叔楼弇也登进士第了。

楼氏家风创立者楼郁，一直主张"人生至乐无如读书，人生至要无如教子""人遗子金，我遗子唯一经"。因为在他看来，读书与教子是提高生命质量的头等大事，是提升家族地位的头等大事，智慧能力要远比财富婚姻重要，智慧能力是成功的最重要因素，给子孙财富不如给子孙智慧能力。所以，他试图运用各种手段，把自己拥有的能力、智慧等一切有价值的资源，顺利地转移给自己的子孙，让自己的子孙能够得到比其他人更好的条件和更多的机会，把能力、智慧等一世传二世乃至传万世。他也明白财富的传承比得到更艰难，而智慧传承比财富传承还要艰难。破解难题的唯一办法就是教育，通过严格的教育，形成严格的家风家教，来养成读书至要的习惯并从中传承智慧和能力。为此，他倾注毕生精力为子孙构筑"崇文重教、读书应举、修身报国、文献传家"的家学家风，希望这些厚重的优秀传统能接力相传，给一代又一代楼氏子孙带来人生奋斗的有益启示和坚强支撑。我们发现，楼氏家学有许多明确的"必修课"规定：

必修课一：知识能力的修养。必须熟读四书五经，尤其是经史子集诸子百家，从中学习历史的经验和智慧，在丰富知识、开阔眼界的同时，培养严格谨慎、求真务实的品性，这是参加"读书应举"最起码的条件。楼氏家学十分重视女性，尤其是母亲的作用。由于楼氏是名门，嫁入的女子都须是门当户对的大户人家闺女，这些楼氏家族的媳妇们个个都精通诗文，并承担着家族"幼教"职责。楼氏家族子孙学习有严格的规定，幼时由母亲启蒙教育，稍长则由父亲教导，到了一定年龄就送学校系统学习，每天学校放学后家族还要组织集中学习，由家族父兄亲自教学，让年龄相仿的族亲在一起学习，彼此了解、互相切磋、比较激励、取长补短；有时，也让聪明好学、稍为年长的族兄来领学或交流学习心得。这种家族互助式方法，既提高了学校学习的效率，又培养了家族的凝聚力，更锻炼了孩子参加和组织集体活动的综合能力。这应该是教育重在智慧和能力培养的体现，也正是楼氏家族家学家风的基本要义。

必修课二：艺术水准的修养。必须熟悉历代优秀文学作品和艺术作品，了解掌握文学艺术历史与当代趋势，做到能赏文、鉴文、行文。可以说，楼氏家族是很有远见的，在当时重经学轻文学的背景下，楼氏先辈们没有投其所好，仍然坚持经世致用的理念，没有放弃对文学艺术知识的学习，更没有放弃文学艺术能力的培养，因为他们明白文学艺术是一个人品格与品位水准的体现，故"《诗》不可以不学"，他们要求楼氏子孙必须熟练掌握书法、绘画、诗词写作、行文的基本技能，这是实现"崇文重教"不可或缺的立身之本。在家族家学家风的约束与训练下，楼氏家族的子孙，几乎个个能诗善画，写得一手好字、画得一手好画、写得一手好文章，还能对字画、书法等进行鉴定评价，而且都具风雅之范。

必修课三：道德礼仪的修养。必须熟读六经，通晓大义，明白孝悌忠信、礼义廉耻和修身齐家治国平天下的大义，明白长幼有序和父子、君臣、夫妇、兄弟、朋友的礼节，明白不苟时好、不贪富贵和能事父母、和兄弟、和睦宗族的道理，明白善始善终、言而有信、重德轻利、知恩图报、乐善好施的行为，这是实践"修身报国"不可含糊的基本素质。特别要求在道德规范方面，家族长辈必须带头践行，家长以身作则地教导和影响孩子爱好学习、遵守礼仪，父母做出榜样言传身教，母亲要相夫教子、侍奉双亲、遵守妇道、操持家务，父亲要当好道德礼法表率，在孩子年岁稍长后，带他们出去游历以增长见识。楼氏各代都自觉传承家学、严格家规、遵守家风。楼璹的爷爷楼常家规严格、教子严厉，每当家中有宾客来访，已经十分显贵的儿子楼异（州官），也只能站立在父亲身边侍奉左右，弄得来宾都感到为难。楼异传承家风，更为严厉，每当吃饭时分，如果全家人没有到齐、父母没有动手，几个儿子肚子再饿也不得动筷。

必修课四：文献应用的修养。必须掌握文献收藏、鉴别、刻印、引用等技能，在楼氏家族眼里，这些技能是评判文人雅士、艺术专家的基本标准，也是实现"文献传家"的基本方法。为此，楼氏家族还建立了"字学训练"传统，训练子孙们鉴定字画真伪的能力。楼璹的太爷爷楼郁首开家族藏书运用之风气，家有藏书万卷，这在当时的四明地区首屈一指，更可贵的是在这些一万多册藏书中，有不少是楼郁自己亲手抄录的。这种用心和精力的投入，最终内化为一种精神力量，支撑起"一门书种"楼氏大家族，成为"四明楼氏"家族的精神文化标志，而且影响到整个四明地区。自楼郁之后，四明人爱聚书藏书成为一种风尚，从达官显贵到一般人士，概莫能外，而且生生不息，延续不断，至今仍然有保存完好的天一阁、五桂楼等藏书楼，珍藏古文献和地方文献 40 多万册，这在我国藏书历史上是十分罕见的。四明因此有了"浙东名城、文献之邦"美誉。可谓楼氏家族的家学家风，为我们开了一代之风气。

楼璹就是在这样一个家学深厚的环境里出生、长大的。当他刚来到这个世界，还仰躺在摇篮的褓褓里，使劲想睁开但怎么也睁不开眼睛的时候，就获得了一般孩子无法企及的系统、完备、良好的教育：在母亲温软的细语里，牙牙学语开始触摸这个全新的世界；在父亲慈祥的轻声里，似懂非懂点燃了对这个世界的好奇；在老师规范的讲述里，踌躇满志长出了遨游这个世界的雄心；在家族长辈的训练里，胸有成竹拔出挥毫于天下世界的画笔。

### 2."诗画县令"家族的传承人

受家学家风的深刻影响，四明楼氏子孙经过全面、系统、长期的"家族封闭式""摇篮式"训练，当他们长大成人后走上社会时，自带的"家族标配"，几乎就是身怀诗画绝技的"武功高手"。当他们在"江湖"行走，稍不留神，不经意间显露出了的一些基本功夫，其绝妙之处，常引得人们的一阵阵赞叹。

宋哲宗元符二年（1099），楼璹才刚刚 9 岁，37 岁的父亲被派往河南登封任县令。父亲楼异，长期受家族世代书香熏陶，积淀了深厚的文学功底，酷爱自然山水与文学写作。任河南登封县令期间，"雅有文学，性爱山水"，几乎天天早出晚归，足迹踏遍了嵩山一带的山山水水，留下了大量吟咏嵩山的诗文，如《嵩山二十四峰咏并序》《嵩山三十六峰赋》等，使嵩山在他的诗文里翩翩起舞、娓娓动听、款款动情、楚楚动人，使嵩山的美丽秀气被更多的世人所知，成为当时享有盛誉、人人传诵的作品，后于宋徽宗建中靖国元年（1101）刻石碑立于少林寺，碑高233厘米、宽89厘米，保存至今。楼异还绘有《嵩岳图》，以绘画形式记录和描绘了嵩山的多姿多彩和大美气派，为画界称赞。他作诗、绘画的技艺高超，诗画均能以美感人、扣人心弦；同时又是当地的行政主官，勤政爱民、实事求是，体恤民情、关爱民生，还为当地百姓减免赋税，所以深得百姓拥戴。当时，像楼异这样多才多艺的县太爷，实在不多见，于是被人誉为"诗画县令"。

楼异赋文少林寺石碑

这位被称为"诗画县令"的楼异，正春风得意，青春勃发，在与浙江明州直线距离500多公里的河南登封，畅游山水、诗意大发的时候，他的年幼次子楼璹又在干什么呢？笔者查遍了正史、方志、家谱，找遍了近几十年的楼氏家族研究资料，一直没有获得明确的答案。试想，在900多年前，从东南沿海到中原腹地，山高水远，交通不便，驿站的快马来回也要约一个月，楼异自己上任旅途就很艰难，不太可能带上家眷；同时，北宋有1300多个县，任期一般两年，大多时间更短，县令一般调动频繁，颠沛流离的，家眷也很难相随。加上楼璹当时只有9岁，正是读书的时候，读书又是楼氏家族的头等大事，需要有一个稳定环境，楼氏家族在四明就有现成的优异环境条件及好老师。由此，笔者觉得，于情于理，楼异都不太可能在这个时候，将年幼的儿子带在身边。

这样看来，"诗画县令"父亲楼异在嵩山抒情山水间的时候，年幼的儿子楼璹正在四明的学校里潜心读书，为将来自己也能"科举入仕、修身报国"做好充分准备。因为，楼璹知道作为"四明楼氏"家族的成员，自己的血液里流淌着父亲的基因，更流淌着家族的基因，只有刻苦学习好知识本领，才能接过父辈的接力棒，成为新一代"诗画县令"的传承人，借以完成楼氏家族家学家风传承的光荣使命。真可谓是"虎门无犬子"，"军中无戏言"。父亲是最好的榜样，儿子一直在不懈努力：34年之后43岁的楼璹走马上任，担任於潜县令，并绘制了《耕织图》，终于和他的父亲楼异一样，也成为一个名副其实的"诗画县令"。

### 3. 遵守孝道娶妻生子的好儿子

孟子曰："不孝有三，无后为大。"要有后代，必须男女婚配生子，才能完成孝亲大业。俗话说"男大当婚，女大当嫁"，中国古代男女婚姻传统，向来都是"父母之命，媒妁之言"。子女到了婚嫁年龄，就是父母说了算，哪怕是像"四明楼氏"家族这样的读书世家、书香名门、文化精英，也要按传统文化习俗来安排子女婚姻。"百善孝为先"，这是中国的文化传统，也是楼氏家族的基本家风家规，更是楼氏家族后们必须遵循的基本守则。

时间过得很快，不经意间，楼璹已经长成英俊青年了。这年，楼璹父亲楼异亲自出马，为楼璹说好了一门亲事。儿子楼璹严守家风家规，婚姻大事严格遵守"父母之命"，欣然接受，当年就迎娶了妻子，完成了父母的心愿。在父母和楼氏长辈的眼里，楼璹是一个以孝为先的好儿子。

其实，中国传统文化就十分讲究婚姻要门当户对、基础相当、家境相似、郎才女貌。何况，楼氏家族是当地的名望大家族，一般平民百姓的女儿根本无法高攀。更何况，一个家族的发展兴盛，离不开妇女的相夫教子、操持家务，离不开妇女的孝奉双亲、忍辱负重。这个道理，作为父亲的楼异深有体会。楼异的爷爷楼郁能成为楼氏家族的开创崛起人，与他的夫人朱氏的协助紧密相连（朱氏聪慧过人，侍奉双亲极为孝顺，处事公正、善于助人，相夫教子，教育孩子学习《论语》《孝经》等，这些美德使其成为楼氏家族里唯一上家谱的女性）；楼异能够将家族壮大兴旺，也与自己夫人的协助密不可分（楼异的夫人冯氏就是由他父亲楼常挑选的。她们是一对亲姐妹，出自大户人家，琴棋书画无所不通，楼异先娶姐姐为妻，姐姐去世后继续娶妹妹为妻。这两位亲姐妹先后成为楼异夫人，她们都能竭尽全力、无私贡献，帮助楼异成就了功名）。这两段前辈女性协助夫君相夫教子、成就大业、兴旺家族的故事，一直是楼氏家族的美谈。

父亲楼异在为儿子楼璹挑选媳妇时，既充分借鉴前辈的经验，又参考自己的体会，更考虑到楼氏家学家风的传承、儿子功名事业的成败等因素，好中选优、百里挑一，加上"四明楼氏"与冯氏世为婚姻。楼异遵循"必缘亲党"的家训原则，替儿子楼璹挑选了自己夫人冯氏的亲侄女冯觉真为妻子，希望冯觉真能效仿两位亲姑姑，嫁给楼璹后能为楼氏家族做出新的贡献。真可谓可怜天下父母心。

楼璹按照父母安排，娶了母亲的侄女、舅舅的女儿冯觉真为妻。这段婚姻大事，楼璹在《朝议冯氏恭人岁月记》有专门记载："四明楼氏、冯氏世为婚姻……宜人（指夫人冯觉真）乃伯舅锐之女，先夫人（指自己母亲）之侄也。年十九归璹。"楼璹与冯觉真成婚这年，冯觉真 19 岁，楼璹 25 岁，时间应该是宋徽宗政和五年（1115）。楼璹和新婚妻子冯觉真都没有让父亲楼异失望，婚后夫妻情深，和睦幸福，子孙满堂。冯觉真嫁给楼璹后，以特有的良好品格，做出很多牺牲，一直陪伴着楼璹，默默地帮助楼璹支撑起一个大家庭。当楼璹晚年时，还时常夸赞自己夫人的贤惠品德，并有流传至今的文字为证。楼璹说他为官后，"生计少裕，而宜人（指妻冯觉真）勤俭始终如一，未有骄盈意。及余用以济亲之急，则欣然喜之。宜人性静而和，仁而恕，平居不显愠，不见于色，自为女，至为妇、为妻、为母之道，内外阖族称之"。楼璹对妻子的评价很高，家族对她的评价也很高，说明冯觉真是公认的好媳妇，也证明了父亲给他挑选的是一个优秀的妻子。可惜，楼璹的妻子冯觉真于 1157 年离世，享年 62 岁，先于楼璹五年去世。

冯觉真一生夫唱妇随、相夫教子，善良贤惠、操持家业，给楼璹生了四个儿子、四个女儿，并辛勤培育出了六个孙子、四个孙女，可谓人丁兴旺[①]。这在《鄞塘楼氏宗谱》卷三"刘岑撰《艺文·宋左朝议大夫知扬州淮东安抚楼君墓志铭》"有明确记载，云：楼璹"娶冯氏，封恭人，前卒而附焉。四男：铢，右从政郎；镗，亡矣；镇，右迪功郎；钧，未命。四女皆有所归：温州司马参军郑晓卿；举子冯百朋；李师民右迪功郎；陈大军其聱也。六男孙：渊，将士郎；源、洪、深、浚、泽方觅举。四孙女：长适右承务郎周元卿，余未行"。楼璹的子女都比较有出息，但有一个儿子"楼镗"在南宋绍兴十五年（1145）去世。这事《楼氏家谱》也有记载："璹提举福建市舶，其次子楼镗以疾卒于官舍。"不知楼镗这年几岁，但这年楼璹已经55岁了，楼镗大约应该在25—30岁之间。快到而立之年的儿子夭折，这对楼璹来说是极大的打击。可以说是老年丧子，无比悲痛。

### 4. 广交天下各路文友的书画家

楼璹在楼氏家族的家学学习训练中，学到了书法、绘画的基本技能，还掌握了字画鉴定评价的能力。楼璹每天从学校放学后，回到家族祠堂里，有时听家族长辈讲学，有时跟长辈学习书法绘画，有时长辈还教他如何鉴定区别真假字画，有时还与同辈同年龄的族内兄弟交流切磋学习心得，有时也会拿上自己的书法绘画作品给长辈和同辈族内兄弟交流，兄弟之间相互批评，还比赛谁画得最好，这样的场景，每当楼璹成年后都十分怀念。因为，楼氏家族集聚学习的模式，给他后来的从政带来许多有益的启发和帮助，帮助他运用从政的有利平台，广泛结交天下名流，并通过书画交流，加深友谊，也为楼氏藏书事业广收天下佳书佳画，为楼氏家族名门添砖加瓦、增光添色。

楼璹还喜欢广交文友，与文人墨客相交甚欢。这是因为，楼璹有能力、有资本、有魄力，他既精通书法绘画技能，还有一双火眼金睛可以鉴定书画

---

① 舒月明主编：《浙东文化论丛（2012年第一、二合辑）》，文物出版社，2013。

真伪。文友们喜欢与他一起，从他这里
可以学到许多书画知识。

　　楼璹从政之后，政绩卓著，同时他
结交了一批当代名宦与书画名家，如张
浚、刘岑、魏元理、徐竟等人，收藏了
不少他们的书画作品，以及大量前代名
作。单就楼钥《攻媿集》所见，楼璹就
收藏有钱易的《三经堂歌》，与苏轼、
钱明逸、张耒、林逋、蔡襄、钱昆、吕
大临、文彦博、石曼卿等近三十人的书

楼璹画像（於潜耕织文化园展示）

画名作，作为传家之宝。楼钥还在《攻媿集》中记载："伯父扬州，持节拥
麾几遍东南，襟度高胜，所至多与雅士游。若魏君元理之画，徐公明叔之书，
皆擅名一时者。桂花才一枝，谛观佳处，疑有秋风生其间。"可见，当时楼
璹就收藏了不少名人的字画，有些画惟妙惟肖，栩栩动人。

　　楼璹的父亲楼异不仅喜欢吟诗作画，还喜欢书画收藏。楼璹的弟弟楼璩
（楼钥的父亲）也喜欢收藏名家书画。在楼异与楼璹、楼璩父子三人的积极
经营下，楼氏家族的书画收藏日渐丰富，楼氏家族通过书画收藏来极力营造
出一个足以衬托名望的文化艺术氛围，作为交友之资本。这些丰盛的书画收
藏，使得生长其间的楼氏子弟在耳濡目染之下，浸淫于艺术氛围的熏陶，培
养了艺文气息与素养。俗话说"腹有诗书气自华"，每一个从楼氏家族走出
来的子孙，都精通诗画、饱含书卷气息。

　　可以说，到了楼璹父亲楼异这一代，"四明楼氏"就已经是著名的文学
之家、书画之家、收藏之家，楼璹从父辈的手里接过这些荣誉，继续前行、
发扬光大。四明，这里是宋代东南沿海的城市，也是藏龙卧虎之地。在北宋
末年和南宋初年交替之际，江南才俊楼璹就像破茧而出的蝴蝶，经历了 20 多
年的修炼，终于从书香世家的深宅大院里走了出来，走向他一直向往的新世
界，走向等待他来完成伟大使命的神秘地方——於潜。

## （三）心怀民众：务实担当的地方官员

楼璹在家族荫庇和家学熏陶下，经过刻骨铭心的艰难修炼，终于从一个养尊处优的富家男孩蝶变为风流倜傥的江南才俊，当他迈着自信而坚定的步伐，跨出四明书香世家深宅大院的时候，他又将去往哪里呢？我们通过前人留下的现存各种文献资料，寻找他踏上仕途之后的足迹，初步梳理出他一路向前曾经走过的地方：婺州（今浙江金华）—於潜（今浙江杭州临安境内）—邵州（今湖南宝庆境内）—广州（今广东境内）—荆州（今湖北境内）—长沙（今湖南境内）—临安（南宋京畿所在地杭州）—福建—扬州（今江苏境内）—台州（今浙江境内）等。用现在的话来讲，楼璹的从政足迹涉及今天的浙江、广东、湖南、湖北、福建、江苏 6 个省，几乎遍及我国东南地区。

### 1. 刚正不阿的婺州小幕僚

目前可知，婺州（今金华）是楼璹走上从政道路的第一站，具体年代无从查考。郑传杰在《楼氏家族》一书中说："他（指楼璹）最初的职务是在婺州（今金华）任佐贰官。所谓佐贰官是州县的属官，一般县都是有县丞（正八品）一人，主簿（正九品）一人。他们分别掌管粮马、户籍、征税、缉捕等事宜。"我们查考两宋时期的官职设置，怎么也找不到"佐贰官"这个官名，倒是发现两个情况：一是清代初期，曾经设置过"佐贰官"，这个岗位是干什么的呢？原来"县之佐贰官为县丞、主簿，佐助州县主官管理粮马、缉捕、水利等事务"，这与郑传杰先生表述一致。二是在唐燮军、孙旭红《两宋四明楼氏的盛衰沉浮及其家族文化》①一书中说："宣和三年（1121），楼璹以父恩补将仕郎。"但没说补在何地任职。此时的楼璹 31 岁，正是年轻气盛、雄心勃勃之时。经查，在北宋崇宁年间（1102—1106）至南宋淳熙年间（1174—1189）的近 90 年里，在县一级设有由中央政府授予

---

① 唐燮军、孙旭红：《两宋四明楼氏的盛衰沉浮及其家族文化》，浙江大学出版社，2012。

的"奏补未出官"岗位（可能就是候补官）一栏有"通仕郎""登仕郎""将仕郎"三种官称，级别均为"从九品下"，是中央政府官员设置表中官阶最低的一种。不知道此时的楼璹到婺州担任的是否就是这个职务。在现有史料相互矛盾、还未发现更新史料的情况下，我们暂且还是采用信息量较为丰富的郑传杰先生的说法：婺州佐贰官是楼璹最初的职务。那就让我们来看看这位初出茅庐的年轻书生，是怎样转换角色、像模像样当起地方衙门小官吏的。

其实，"佐贰官"这个岗位就是一个"幕僚"。这个岗位主要协助州县知令做一些具体事情，执行和落实知州和县令的指示和部署，是知州和县令的左膀右臂，但又不是主官，所以冠以"佐"（佐助之意）和"贰"（不是一把手）之名，为地方官中的幕僚，可能相当于现在的副职或助理或政府秘书长之类的协调助手。楼璹应该是在婺州当"佐贰官"，当时的婺州下辖兰溪等好几个县，管辖范围还比较大。楼璹非常珍惜这个岗位，觉得自己潜心读书就是为了"修身报国"，现在机会来了，读过的圣贤之书终于可以派上用场了，所以他特别勤勉工作，努力施展抱负，总是亲自起草文件，县衙大凡要紧的文件，他都自己亲自动笔起草，不劳烦书吏（专职文字工作的岗位），这样便于他迅速了解情况、及时总结经验，也可以锻炼自己。他还亲自调查民意，常常撇开衙门陪同人员，独自带上随侍童子，乔装成老百姓深入农村农民家实地调查，直接掌握第一手真实情况，排除了中间环节的弄虚作假和克扣盘剥，使政策可以直达基层，让农民真正享受到政府的实惠。特别是遇到一些涉及处理田地、水利等诉讼案件时，他都事先到当地德高望重的老者家询问，查清事实真相，以此来作为判断是非的标准，使人信服。楼璹亲自管理衙役，他发现衙役在衙门里是具体事项的执行者，他们负责"动手"的事情，如抓人、收粮、收钱、收税和公堂惩戒（打板子），当时政府对衙役只负责管饭和基础收入，无专项经费保障，俸薪很低，衙役队伍鱼龙混杂，为捞"好处"，一些衙役就借百姓前来办理公务之际，进行敲诈勒索以饱私囊，百姓敢怒不敢言。为此楼璹亲自制定制度，对违规者严惩不贷，加强对衙役的规范管理监督，防止衙役欺压百姓。在婺州任职期间，年轻气盛的楼璹，带着满腔正义，敢为百姓出头，为维护百姓利益，还做了几件至今在婺州民间流传的事。

为民请命减赋税的故事。税赋是国家运行和战争的必需与急需。在以农为本的中国古代农业社会，农村的赋税收入是政府财政的主要来源，特别是北宋末年，北方大量土地失守同时也失去了大量的财政收入，北宋为争夺北方失土进行的战争需要大量经费，这就加重了南方地区的赋税压力、加重了南方地区广大农村的压力。当时，婺州每年上贡朝廷的丝织品数额巨大，百姓负担沉重，但又无处可诉，怨声载道，苦不堪言。楼璹深入农村实地走访大批农户，收集了大量一手资料，根据实际写成奏章，呈送朝廷，力陈减免的种种理由，朝廷了解实情后，减少了征收数额。为了规避操作过程中部分衙役浑水摸鱼、徇私舞弊、欺诈百姓，楼璹将每家农户减免税额、应该缴纳税额等具体数字统计后，督促各地张榜公布，接受百姓监督，让每一户农民知道交了什么、减了什么，都明明白白，也堵住了衙役从中想捞好处的漏洞。这种"政务公开"的做法，使百姓心服口服，拍手称赞。

主持正义惩恶人的故事。有段时间，婺州属县兰溪有几个社会混混和恶人，纠集了一批游手好闲的游民，形成一股恶霸势力（相当于现在的黑社会），肆无忌惮地在当地欺行霸市，欺压百姓，扰乱社会，大家晚上都不敢外出，兰溪百姓人心惶惶，惊恐万分，怨声载道，多次要求州府捉拿恶霸，都石沉大海，没有结果。年轻气盛、仗义有为的楼璹，在接到这项百姓诉状后，立即乔装打扮，赶到兰溪，悄悄摸清了恶霸的活动详情，巧妙设计抓捕了恶霸和一些骨干分子，并当即公开处理：对几个为首分子严厉惩治，以儆效尤，杀一儆百，而对大多数胁从者（多为无所事事的平民）予以宽恕，全部释放，并给这些被释放的人发放生产工具，劝导他们回乡务农。年轻的衙门官员为民除害的大胆举措，赢得了兰溪百姓的热烈拥戴，也赢得了百姓对政府的信任，这一年兰溪百姓纳税特别踊跃。根据史料推算，那时楼璹的年龄大约在30岁出头（31—33岁），正是"初生牛犊不怕虎"，"明知山有虎，偏向虎山行"，是最为血气方刚、踌躇满志的时候。从这件事不难看出，楼氏家学家风对他的影响：教会子孙"智慧与能力"一直是楼氏先祖们传承的家族精神之精髓，在关键时候，这种精髓能让书生变得无比强大，成为能文能武、文武双全的社会治理高手。

### 2.恪尽职守的於潜县太爷

南宋高宗绍兴三年（1133）五月庚辰，在监察御史胡蒙的推荐下，楼璹走马上任履新於潜县令①，这年他 43 岁，这距他从政的第一个岗位已经 12 年了。经过十多年的基层从政磨炼，楼璹已经从年轻气盛、血气方刚、敢说敢为的衙门幕僚、参谋助手，逐渐历练为沉稳干练、处事果敢、堪担大任的栋梁之材、一域之主。楼璹在於潜当县太爷期间，勤政为民的故事不少，流传至今的故事主要有创立民间自治组织、加强社会治理，深入田间地头、实地掌握农耕蚕织生产细节，绘制《耕织图》、创作《耕织图》诗等。

南宋於潜境内的天目山下窑火旺盛，数十家窑场生产大批日用瓷器，贸易输供京城临安（今杭州）和各地。大量的外地窑工进入於潜，这些人的管理对当地是个挑战。加上其他"北民"的蜂拥而入，给当时於潜的社会治

於潜天目窑遗址出土的"天目盏"

理也带来了各种挑战。面对这些问题，楼璹游刃有余地应对，并取得了明显的治理成绩。

特别是楼璹在於潜任上，创立民间自治组织加强乡村治理的故事，至今还值得我们借鉴。楼璹作为地方主官，维持社会稳定是第一要务，尤其是南

---

① 〔宋〕李心传：《建炎以来系年要录》卷六十六，上海古籍出版社，1992。

宋初年，大量的北方移民在短时间内涌入於潜，分布在於潜的各个乡村定居。外来人口与本地人口持平或者超过了本地人口，这给当地的社会治安、生产发展、文化风俗、生活习惯等都带来了强烈的冲击。在特殊的时代，如何最大限度地平衡这种强烈的生活生产反差和文化反差，是对地方官员的严峻考验。楼璹到於潜上任伊始，就面对这样的考验。要维持全县的社会稳定，就必须加强乡村的稳定。为加强对乡村的管理和治理，特别是第一时间掌握乡村的实际情况，第一时间处理各种矛盾于萌芽之时以避免无限放大造成被动，十分需要借助乡村自身的力量来自我管理。楼璹根据自己在家族家风管理下成长的亲身经历和曾在基层管理乡村的经验教训，深刻感悟到家族无比强大的力量。于是，楼璹在於潜各乡村创立了宗族自治组织，通过宗族的力量自我管理乡村事务，并将封闭的个体小农生产组织成集体力量，提高生产力水平。乡村宗族自治组织的主要任务包括：村民凡是遭遇水涝干旱、飞蝗病虫等自然灾害，予以救恤；农户在春耕、夏锄、蚕忙、收获之际人力不足，派人帮助；鳏寡孤独、残疾无依靠者，生活生产困难的，即予以帮助；协助县衙联络乡村民众；等等。这一自治组织成了楼璹农村工作的纽带。楼璹时常亲自接见宗族族长，以示关爱，而对那些危害宗族的言行毫不手软，严惩不贷。这既发挥了宗族的积极性，也可顺利完成县衙的各种任务，加强外来人口和本地人口的有效管理，更树立了县级政府的威信。

### 3. 四处游走的勤政士大夫

南宋高宗绍兴五年（1135）上半年，就在楼璹绘制《耕织图》的第二年，《耕织图》被送进了设在杭州（临安府）的南宋中央朝廷，当南宋的最高统治者宋高宗看到进献的《耕织图》后，爱不释手，并命宫廷画师马上临摹予以传播，还让自己的元妃吴皇后为《蚕织图》题写诗句和说明，以示皇帝亲耕、皇后亲蚕，表示对农耕蚕织的重视，对农夫蚕妇的关心。楼璹也因为年富力强、为官廉正、政绩突出、献图有功，被皇帝关注与信任。就在献图当年的十二月，楼璹被朝廷重用提拔，先后担任江浙、两湖等地区州府的重要职务，从那年开始，楼璹便沿着希望的田野走向了更为广阔的世界，活脱像个不停游走的士大夫，去实现他"崇文重教、修身报国"的远大志向。

让我们一起来看看 45 岁以后的楼璹，在宋高宗赵构的赏识重用下，他的仕途游走足迹又到了哪些地方。献图当年十二月，楼璹从县令正七品被提拔为从六品的邵州（今湖南宝庆）通判①；继而"行在审计司"（南宋建炎元年宋高宗赵构因"勾"与"构"读音相似，为避讳，将太府寺原下属的专勾司改名为审计司。其职责为对凡是拿俸禄的无论宫廷大臣还是卑微小吏，都依据有关规定，审计其所领钱粮与职位是否相符。审计司主官称"干办官"，级别与县令相同）；绍兴十年（1140）由参知政事孙近推荐，升任广州市舶使；绍兴十四年（1144），出任福建市舶使；绍兴十六年（1146），调任荆湖北路、南路、淮南路三转运使（今湖北荆州、湖南长沙一带）；绍兴二十五年（1155），楼璹迁知扬州兼淮东安抚使，同年十一月辛未诏令楼璹兼管运司事；绍兴二十六年（1156）三月，楼璹受诏令整顿淮南耕地，同年主管台州崇道观，累官至朝议大夫，时年已经 66 岁，大约这年年底，他退职还乡，悠闲自得地过了七年；绍兴三十二年（1162）十月庚午离世，终年 72 岁，埋葬于奉化县南山之原，与他的先祖们会合。一路走来一路勤政，"所至多有声绩"，应该说是一名勤政廉政的地方官员。

### 4. 热心公益事业的老乡贤

楼璹在 30 岁左右离开家乡进入仕途，在全国各地任职，直到他 66 岁退隐还乡，才停止了近 40 年的游走。楼璹回到家乡后成为当地著名的乡贤。他仍然热心于家乡的公益事业，往往以身作则，带头尽力而为地为百姓做好事。有专家学者认为，楼璹献图后除了在各地从政的政绩，还有作为乡贤所做的两件事情，特别值得敬佩。

设置义庄。楼璹不忘父亲楼异的未竟之志，设置义庄以接济族人，成为

① 唐燮军、邢莺莺：《科举社会中四明楼氏的盛衰》，《宁波大学学报（人文科学版）》2016 年第 2 期。

楼氏家族世代后裔的楷模。楼璹的父亲生前想建立一个义庄专门接济帮助遇到困难的楼氏家族族人，但此事未能办成，遗憾而去。楼璹一直把父亲的遗憾牢记在心，一有机会、条件具备，就千方百计去完成父亲的遗愿。当他在扬州任知州时，就在老家鄞县（明州）置办了良田五百亩，立名义庄，为楼氏家族接济族人之用。此举既完成父亲遗愿，又凝聚团结族人力量，更为社会稳定做出了贡献。

兴修水利。楼璹退隐还乡不忘百姓和族人，为故乡做了不少善事，实现了他家国天下的情怀。楼璹回到家乡后不久，就遇到明州滨江的大堤坝毁坏，为了明州百姓生命与生产安全，他决定重建大坝阻挡洪水保一方平安。楼璹"以钱百万，倡率里人共为之"，自己首先带头捐资，以榜样的力量凝聚当地百姓力量与募集资金，修建好明州人民自己的"生命堤"，深得百姓爱戴。他回到故乡后，作为著名乡贤和楼氏家族族人，还募集十万钱兴建精庐，重修铜佛像，重振旧观，成为楼氏家族的精神家园与寄托，精庐的建成，使"后人事之加笃敬，日袅香篆长蜿蜒"，为楼氏家族的再度崛起兴旺和后辈楼钥带领楼氏家族走向鼎盛复兴，奠定了新的基础。看来，这个一路游走的士大夫，哪怕退休了在故乡当了乡贤，还念念不忘"修身、齐家、治国、平天下"的使命。

## （四）诗画县令：工作需要与自己喜欢

我们不知道这是不是历史的巧合：34年前，楼璹的父亲楼异37岁任河南登封县令，因其能诗善画、多才多艺，被人誉为"诗画县令"；34年后，当楼璹刚过不惑之年当上了京都临安西郊县於潜县令，可能是他继承了父辈才华，也可能是强大的楼氏家族基因，使他不由自主地脚踏着父亲的足迹，每个脚步几乎都与父亲同频契合，很快他也成了另一个新的"诗画县令"，他在於潜县令岗位上绘制的一幅画卷《耕织图》就搅动了中国也搅动了世界，由此引起了800多年来整个中国甚至世界对於潜的关注。

那么我们不禁要问，南宋时期有 1300 多个县，为什么只有於潜县令绘制《耕织图》？楼璹为什么要画《耕织图》？为什么楼璹就能画成《耕织图》？其实，最简单的回答就是工作需要、自己喜欢。

首先是工作需要。也就是：履行县令职责、落实朝廷号召，教化劝农生产、推广农桑技术，促进经济发展、加强乡村治理，维持社会稳定、巩固国家政权。因为，楼璹作为地方主官，同时更是"劝农使"，必须关注农业、发展农业，尤其是在南宋初年人口猛增、生活资料需求猛增的情况下，地方官的首要任务是解决属地居民人口的粮食问题——只有吃饱了饭，社会才会稳定。所以，在那个特定的时代，楼璹必须格外关注农业生产与农业发展，尤其关注农业技术的推广、使更多的人及时掌握新的农业生产技术，以提高单位粮食产量，以现有的耕地养活更多的人。这是楼璹作为县太爷的第一要务。说白了就是，通过记录现实生产生活，展示恪尽职守的政绩；通过科普推广农桑技术，呈现励精图治的手段；通过积累向上汇报资料，准备政治前途的资本。

其次是自己喜欢。楼璹出生成长于四明楼氏家族，家学渊源深厚，诗画功底扎实，文章通贯古今，为人善良仁义，他自幼生活在耕织发达的鄞江平原，深受耕织文化的熏陶，对耕织文化有着天然的感情，同时深受父亲"诗画县令"楼异的言传身教影响，当了县令后终于拥有实现自己愿望、发挥自己特长、做自己喜欢的事情、可以自己决策的平台。所以，楼璹与他的父亲楼异一样，展现出"诗画县令"的多才多艺，并在思想内容方面更上了一层楼：一个是纵情自然山水吟咏山水风光之美，一个是纵情稻田桑林记录耕织劳作之苦；一个是审美情绪的发挥，一个是忧国忧民的感叹；一个是自我陶醉，一个是劝课农桑。有人说，楼璹《耕织图》有部分受到唐代画家韩滉所画《田家风俗图》的影响，如楼璹的"灌溉"至"入仓"九段诗文，就与韩滉诗基本一致。[①]其实，是受了当时那个时代唐宋文人画家喜欢描摹农村现实生活的整个画风诗风的影响，也是那个时代在楼璹身上刻下的烙印与痕迹，是顺势而

---

① 《美术史论丛刊》编辑部编：《美术史论丛刊》第二辑，文化艺术出版社，1982。

动的一种趋势。

所以，客观的任务加上主观的喜欢，让这位中年县太爷满怀激情、如鱼得水，在於潜这块并不太大的土地上，施展抱负和才华，干出了其他县令无法比拟的政绩。当然，在於潜短短的两年时间，楼璹也留下了不少为绘制《耕织图》而发生的故事。

### 1. 总在田间桑园的劝农使

中国是传统的农业社会，数千年来以农为本、耕织为要，农耕蚕织一直是关系国计民生的头等大事，也是地方财政的主要收入来源。於潜县地处南宋京城临安（今杭州）城西直线距离大约40公里，境内有大树参天的天目山雄居于县城之北，曲折蜿蜒的天目溪自北而南贯穿全县，大多是低矮的小山丘与河流冲击形成的平原，从春秋战国以来就一直是稻米和丝绸盛产地，稻米和丝绸也是地方税赋的主要来源。南宋定都杭州后，於潜的地位更显重要。当时，天目山两岸为大片的水网平原，土地肥沃、水渠贯通，水稻种植一望无际，也是南宋重要的粮食供应地。天目山两岸的低丘缓坡，种植着一望无际的成片桑树，远远看去满山翠绿，这里的乡村家家养蚕、户户织丝，也是南宋重要的丝织品供应地。可见於潜县地域的特殊性，在政治与经济方面具有重要的地位。

楼璹与农夫蚕妇交流图

楼璹不敢辜负父亲楼异的期望，不敢辜负前辈胡蒙的信任，更不敢辜负朝廷的重托，上任后，马不停蹄地深入乡村农家，走访农户，了解掌握第一手实情。他最关心的就是农耕与蚕织生产，三天两头往田间地头跑，往山坡桑林走，总是怀着同情怜悯之心，与农夫与蚕妇们有聊不完的话，深入细致地了解农耕蚕织生产的详细过程和关键细节。很快出台了一系列科学治理社会、关爱民情民生、促进生产发展的政策措施，既完成职责任务、成绩斐然，又赢得民心、社会稳定，深得当地广大百姓的爱戴，也深得南宋朝廷的信任，可谓一举多得。

因为楼璹始终牢记自己劝农使的根本职责，所以他的身影总是出现在於潜的山山水水、田间地头、农舍蚕房。

### 2. 打破砂锅问到底的画家

楼璹深入乡村的主要目的是劝农。但楼璹有自己独特的方式，除了常规的劝农工作方法以外，他还运用自己的艺术专长，将农业蚕桑生产的新技术、新场景用图画的形式绘制下来，以便更多的人学习模仿和推广。在没有摄影技术的南宋时期，楼璹就用手中的画笔，以写实手法努力记录当时的生产生活场景，就如今天，人们用录像机和照相机将生产生活中创新内容和技术拍摄记录下来一样。

南宋初年，北方大量的居民徙居南方，也带来了北方先进的生产技术和生产方法，同时由于时代发展的客观需求，倒逼着生产技术不断更新创新，一些南北技术融合、创新技术运用的做法在於潜地区出现。作为画家的楼璹，要客观描绘这些农桑生产技术的过程环节、操作细节，就必须深入细致地在生产现场认真观摩、认真临摹。为此，楼璹整天围着农夫、蚕妇，问这问那，对每一个操作环节都要打破砂锅问到底。并在生产现场临摹绘制了不少的草图，又根据实际情况，一遍又一遍地修改草图，将修改好的草图带到现场，征求农夫蚕妇的意见，不断地修改完善。最终，才形成了正式的图画。

楼璹向农夫问技图

楼璹作为一名画家，为了绘画场景的真实性、完整性，反反复复、不厌其烦地深入生产现场，正因他这种打破砂锅问到底的敬业精神，才使《耕织图》与众不同、价值独显，他也因此深受人们的敬佩。官至南宋朝廷副宰相（参知政事）的楼璹侄儿楼钥在《攻媿集》中说："伯父时为临安於潜令，笃意民事，慨念农夫蚕妇之作苦，究访始末，为《耕》《织》二图。""究访始末"就是楼璹绘制《耕织图》的前提和基础，如果不"究访始末"，一介书生的楼璹何以全面了解并掌握农桑生产的全部环节和过程？何以了解和掌握新的农桑生产技术？可以说，深入实际、现场临摹、究访始末，是楼璹绘制《耕织图》的成功秘技。

作为一名南宋著名画家，楼璹不仅在於潜绘制了举世瞩目的稀世珍宝《耕织图》，影响世界，流传至今，服务当下；还绘制了《六逸图》《四险图》等著名画作。

### 3. 后渚桥码头坐船的诗人

作为於潜的母亲河，天目溪自北而南贯穿於潜全境。天目溪不仅创造了溪流两岸冲积平原大量肥沃的水稻土，构建了丰盈的江南粮仓，还是连接於潜南北东西的水上交通线——沿途八条溪流汇入，更是於潜通往杭州的交通要道。南宋时期的於潜县衙正处于天目溪的中游：北可逆流而上到达北面八条分支溪流所在的乡村，南可顺流而下到达南面所在的各乡村或直接延伸到富春江到达杭州。一千年前的天目溪，在於潜县还没有公路的情况下，无疑成为当地的重要水上交通航道。

在於潜县衙的北面一里路程的后渚桥，就是南宋时期的重要码头。大量的南来北往的人员和各种物资在这里上岸和上船，是於潜连接全县各地与连接外县的重要交通枢纽。楼璹要到南乡的潜川、阔滩、乐平、桑干等地的稻乡桑园考察，就必须在后渚桥码头乘船，顺流一路南下。于是，在距今800多年前的后渚桥码头就经常会出现楼璹的身影。

这位时常在於潜后渚桥码头乘船的县太爷，还有另一个亲切的身份——

诗人。当他乘坐船只顺流而下，一路南行，沿岸连片的水稻田畈、高低起伏的丘陵桑园，在这位诗画县令的眼里，都是一行行饱含情意、跌宕有致的诗句，这里的美丽山水、田园风光、风土人情、淳朴乡风，都触动着这位诗人的灵感——楼璹为他绘制的每幅《耕织图》都配上了优美生动、直观形象的诗句，使其中的生产细节和技术环节更易理解，更易学习，更易掌握。

作为诗人加画家，他在《耕织图》图像的基础上又给每幅图配上一首五言律诗，每首八行四句，演绎图画大概意思、说明农桑的重要环节。以图画方式，客观形象地记载和描绘了南宋时期临安郊县於潜地区的农桑生产状态全过程；以诗文方式，生动描述了农桑生产细节习俗与生产者和管理者的心态。楼璹《耕织图》"图绘以尽其状，诗歌以尽其情，一时朝野传诵几遍"，既是精美的画册，也是生动的诗篇；既是工作报告，也是艺术作品；既是写实绘图，也是抒情诗歌；既是民情记录，也是技术推广。可能连他自己都没有想到，自己在任内做了这么一件寻常的事情，后来却掀起了绵延800多年的文化热潮，并赢得了世界的瞩目。

### 4. 一心只画农桑的县太爷

南宋时期，地方县令主官一般任期为两年，并实行本地人回避制度。四明（今宁波）人楼璹，在於潜任职仅有两年。他却在短短的两年时间里，绘制完成了影响世界的《耕织图》。为什么楼璹能够做到？因为，在楼璹任内，他根据於潜天然优势和时代需要，顺势而为、心无旁骛、突出重点、抓住关键，不走寻常路，把全部的精力都扑在了农桑生产考察、临摹上，当了一回一心只画农桑的县太爷，走了一条别的县太爷没有走的道路，于是在1300多个县令中脱颖而出。

楼璹在县太爷任上为什么一心只画农桑呢？因为，楼璹觉得农桑生产非常艰辛，知道耕织就要设法降低农民的劳动强度，降低劳动强度就要推广先进的生产工具和技术，因此在《耕织图》绘制中他特别注重先进技术与先进农具的推广。他的侄儿楼钥认为伯父楼璹绘制《耕织图》的主要目的是希望更多官员乃至皇上懂得农事，了解农民疾苦，推行仁政。楼钥在《攻媿集》里如是说："士大夫饱食暖衣，犹有不知耕织者，而况万乘主乎？累朝仁厚，抚民最深，恐亦未必尽知幽隐，此图此诗，诚为有补于世。"楼璹一心只画农桑的举措正符合时代的趋势，也正符合朝廷的期盼，可以说是画逢其时。

当楼璹绘制好了《耕织图》，加上有朝廷要员的极力推荐，他才有了面见当朝皇帝的机会。我们可以试想，楼璹这位县令在於潜工作虽然也有一些政绩，但如果没有独一无二的《耕织图》，也许很难从 1300 多个县令中脱颖而出，获得皇帝的接见。是《耕织图》给楼璹创造了直接面见皇帝的机会，也是《耕织图》给了他改变命运的机会。楼璹面见宋高宗时进献了《耕织图》，由于契合皇帝的期盼与需要，宋高宗对《耕织图》爱不释手，倍加赞赏，不仅将楼璹"书姓名于屏间"加以奖励，还命朝廷画师临摹《耕织图》在全国推广，更直接将楼璹从正七品提拔为从六品，从於潜县令调到邵州（今湖南宝庆）任通判（相当于副市长）。从此，楼璹的仕途顺风顺水。也许，这就是《耕织图》给他带来的好运。

## （五）人生轨迹：楼璹一生的主要经历

### 1. 楼璹大事年表

北宋年间，楼郁出生。居于奉化，崇文重教，从事教学，弟子众多，声名远播。生有五子：常、光、省、棠、肖，其中楼常、楼光为科考进士。

仁宗明道二年（1033），楼郁长子楼常出生。后，楼常生有两子：楼异、楼弁，均为进士。

仁宗庆历八年（1048），楼郁应王安石之邀，举家从奉化迁居鄞县（明州治所所在）协助王安石兴办县学，拉开了"四明楼氏家族"在明州崛起的大幕。

仁宗皇祐五年（1053），楼郁参加科举考试中进士。被任命为庐江县主簿，楼郁以"禄不及亲"为由未仕，留在明州继续教学，并有藏书万册（其中不少为楼郁亲笔抄录）。楼郁从教 30 多年，教出众多学子科考中举，其中不乏宋代名士，楼郁被誉为北宋著名教育家、文学家、收藏家。从此，楼氏家族成为四明望族，富甲一方，显赫一时。

仁宗嘉祐七年（1062），楼异出生（楼异为楼郁孙、楼常子）。楼异先后迎娶冯氏亲姐妹（秦国夫人、魏国夫人），生有五子：琛、璹、琚、璩、㻶。

神宗元丰元年（1078），楼郁去世。

神宗元丰七年（1084），楼异时年 22 岁，迎娶冯氏（《楼氏家谱》称其为"秦国夫人"）为妻，冯氏恪尽妇道，协助楼异兴旺家族。后，秦国夫人去世，楼异续娶其亲妹冯氏（《楼氏家谱》称其为"魏国夫人"），亦为杰出贤妻。冯氏姐妹两人，先后嫁给楼异，为楼氏家族恪尽妇道，做出贡献。

神宗元丰八年（1085），楼异时年 23 岁，科考中举，少年得志，春风得意。

哲宗元祐五年（1090），庚午二月三日巳时（九点到十一点），楼璹出生。为楼异次子，其时楼异 28 岁。

哲宗元符二年（1099），楼异知登封县，时年 37 岁。楼异因才华横溢，喜山水、好诗画，常登嵩山山水间，并有书画传世，人称"诗画县令"。

徽宗政和五年（1115），楼璹 25 岁成婚。楼璹之妻冯觉真为父亲楼异亲自挑选（冯觉真为楼异妻子冯氏的亲侄女）。婚后，冯觉真夫唱妇随、相夫教子，善良贤惠、操持家业，给楼璹生有四个儿子、四个女儿，并辛勤培育出了六个孙子、四个孙女，为族人称道。但冯觉真不幸先于楼璹离世，楼璹有专文回忆妻子的贤德。

徽宗政和七年（1117），楼异知明州，在自己故乡任主官，时年 55 岁，政绩杰出，深得皇帝信任、百姓爱戴。该年楼璹 27 岁。

徽宗宣和三年（1121），楼璹以父恩补将仕郎（知州知县的助理，从九品下），时年 31 岁。另一说，楼璹任婺州（今金华）佐贰官，婺州是他最初从政的地方。

徽宗宣和六年（1124），楼异去世，享年 62 岁。

南宋高宗绍兴三年（1133），五月庚辰，在度支员外郎、权监察御史胡蒙的荐举下，楼璹任於潜县令①，时年43岁②。楼璹在於潜任内绘制了世界瞩目的《耕织图》，从此"南宋楼璹《耕织图》"成为专用名词，楼璹也由此成为"四明楼氏"家族首个"诗画县令"楼异之后的第二个"诗画县令"。

高宗绍兴五年（1135），楼璹将《耕织图》进献朝廷，深得宋高宗赏识，是年十二月，楼璹被从正七品於潜县令提拔为从六品邵州（今湖南宝庆）通判，时年45岁。

高宗绍兴七至九年（1137—1139），楼璹任审计司主官，负责对中央到地方凡享受朝廷俸禄的官员俸禄，进行审计监督。

高宗绍兴十年（1140），楼璹由参知政事孙近（副宰相）推荐，升任广州市舶使。

高宗绍兴十四年（1144），楼璹出任福建市舶使。

高宗绍兴十五年（1145），楼璹任福建市舶使期间，其次子楼锃以疾卒于官舍。该年楼璹55岁，楼锃约为25—30岁。楼璹老年丧子，无限悲痛。

高宗绍兴十六年（1146），楼璹调任荆湖北路、南路、淮南路转运使（今湖北荆州、湖南长沙一带）。

高宗绍兴二十五年（1155），楼璹迁知扬州兼淮东安抚使，同年十一月辛未诏令楼璹兼管运司事。任内，侄子楼钥曾赴扬州拜访伯父楼璹。

高宗绍兴二十六年（1156）三月，楼璹受诏令整顿淮南耕地，同年主管台州崇道观，累官至朝议大夫，时年已66岁。约年底，楼璹退职还乡。

高宗绍兴三十二年（1162），十月庚午（十一至十三点）楼璹离世，终年72岁，葬于奉化县南山之原。

嘉定二年（1209）楼璹的侄子楼钥提任参知政事（副宰相）。是年，楼钥根据伯父楼璹所绘《耕织图》留在家族的副本，自己临摹"重绘二图，仍书旧诗，而跋其后，贡之东宫，请时时省阅，知民事之艰难。太子敛衽听受，

① 〔宋〕李心传：《建炎以来系年要录》卷六十六，上海古籍出版社，1992。

② 唐燮军、孙旭红：《两宋四明楼氏的盛衰沉浮及其家族文化》，浙江大学出版社，2012。

且致谢焉"。

嘉定三年（1210），楼璹孙子楼洪，为其祖父楼璹《耕织图》作跋①。同年，"孙洪、深等虑其久而湮没，欲以诗刊诸石，钥为之书丹，庶以传永久云"，楼钥《攻媿集》卷七十六中《跋扬州伯父耕织图》一文中记载了楼洪、楼深临摹楼璹《耕织图》并刻石翻印的情况。今在宁波天一阁收藏有楼洪《耕织图》刻石残碑。

嘉定六年（1213）楼钥去世，享年76岁。楼杓受诏专治其祖父楼钥丧事。楼杓曾经临摹过曾伯祖父楼璹《耕织图》，并雕版刻印。

### 2. 楼璹家族八代世袭表

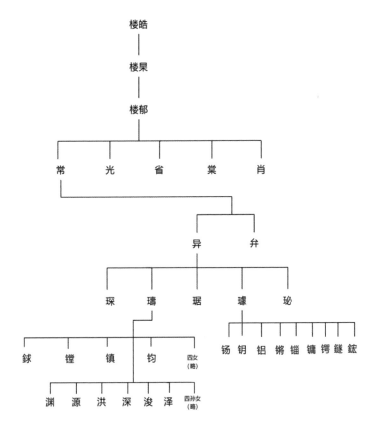

---

① 见《四库全书总目》卷一〇二《耕织图诗》提要："此本后有嘉定庚午璹孙洪跋。"

第四章

楼璹《耕织图》有什么历史贡献

南宋於潜县令楼璹绘制的《耕织图》，耕图 21 幅、织图 24 幅，每幅图均配一首五言诗，"图绘以尽其状，诗歌以尽其情"，历代各种临摹本众多，在庙堂（朝廷）和江湖（民间）流传广泛，800 多年来经久不衰，至今可知有 50 多种版本（国内 30 多种、国外 20 多种），形成了中国历史上特有的文化现象，是中国农耕文明传承的杰出代表，被人们誉为"第一部图文并茂的农业科普画册"。

楼璹《耕织图》为什么会赢得如此高的评价？为什么流传 800 多年生命力仍然旺盛？

因为，《耕织图》是中国历史上第一次将图画、文字、诗歌融为一体的图画作品，并运用这种创新的综合艺术表达方式第一次全面、系统、完整地描绘了南宋时期江南地区水稻耕作和养蚕丝织的生产过程、技术细节、生活状态等面貌。

因为，楼璹《耕织图》首创了全景式大型系列耕织组图绘制的先河，首创了农书编写图文并茂的先河，再现了南宋社会的多彩生活、记载了南宋农耕的珍贵史料，是我国反映农耕蚕织生产技术最集中、最系统、最全面、最完整的科普连环画册，摘取了数个中国之最和世界之最的桂冠，是我们取之不尽、用之不竭的宝贵文化财富。

所以，有专家说，在江南地区，历史上最珍贵的两幅画卷，非黄公望《富春山居图》、楼璹《耕织图》莫属，一个是元代的山水风光，一个是南宋的人文风情，在中国绘画史上都具有里程碑式的意义。

所以，也有人说，宋元时期有三幅重要长卷画册影响至今——北宋《清明上河图》画的是"生活"，南宋《耕织图》画的是"生产"，元代《富春山居图》画的是"生态"。"三生"画卷，再现了宋元时期的社会生活、生产技术、生态环境。

所以，还有学者说，《耕织图》内涵深邃、内容丰富、博大精深、无所不包，每一种学科都可以从中找到自己想要的东西。

由于时代较为久远，楼璹所绘《耕织图》原始图已流失，仅存《耕织图诗》45 首。至今可见绘画皆为临摹本。据现存历史资料研判，在众多临摹本中吴皇后《蚕织图》和程棨《耕织图》不仅是至今可见、距离楼璹绘制《耕织图》年代最近的临摹本，也是画目和五言诗与楼璹《耕织图》原始本最吻合一致的临摹本，是最忠实于楼璹《耕织图》原始图的临摹本。学术界在研究南宋楼璹《耕织图》以及南宋美术绘画历史、农业经济和科技文化历史时，均以吴皇后本"织图"摹本、程棨"耕织图"摹本和楼璹《耕织图诗》为基准。

今天，我们就从现在可见的楼璹《耕织图诗》、吴皇后"织图"、程棨"耕图"，来全面系统地品读鉴赏南宋精美绝伦的画卷，在零距离接触中感悟赞叹 800 多年前古人绘制的《耕织图》，为我们留下的珍贵财富、为人类作出的杰出奉献。就让我们轻轻地揭开楼璹《耕织图》的神秘面纱，看看楼璹《耕织图》里的南宋世界。

## （一）再现了南宋於潜的繁荣兴盛

於潜县地处临安西部，由天目山原始森林中生成的天目溪自北而南穿过於潜全境，流经分水江再汇入富春江。天目溪流域经过的两岸形成了肥沃的低矮丘坡和冲积平原，整片生机蓬勃的大地敞开怀抱迎接着来自南太平洋温暖的气流与雨水；海拔 1500 多米的天目山巍峨翠绿的山峦形成一道绵延百里的屏风，挡住了来自北方的寒流，确保於潜这块沃土四季分明、光照充足、雨量丰沛。天然优越的自然环境使於潜成为农耕蚕桑生产的最佳宝地。远古以来，这里的人民安居乐业，这里的物产琳琅满目，这里的粮食丰盈充足。

南宋时期，於潜不仅具有自然环境优势，还增加了位于京城临安西郊的区域优势以及南宋重视农桑生产和农业商品经济发展的政策优势，加上南宋定都杭州后丝绸消费市场需求巨大，於潜人口爆炸式增长，蚕桑丝绸生产技术成熟、丝绸产品名声远播，"於潜绢"成为中外客商指定要买的产品；麦稻两熟耕作技术先进、田园山水闻名遐迩，文人墨客纷纷慕名而来，并在於潜留下了千古流传的美篇佳句。

### 1. 人口数量达到了历史高峰

北方流民落户，人口数量猛增，农桑快速发展。据光绪《於潜县志》记载，南宋於潜县管辖惟新、嘉德、波亭、丰国、潜川、长安6乡，北宋大中祥符九年（1016）人口45292人，南宋乾道五年（1169）人口46292人，南宋淳祐九年（1249）人口112291人。在1016—1169年的153年间，增加了1000人，年均增加约6.5人，与其他相邻县基本一样；而在1169—1249年的80年间，突然增加65999人，年均增加约825人，增加速度历史罕见。经过历史上多次区域调整后的於潜地域范围变动幅度不大，《临安年鉴2022》记载，2021年於潜地区为4个乡镇（於潜、天目山、太阳、潜川），人口131879人。在1249—2021年的772年间，人口增加了19588人，年均增加约25.4人。为什么南宋时期短短80年於潜人口迅猛增加约6.6万人，而以后770多年间才增加约1.96万人？其实，这与北宋末年南宋初年大量北人南迁，以及南宋流民落户政策有关。

北宋末年，大量北人随宋室南迁给京城临安带来巨大压力，为解决南迁北人基本生活问题，南宋鼓励和引导南迁北人到江南地区各州、县垦荒种田，凡垦荒所得田地可以归垦荒者所有，各地政府还为垦荒者提供农具和种子，或完全免费，或低价租借，田地所得粮食收入减免一定年份的赋税。这一时期大批南迁北人分流到各县，垦荒种地、自力更生，定居当地生活，被称为"流民"。这些"流民"虽在南宋初年就生活在南方，而且参与当地农桑生产，快速拉动当地农业生产水平，但在开始时不需要缴纳赋税，也不需要落户人口登记，因此在南宋初期几乎很难找到准确具体的"流民"人数，而事实上当时的"流民"在各地实际人口数量远远超过在册人口。於潜也不例外，虽然人口登记只有4万多人，但实际人口不会少于10万人。到南宋中期，中央政府开始对"流民"征税，就必须落户登记，因此突然冒出数倍于当地人口的新居民。这都是北方"流民"送来的"红利"。这些"流民"为南宋经济社会发展默默做出贡献，也为於潜农耕蚕桑生产做出杰出贡献，宋史专家倪士毅在《浙江古代史》一书中指出："临安於潜所产洁白细密的丝绵被列为佳品，用绵织成的绵绸，也为一般人民所贵重。"这无疑是值得於潜人骄傲自豪的事情，也无疑是於潜丝绸生产发达的缩影。

有一点特别值得我们关注，南宋时期，於潜人口曾经达到 11 万人（还有一些暂时不用缴纳赋税的北方"流民"尚未去登记在册户口，也就是说，实际上的人口远远不止 11 万，保守估计在 13 万—15 万），与今天的於潜人口13 万相差不多，几乎接近持平甚至超过了。800 多年前的於潜人口是多么兴旺：一个小县城，能养活这么多人，可见其生产力水平之高、经济发展之繁荣、社会财富之丰盈。800 多年来，於潜地区人口几乎没有增长，而交通、水利、电力、机械化等社会生产力已突飞猛进、日新月异地发展了，足见南宋时期於潜人口数量达到了历史顶峰，几乎是空前绝后了。这应该说是一个奇迹。

### 2. 大片田畈造就了江南粮仓

天目溪冲积平原，形成大片田畈，造就於潜粮仓。自北宋至今，於潜、昌化地区的区域管辖范围几乎没有变化。南宋时期，於潜县土地面积约 800 多平方公里、人口 11 万，邻县昌化土地面积约 1300 多平方公里、人口 5.9 万。於潜土地面积只有昌化的三分之二强，人口却是昌化的两倍。为什么小小的於潜县在南宋时期就能养活十多万人？其实，这与於潜的地理环境有直接关系，更与天目溪密切相关。天目溪就像母亲，养育了两岸密集人口，并将於潜地区打造为南宋京城临安的天然粮仓。发源于西天目山桐坑岗的天目溪，自北而南，从发源处的海拔 1500 多米到中上游的海拔 300 多米再到中下游广大地区 100 米，流域落差 1000 多米，特别是中下游流域约 600 平方公里均为冲积平原，形成了大片平坦田畈。这些绵延连片的田畈为种植水稻创造了优越条件。天目溪不仅为水稻种植提供了丰沛的灌溉水源，也是大量稻谷小麦和丝绸产品源源不断运往杭州的重要交通途径——为使迅速增加的航运船只顺利通过天目溪转到钱塘江,南宋对天目溪流较为狭窄处多次进行开凿拓宽,今昌化溪与天目溪交汇处的阔滩就是南宋时期开凿的。自南宋以来,将此段两江交汇的广阔河滩地域,取名为"阔滩",载入历代编修的《於潜县志》。"阔滩"地名,沿用至今。

"畈"指成片的田。而於潜许多村庄就以"畈"命名,多密集分布在天目溪中下游两岸海拔 50—150 米的冲积平原地带。南宋时期,於潜县设置六个乡,其中丰国乡(意寓粮食丰收国税来源之乡)地处天目溪中下游的藻溪与天目溪交汇地带,在溪流两岸海拔 100 米以下的冲积平原密密麻麻、连绵不断地分布着一块又一块看不到尽头的田畈,至今还保留着不少与水稻种植有关的地名,如横畈里、百亩畈、九里畈、横塘畈、上畈、下畈、对石畈、田畈里、塘阴畈、大畈地和里田坞、盈村(村名源自粮食丰盈之意)。在天目溪中下游的嘉德乡、潜川乡沿天目溪两岸,还有龙头畈、杨村畈、夏家畈、田干畈、敖干畈、大畈、凤田畈、堰口畈、汪家畈、乐平畈和米筛坞、大麦桥等地名,这些田畈集群充分说明了於潜地区水田资源丰富充沛,水稻种植田畈四处分布,稻麦两熟种植制度已推行。同时,在南宋於潜水稻生产就已规模化和分工细化,如古县志仅"秧田庄"地名就有两处,今叫"秧田坞",均分布在天目溪中下游。其中有个在天目溪西岸波亭乡(今太阳镇更楼村)。

这些"秧田坞"村庄主要从事秧苗培育,将集中培育的秧苗提供给周边地区迅猛增加的水稻田畈种植。试想,如果没有大规模水稻种植的秧苗需求,又怎么会一下子冒出专门生产秧苗的村庄呢?加上古代陆路交通局限、秧苗保鲜存活期短暂,无法长时间运输,故只能在一定范围内设置秧苗培育基地,以保障周边地区的秧苗需求。这充分显示了南宋於潜人民在生产实践中,开展科技创造的聪明才智。

於潜至今仍叫"秧田坞"的村落门牌

在原南宋潜川乡天目溪下游的一个小山村，至今还有桑干村地名，经查地名志，该自然村在南宋时期就有此名，直至"文化大革命"时期，人们为图方便，将桑干村改为"双干村"。可见当时种桑较为普遍，这与清光绪《於潜县志》"蚕桑之利，合境皆有之，南乡地暖，植尤盛"，"民生大计，首重农桑，潜邑男务耕耘，女勤蚕织"等记载相一致。

这些保留至今的地名，无疑是南宋於潜水稻和桑树种植繁荣的历史缩影，不仅为急剧增加的人口提供了大量粮食和丝织物品、为力图稳定江山的朝廷提供了大量赋税，更为耕织文化的深厚培育和激情成长——《耕织图》问世创造了条件。

### 3. "丰国乡"里的丰盈景象

据清光绪二十四年《於潜县志》记载，南宋於潜县下设六个乡44里，以居于天目溪中游的县衙所在地潜阳为基点，分别为北乡，有惟新、嘉德、波亭三个乡；南乡，有丰国、潜川、长安三个乡。如今时间虽然过去了100多年，乡村的名称也有不少改动，但地域的范围基本没有大的变化，只是在原来的地域范围上由一个县的建置改为四个乡镇的建置——於潜、天目山、太阳、潜川。原嘉德乡全部和原丰国乡一部分的地域，约为今天目山镇范围；原惟新乡全部和原丰国乡一部分地域，约为今於潜镇范围；原波亭乡地域约为今太阳镇范围；原潜川乡全部和原长安乡大部分地域，为今潜川镇范围。地处天目溪中下游的南乡地区三个乡管辖28个里，其中原丰国乡管辖11里，有一些至今还保留着南宋时期的地名。

根据汉语大词典出版社1991年出版的《临安县志·土壤》所载"临安县土壤图"，可见紧贴着天目溪自北而南，在天目溪两岸紧紧分布着一片又一片"水稻土"，特别是到了天目溪中下游的横塘、藻溪、对石、於潜、堰口、紫水、马山、乐平一带，水稻土的分布越来越广阔，占於潜全部土地面积的10%左右，这些地区的水稻土宜于种植水稻，自古以来是种植水稻的良田。到了南宋初期，大量北方移民迁入，水稻种植的优势就更加充分显现了出来，这片肥沃的土地就养活了比往年多出一倍的人口，为历史发展和南宋朝廷承担了艰巨的任务。同时，在天目溪两岸水稻土的周边地区，广泛地分布着"红壤"，占於潜全部土地面积的60%左右。天目溪两岸低丘缓坡上的黄壤，"不仅面积大，而且具有优越的湿热气候条件和较好的地形条件，土层深厚，具有一定肥力，是发展林木、竹笋、茶、果等经济园林的重要土壤资源"，当然，这些黄壤十分适合种植桑树，用来养蚕。故，光绪《於潜县志》就有"蚕桑之利，合境皆有之，南乡地暖，植尤盛，所出丝东乡为上"，"民生大计，首重农桑，潜邑男务耕耘，女勤蚕织"，"潜邑处杭之西偏地……地多种桑，葱蔚蔽森，机声轧轧"，"月令季春劝蚕事，邑中户户养蚕足"等记载。可见，历史上於潜地区农耕蚕织的繁荣景象，不愧为丰收之地、丰盈之村、丰国之乡。难怪於潜不但可以轻松养活十多万人口，还可以缴纳朝廷下达的各种赋税，成为南宋京城临安（杭州）坚固的后方物资供应地。

特别是在原南宋丰国乡的范围内，至今还有丰仁、盈村、米筛的地名。这些在南宋时期就有的地名，似乎都与粮食生产、稻米加工等有直接关联，都折射出粮食丰收、粮食丰盈的意境，都焕发着南宋时期於潜粮仓的辉煌之光。"丰国乡"里有"丰盈"等形象直观、包含寓意、满怀期盼的地名，无一不是与当时水稻生产和蚕桑生产有着密切的内在联系，无一不是南宋农耕发达、蚕桑兴旺的景象折射，无一不是南宋时期生产生活的烙印写照。

### 4. 文人慕名写下了耕织盛况

文人纷至沓来，歌咏田园山水，写真农桑场景。南宋是文学艺术繁荣兴盛的时代，来自全国各地的文学高手们集聚在京城临安，文人集聚郊游又一度风靡成为时尚。於潜地处杭州郊县，又有道教、佛教名山天目山，加上田园山水风光秀丽，自然引来无数诗人郊游交友、咏唱田园农耕生活，为我们留下了南宋时期繁荣兴旺的於潜农耕文化遗产。《中国历代农业诗歌选》收入宋代45位著名诗人的农业诗歌126首，有些至今还在传唱，可见宋代农业经济的兴旺。如梅尧臣《桑原》诗就记录了北宋末年江南浙皖地区引进北方小麦、"桑麦套种"的生产情景："原上种良桑，桑下种茂麦。"王安石《郊行》云："柔桑采尽绿阴稀。"真实描写了养蚕时节刚采桑叶后桑田情形。苏轼《秧马歌》描述了在江南地区推广新的农具"秧马"情景。陆游《农家叹》云："有山皆种麦，有水皆种粳。"生动记录了麦稻两熟生产在江南已普遍流行。还有范成大《四时田园杂兴》、杨万里《插秧歌》等，记录了江南地区农桑生产繁荣景象。

江跃良主编的《临安历代诗词汇编》收入宋代诗人585人，歌咏临安（包括原於潜、昌化县）的诗歌1088首，其中描写於潜的诗歌有328首。如苏轼《山村五绝》之二"烟雨蒙蒙鸡犬声，有生何处不安生。但教黄犊无人佩，布谷何劳也劝耕"，描绘了於潜农村牛耕之情；晁补之《苕雪行和於潜令毛国华》"溪水湾环绕天目，山间古邑三百家"，可见当时天目溪冲积平原一带的於潜之繁荣景观；朱松《於潜道中》云"冉冉晴林端，炊烟袅晴晖。其民丰且乐，恐是太古遗"，描绘了当时於潜百姓丰衣足食、知足常乐的生活和精神状态，用现在的话来讲，已达到了物质需求和精神需求双双满足的境界。

南宋绍兴初年，刚过不惑之年的楼璹来到於潜成为县太爷。这位年富力强的诗画高手、怀才士子，正踌躇满志地期盼施展才华、实现抱负。而这个时代、这片土地、这些人民，就给楼璹提供了契机和舞台。为什么这么说？因为，南宋初年社会动荡不安亟需稳定，朝廷定都杭州亟需经济发展来保障国家机器正常运转；於潜大量丘陵坡地和冲积平原需要种桑种稻来改良土壤，传统农耕丝绸生产模式亟需改良提升，以精耕细作进一步增加单位产量；蜂拥而来的北方"流民"亟需安置，积极引导当地百姓和"流民"开垦田地种桑养蚕和种植水稻，以丰收粮食和丝绸来养活突然增加的人口，确保整个县域的安定；於潜大片的水稻种植田畈，迫切须要不断改进技术，推进先进的规模化生产和细化分工技术。这是县令的职责，也是士大夫的使命；这是工作的需要，更是自己的艺术特长用武之处。于是，楼璹就满怀激情地将於潜当时农耕蚕桑生产的景象用自己最得心应手的书画形式记录了下来，希望这种直观形象的绘画能让广大"流民"和当地民众看懂、学会并去实践，积极引导北方"流民"主动学习新技术，尽快融入当地社会，这也许就是楼璹绘制《耕织图》的本意。

可以说是於潜繁荣的耕织生产促成了《耕织图》问世，并由此使"於潜"这个本不见经传的小县城，随着《耕织图》声名远播而为海内外广泛知晓。这是楼璹对於潜最大的贡献，也是《耕织图》对於潜最大的贡献。

## （二）反映了南宋社会的多彩生活

南宋是北宋王朝的延续，更是两宋朝代不可分割的一部分，是一个"生于忧患、长于忧患、逝于忧患"的朝代。北宋钦宗靖康元年（1126）闰十一月金军攻陷京城开封；次年三月，金军俘虏徽宗赵佶、钦宗赵桓二帝北去，北宋被金所灭亡。靖康二年（1127）五月宋徽宗第九子、钦宗之弟、康王赵构，在应天府（河南商丘）即位，是为高宗，改元建炎，重建赵宋王朝，始有南宋；建炎三年（1129）高宗赵构来到杭州，升杭州为临安府，此时起，杭州实际上已经成为南宋的都城；绍兴八年（1138），南宋宣布临安为"行在所"，正式定都临安（杭州）。景炎元年（1276）蒙古军队攻占临安（今杭州），俘5岁南宋皇帝恭帝，南宋光复势力陆秀夫、文天祥等人在逃亡中连续拥立两个幼小皇帝（端宗、幼主），成立小朝廷；景炎三年（1278），时年9岁的宋端宗在逃亡中病逝；祥兴二年（1279）南宋逃亡小朝廷携军民20万人逃至广东江门新会县，在崖山与蒙古军队发生激烈海战，战败走投无路，是年三月十九日，陆秀夫背着年刚8岁的小皇帝赵昺跳海，战斗到最后的10万军民也随皇帝跳海，至此南宋被蒙古所灭亡，其场面是何等惨烈。700多年前的这段历史，看了一定很窝囊很憋气很耻辱。但是，宋代还有它的另一面，令我们扬眉吐气、坚挺脊梁、骄傲自豪。

### 1.忧患与辉煌交织的朝代

宋代（北宋和南宋，也即两宋）不是中国历史上国势最为强盛的时期，却是文明发展最为昌盛的时期。

为什么这么说？因为，宋代正处于中国历史上重要的转型期，面临来自自然环境气候、政治军事民族等内部与周边的诸多新问题、新矛盾、新挑战，特别是面对北方自然环境恶化、强悍的外族金军侵扰、横跨欧亚大陆的蒙古"狼兵"追杀，宋代统治集团率领军民与之进行了艰苦卓绝的殊死抗争，谱写下可歌可泣的历史悲歌，培育出中国历史上最著名的一批民族英雄，成为中华民族精神的重要组成部分。宋代虽然国家命运多舛，但它以顽强的毅力、持久的抗争、独特的方式行走在中华民族前进的历史大道上，"虽不及汉唐、明清国土辽阔，却以在封建社会中无可比拟的繁荣和社会发展的高度，跻身于中国古代最辉煌的历史时期之列"[①]。生活在宋朝的先辈们，以中华民族超常的毅力和超常的智慧，为我们创造了超常的历史辉煌，并赢得了世界超常的尊重：中外学术界普遍认为，宋是当时世界上经济最繁荣、文化最先进、科技最发达、社会最包容的国家，在中国历史上是一次经济腾飞、一次文化高涨、一次科技创新，足以同汉唐前后辉映、相互争妍。南宋是一个名副其实的忧患与辉煌交织的时代。它一方面给我们带来忧患的痛苦，另一方面也给我们带来辉煌的欣喜。

宋代（960—1279）有 319 年历史，执政时间北宋（960—1127）167 年、南宋（1127—1279）152 年，国土疆域北宋 280 万平方公里、南宋 200 万平方公里，人口数量北宋 1 亿、南宋 8500 万，首都人口北宋开封 100 万、南宋临安（杭州）150 万，都是当时世界上人口最多的城市。在 12 世纪，西方最繁华的城市威尼斯也只有 10 万人口，作为世界最著名的大都会伦敦、巴黎，直至 14 世纪的文艺复兴时期，其人口也不过 4 万—6 万人，仅从人口规模看，800 年前的杭州就已经遥遥领先于世界各大城市。[②]虽然偏安一隅的南宋从中原大地退居中国南方，主要以长江和淮河以南地区与北方的入侵外族形成南北对峙的态势，无论国土疆域、人口数量、军事实力等方面都不如北宋，特

① 王国平：《以杭州为例 还原一个真实的南宋》，《浙江学刊》2008 年第 4 期。

② 吴松弟：《南宋人口史》，上海古籍出版社，2008。

别是国土只是北宋的五分之三，但南宋在北宋的基础上痛定思痛、奋发图强、创新开拓，走出了一片新天地——"无论是文化教育的普及、文学艺术的繁荣、学术思想的活跃、科学技术的进步，还是社会生活的丰富多彩，南宋都达到了前所未有的程度，在当时世界上也都处于领先地位"[1]。中外不少历史学家对南宋的经济兴盛、文化兴旺、科技发达、社会繁荣、生活精彩等现象以及带给中国历史乃至世界历史的伟大贡献，都有很高的评价。近代思想家严复认为"中国所以成为今日现象者，为善为恶，姑不具论，而为宋人所造就，什八九可断言也"[2]。近代史学大师陈寅恪先生也曾经说："华夏民族之文化，历数千载之演进，造极于赵宋之世。""故天水一朝之文化，竟为我民族遗留之瑰宝。"[3]当今著名历史学家邓广铭先生认为："宋代是我国封建社会发展的最高阶段，两宋时期内的物质文明和精神文明所达到的高度，在中国整个封建历史时期之内，可以说是空前绝后。"[4]法国著名汉学家贾克·谢和耐就高度评价南宋："13世纪的中国，其现代化的程度是令人吃惊的……在人民日常生活方面，艺术、娱乐、制度、工艺技术各方面，中国是当时世界首屈一指的国家，其自豪足以认为世界其他各地皆为蛮夷之邦。"旅居美国的著名华裔学者刘子健先生在《略论南宋的重要性》一文中也认为："中国近八百年来的文化，是以南宋为领导的模式，以江浙一带为重心。"南宋特有的历史文化、经济科技繁荣现象，正如在沙漠深处盛开的一朵奇葩，特别令人注目，正越来越引起中外学者的关注，越来越赢得各级政府的重视。

名士家族出身、拥有书画绝技、怀揣治国抱负的地方官员楼璹，就是在这样的历史大背景下绘制了以於潜地区农桑生产为描摹对象的《耕织图》。从当时的情况来看，作为於潜县的县太爷，楼璹绘制《耕织图》的本意具有两面性与客观性：既要对以皇帝为代表的统治阶级负责落实劝农重农政

---

① 王国平：《以杭州为例 还原一个真实的南宋》，《浙江学刊》2008年第4期。

② 严复：《严几道与熊纯如书札节钞》，《学衡》第13期。

③ 陈寅恪：《陈寅恪先生文集》，上海古籍出版社，1980。

④ 徐吉军：《南宋文化在中国文化史上的地位及影响》，《文化学刊》2015年第7期。

策，又要对辖区内以耕农蚕女为代表的黎民百姓负责；既要推广农桑技术劝民耕种养蚕发展经济，又要通过教化劝导百姓达到社会治理和稳定。说白了，楼璹绘制《耕织图》的良苦用心是为了履行县令职责、落实朝廷号召，教化劝农生产、推广农桑技术，促进经济发展、加强乡村治理，维持社会稳定、巩固国家政权。他以写实手法、诗画合一、图文并茂、全景式描绘了南宋时期於潜地区的农耕蚕桑丝织生产全过程，为后人留下了珍贵的图像、文字，并通过这些图像文字不经意中再现了南宋时期开放包容的社会氛围、快速发展的经济生产、突飞猛进的科学技术、繁荣兴旺的文学艺术、耕织发达的郊县於潜。这样的伟大贡献，应该是楼璹绘制《耕织图》时未曾设想和始料不及的，但客观上楼璹《耕织图》却给我们带来了当年的繁荣景象和精彩生活。

### 2. 开放与包容并蓄的环境

人是社会发展的主体，人的自由和全面发展是社会进步的最高标准。南宋时期，虽然说尚处在封建社会的中期，人的自由与发展受到封建集权思想与皇权统治的严重束缚，但与宋代以前漫长的封建历史时期相比，这一时期所出现的对人的生存与生活的关注度以及南宋人的生活质量和创造力所达到的高度都是前所未有的。南宋时期民族矛盾异常激烈，外患异常严重，前期受到北方外族金朝的军事讹诈和掠夺羞辱，后期又受到蒙古的野蛮侵略和骚扰追杀，这些矛盾长期威胁着南宋政权的生存与发展。在此情形下，南宋用自己开放与包容并蓄的实际行动造就了一个别样的时代。

稳定基础，大气开放，对外交流。面对严峻复杂的政治军事环境和强悍的北方外族不断侵扰，南宋虽然退让到了南方，整个朝廷收复北方的雪耻之心仍然未泯，但限于综合实力尤其是军事力量的相对薄弱，在当时的情况下采取了站稳脚跟、稳定基础、保持实力、对外交好的怀柔策略，崇尚平稳、注重微调，"稳定至上"是朝廷政治的核心目标。在这样艰难的形势下，南宋没有关起大门，蜷缩在江南一隅，而是"带着镣铐跳舞"，继续对北方各民族开放大门，继续保持与北方各民族的交往，当时就有不少受到金迫害的女真族人来到杭州定居。同时，南宋还以开放的姿态努力加强海外联系、相互借鉴学习，如在宋代之前与我国通商的海外国家与地区 20 余处，主要集中在中南半岛和印尼群岛，而至南宋，与其有外贸关系的国家和地区增多到 60 个以上，范围也从南洋（今南海）、西洋（今印度洋）扩大到了波斯湾、地中海和东非海岸，可见南宋与北方金国及海外的文化交流还是非常密切的。在内忧外患格外严峻的大时代背景下，仍然坚持对外开放、广交天下朋友，恐怕是不容易的。

崇尚文治，尊重知识，平民入仕。南宋重用文臣，提倡教育和养士，优待知识分子，与秦代"焚书坑儒"、汉代"罢黜百家"、明清"文字狱"相比，南宋可谓是封建社会思想文化环境最为宽松的时期，客观上对经济、社会、文化发展起到了积极的促进作用。[①] 南宋王朝对文人士大夫待之以礼，"不得杀士大夫及上书言事人"，在这种开放包容的政治氛围下，整个社会重用文士、优待文士、不杀文臣，知识分子社会地位显著提高，知识分子的思想十分活跃，参政议政的热情空前高涨，时常有正直大臣上书直谏，批评朝政乃至皇帝的缺点，在一定程度上出现了"皇帝与士大夫共治天下"的局面，从而有力地推动了南宋思想、学术、文化、科技的大发展，这与隋唐、明清时期动辄诛杀士大夫的政治状况大不相同。又如采取"寒门入仕"政策，科举面向社会各个阶层、不受出身门第限制，并增加科举取士的名额，只要不是重刑罪犯，即使是工商、杂类、僧道、农民，甚至是杀猪宰羊的屠夫，都可以应试授官，南宋的科举登第者多数为平民，仅在宝祐四年（1256）登科的 601 名进士中，平民出身就占 70%，这就在社会上广泛形成了"学而优则仕"的风气，推进了整个社会的平民化、世俗化、人文化。这一风气一直影响到今天，严格的高考制度，就是"鲤鱼跳龙门""读书改变命运"最好的诠释。

---

① 郭学信：《试论两宋文化发展的历史特色》，《江西社会科学》2003 年第 5 期。

文教发达，思想自由，人才辈出。南宋的科举制度得到进一步完善，有效推动了学校的普及，中央有官学，地方有州县学、书院以及乡塾村校，除官办学校外，私人讲学授徒亦蔚然成风，其中书院的兴盛最引人注目，可谓是"道林三百众，书院一千徒"，四处遍布的书院促进了整个社会对知识的尊重和对读书学习的倚重，这种情况在当时世界上是绝无仅有的。[①] 南宋思想限制宽松，学术氛围活泼，辩论自由，不同的思想学说观点可以相互交流、切磋、辩难，可以知无不言言无不尽，极大地激发了知识分子创新创造的积极性，由此在南宋出现了一批思想大家。如朱熹（1130—1200）就是南宋时期著名理学家、思想家、哲学家、教育家、诗人，他的理学思想至今还具有广泛而深远的影响。

南宋时期可以说是知识分子思想自由、备受尊敬的时期，是知识分子各显神通、施展才华的年代。楼璹就是在这样一种开放包容的社会氛围中出生、成长的知识分子。中国有句俗话"士为知己者死"。可以说，正是开放包容的社会氛围才使画家自然而然在《耕织图》里记录当时的社会景象——自力更生勤奋努力、一分耕耘一分收获的江南地区水稻耕作和蚕桑丝织生产生活全过程。可以试想，在南宋外患严峻、偏安一隅的立国大背景下，如果没有南宋尊重重用知识分子、倡导人的全面发展的实际举措，就不可能会涌现一大批像楼璹这样诗词书画皆为高手的基层地方官；如果没有南宋王朝明智选择并积极营造"皇帝与士大夫共治天下"的社会氛围，就很难调动广大基层官员这些多才多艺士大夫的积极性，就不可能使得楼璹这样在县域基层为官的士大夫主动萌生绘制《耕织图》的创作冲动，还深入农村的农耕蚕织生产现场，"究访农夫蚕妇之作苦"才敢下笔；如果没有南宋"重用文士、优待文士、不杀文臣、不杀直谏言事人"的社会氛围，就不会有宋高宗皇帝当面召见基层县令、了解基层农桑生产情况、接受《耕织图》进献的机会，没有了楼璹当面进献《耕织图》的机会，后世流传广泛的《耕织图》文化热现象也就不可能出现。

---

① 　陈野等：《宋韵文化简读》，浙江人民出版社，2021。

而从楼璹《耕织图》的绘画来看，这种开放包容的社会氛围也深深地在一幅幅画面里留下了痕迹，也使南宋时代南北文化技术融为一体、兼容并蓄、相互包容的开放精神得到了充分的再现。如《蚕织图》中的"生缫"一图，画家从左右两边分别以正面和侧面描绘一位妇女操作生缫车，从图中可以看到，缫车有架，架上有或，或由以脚踏曲柄连杆机构带动，并装有络绞机构，使丝线不会固定绕于一直线上，这是当时在浙江地区使用的南缫

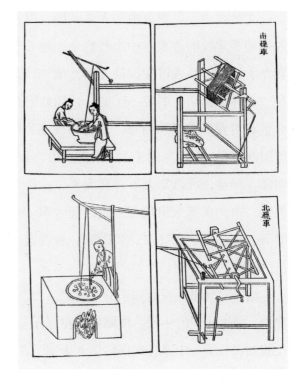

南北缫车对比图

车和生缫工艺，生缫也即缫鲜茧。其实，这种结构的缫丝车是由北方传到南方的，在北宋秦观《蚕书》中就有记载。《蚕书》主要总结宋代以前山东兖州地区的养蚕和缫丝的经验，尤其对缫丝工艺技术和缫车的结构形制进行了详细论述，全书分种变、时食、制居、化治、钱眼、锁星、添梯、缫车、祷神等 10 个部分。虽然秦观《蚕书》对缫丝车有比较详尽的文字描述，但缺乏直观形象的图像佐证，一直是个遗憾，而在《蚕织图》里就直观形象地绘有缫丝车图像，说明北方的缫丝车通过改良已经在南方普遍使用。绘图者在绘制这幅"生缫"场景图时就把当时在江南地区流行的机器吸收了进去，同时也说明南宋开放包容的环境使大量的外来先进技术能为南宋当地生产发展所用，并在新的实际应用中不断改进和发挥更大的效益。这种对外来事务、外来技术、外来工具的主动开放、热情拥抱的姿态，在推动南宋丝绸生产技术优化、提高生产力水平等方面也获得了实实在在的红利。

### 3. 农耕与蚕织兴旺的经济

南宋时期，北方人口大量南下，给南宋经济发展带来了充足劳动力、先进生产技术和丰富生产经验，南宋定都临安后实现了全国经济重心南移，促进了南方生产力水平快速提高；加上南宋统治者出台了一些积极有效的政策措施，以开放包容姿态吸引各方人才落户江南，形成了全国人才集聚南方的优势，南宋在农业、手工业、商业、丝织业、海外贸易等方面都获得快速发展，取得突出成就，特别是农耕和蚕桑生产的高度发达兴旺，并以杰出表现反哺北方。

农业生产力迅速提高、产量倍增，江南无愧为农业最为发达的地区。南宋政府为了解决剧增人口的粮食供应、国家财政稳定收入、北方守卫疆土战争军需保障、对金和蒙古纳贡所需等，必须在现有的狭小国土里创造出更多财富，才能维持稳定的政治局面。南宋朝廷非常重视鼓励水利兴修、垦荒复垦，大力推广稻麦两熟种植制度为主的连作制、精耕细作耕作模式，有效提高了粮食单产与总产。朝廷实行租佃制（地主招募客户耕种土地，客户只向地主交纳地租，可直接编入宋朝户籍承担国家某些赋役，不再是地主的"私属"，因而获得一定人身自由），极大地激发了农民从事农耕的积极性，江南地区新垦辟了众多的水田、圩田、梯田，连曾经"几无人迹"的淮南地区也出现了"田野加辟""阡陌相望"的繁荣景象，农作物单位面积产量比唐代提高了两三倍（根据资料，仅水稻产量唐代每亩产稻米约 2 石，折合约 200 斤，南宋每亩产稻米约 3 石，折合约 300 斤，如果加上"稻麦两熟"的小麦收成，南宋的单位亩产会更高，约至 500 斤）。南宋农业生产力发展水平之高，居当时世界领先地位，江南地区成了名副其实的中国农业最为发达的地区，还出现了南粮北调现象。由于江南盛产粮食闻名天下，这时就有了"苏湖熟，天下足"的谚语在中华大地四处流传,这句谚语最早见于南宋文学家范成大《吴郡志》卷五十《杂志》："谚曰：天上天堂，地下苏杭，又曰：苏湖熟，天下足。"此后"苏湖熟，天下足"便成为江南富庶的代名词，后来又演变为"苏杭熟，天下足"，一直流传到今天。

　　创立"农商并举"国策，商品经济迅猛发展，商业税首次超过农业税。中国是传统的农业社会，历代统治者奉行"重农抑商"政策，在重视农业生产的同时习惯打压商业，到了南宋时期打破了传统观念，确立了"农商并举"国策，采取了惠商、扶商、恤商政策举措，激发了社会各阶层从事商业经营的热情，商品经济呈现出中国历史上前所未有的繁荣景象。当时的南宋就形成了四通八达的商业网络，10 万户以上的城市达 50 个，还涌现了一批特大型商业城市，如临安（今杭州）、建康（今南京）、成都均为南宋时期全国著名的商业城市，临安已经有 16 万户、150 万人口。根据《梦粱录》《武林旧事》记载，南宋临安城内商业十分繁荣，甚至出现了夜市刚刚结束，早市又告兴起的繁忙景象。繁荣的商业经济带来了巨大的商业收入和可观的赋税收入，根据《建炎以来朝野杂记》甲集卷 14《国初至绍熙天下收数》记载：绍兴末商税数约 1500 万缗以上（一千文为一缗）；淳熙末（1189）全国正赋收入 6530 万缗，其中商税在 2000 万缗以上，占全国总收入 30% 以上。南宋商税税率一般为十取一，由此推算，商品交易额在 2 万万缗以上，可知商品交易量巨大。①宋学专家王国平在《以杭州为例还原一个真实的南宋》一文中也认为："南宋的商税加专卖收益超过了农业税，改变了宋以前历代王朝农业税赋占主要地位的局面。"这是中国漫长农业社会发展过程中的一个重要转折点。

　　蚕桑丝绸生产发达，开启了独步天下新局面。临安石镜人钱镠执政吴越国实施的"世方喋血以事干戈，我且闭关而修蚕织"的策略，为宋代全国丝绸中心南移和江南丝绸重心崛起奠定了基础。江南丝绸业发展到了宋代，各方面取得可喜成就：桑树栽培和养蚕技术成熟；丝绸种类繁多，新品迭见；蚕丝丝绸工艺完善，脚踏缫车基本定型，过糊方法也已采用，束综提花机结构齐备；官营织造机构普遍建立；民间丝织业家庭副业地位迅速上升，小商品生产的专业化生产较为散见，专业机户应运而生；丝绸贸易极为普遍，商人活跃，线路日辟，大宗丝绸在全国为数独多。南宋时期，江南第一次以丝

---

① 陈杰林：《南宋商业发展：特点与成因》，《安庆示范学院学报（社会科学版）》2003年 7 月。

绸中心的地位屹立于全国丝绸业中。① 南宋时期由于整个商品经济的繁荣，作为农村副业的丝绸与商品经济联系更为密切，江南的农村以经营蚕丝业所得收入作为生活来源，并出现了专业大户，"富家养育有至数百箔，兼工机织"，养蚕织绢和缫丝已经成为谋生的主要手段，农户或销售绢品或销售缫丝，这在范成大《缫丝行》中有形象的描绘："今年那暇织绢着，明日西门卖丝去。"丝织业的赋税收入也在南宋政府的税收中占据重要地位，南宋官府与丝织业有关的税收主要有农业税的夏税绢和身丁税、"山泽之利"的布帛税、"和买绢"税，其中"夏税绢"和"身丁税"就占当时官府丝绸总收入的50%。② 南宋江南地区的丝绸生产技术，更是遥遥领先于全国和全世界，几乎是到了独步天下的境界。

兴盛的海外贸易，开辟了东西方交流新纪元。经济繁荣和商品流通发达，使南宋对外贸易获得空前发展。北宋时期，北方丝绸之路被辽与西夏等阻断，绝大部分对外贸易改走海道，"东南之利，舶商居其一"，海上丝绸之路由此更加繁忙。北宋海外贸易的四大商港中，浙江的杭州与明州（今宁波）就占了两个。宋室南渡后，浙江成为京畿重地，朝廷为了支付巨大的财政支出，对海外贸易采取了推动与奖励的政策，使杭州与明州两大港口更加繁荣，并将温州也开辟为对外贸易的港口。根据《西湖老人繁胜录》记载，杭州市舶务设在"保安门外瓶场河下。凡海商自外至杭，受其券而考验之。又有新务，在梅家桥北"，市舶司的税收，主要来自"抽解"，也称"抽份"，即朝廷通过当地市舶司机构向进港外国商船征收实物税。《宋会要》"孝宗隆兴二年八月十三日"条呈两浙市舶司利害之奏书说："抽解旧法，十五取一。其后十取一。又其后择其良者，谓如犀、象十分抽二，真珠十分取一。"南宋初期，朝廷财政困难，市舶司收入成为支撑南宋半壁江山的重要依靠。为鼓励对外贸易，朝廷对来杭州的外国客商款以厚待，建炎二年（1128），提举两浙市舶司吴说就曾经说："每年犒赏，诸州所费不下三千贯。"南宋的海

---

① 范金民、金文：《江南丝绸史研究》，农业出版社，1993。

② 朱新予主编：《中国丝绸史通论》，纺织工业出版社，1992。

南宋商船"南海一号"打捞考古现场　　　　　　"南海一号"精美的瓷器

上丝绸贸易重要的有东、南、北三条通道，东向日本、南向到南洋诸国、北向到朝鲜，一般从浙江输往他国的主要有蚕丝、绫绢、越窑及杭州官窑的瓷器、茶叶、文具、纸张、书籍等，而从海外输入的有木材、药材、香料、染料、工艺品等。[①] 南宋"海上丝绸之路"繁荣兴盛，可以从近年海底打捞的南宋沉船"南海一号"发现的文物得到证明：2007 年 12 月 22 日，在广东阳江海域打捞出南宋商船"南海一号"，整船金、银、铜、铁、瓷器等文物 6 万—7 万件，皆为稀世珍宝，迄今为止，全世界范围内都未曾发现过如此巨大的千年古船，堪称世界航海史上一大奇迹，专家认为"南海一号"的价值和影响力将不亚于西安秦始皇兵马俑，它反映了南宋经济文化的繁荣，标志着南宋社会的开放，也表明当时南宋不愧为世界经济发展的引领者。[②]

　　南宋时期，农业生产技术提高、商品交易迅猛发展、蚕桑丝织产业兴旺、丝绸生产技术成熟、海上丝绸之路通畅、国际商业贸易发达，整个南宋的生产力水平、经济规模、发展质量都走在世界领先地位。特别是农业生产力的高度提升，使传统的农耕生产得以转型创新，大量的农具发明和技术改良促进农业增产和丰收，也促进了《耕织图》诞生，以直观形象的农耕新技术操作图像，来更为广泛地推行新技术以确保粮食产量提升。商品经济迅猛发展，

① 袁宣萍、徐峥：《浙江丝绸文化史》，杭州出版社，2008。
② 王国平：《以杭州为例　还原一个真实的南宋》，《浙江学刊》2008 年第 4 期。

激励和拉动蚕桑丝织产品生产，从原来基本以满足朝廷纳贡之需的农副产品，转型为以市场流通销售为主的商品，这就大大增强了丝绸产品生产需求，刺激乡村农夫蚕妇从事蚕桑丝绸生产，刺激大量丝绸织造专业户出现，加上市场竞争倒逼丝绸生产技术改良、产量增加、质量提升、品种增多，由此推动整个丝绸业兴盛，也带来了新技术学习推广的迫切需求，于是宣传推广科普蚕桑生产知识和技术的《耕织图》就应运而生了。这些时代特色和时代烙印以至时代需求，在楼璹绘制的《耕织图》里都可以一一找到答案。

楼璹《耕织图》"耕图"部分，就描绘了南宋时期农业生产工具不断改良、生产力不断提高、劳动效率不断增强的画面。如《插秧》一章五言诗曰："抛掷不停手，左右无乱行。我将教秧马，代劳民莫忘。"此处记载的"秧马"是宋代发明的一种进步的插秧工具，可以减轻人的劳动强度，加快插秧进度，提高生产力。秧马形状仿佛一只小木船，两头高，中间凹，背部用质量轻巧的梧桐木等木材制成，在苏轼文集里就有一首描述这种当时先进工具的《秧马歌》，歌前小序说："予昔游武昌，见农夫皆骑秧马。以榆枣为腹，欲其滑；以楸桐为背，欲其轻。腹如小舟，昂其首尾，背到复瓦，以便两髀雀跃于泥中，系束藁其首以缚秧，日行千畦，较之伛偻而作者，劳佚相绝矣。"使用这种秧马，在水浅泥深的稻田里滑行很快，比弯腰插秧的劳动强度大为减轻，又提高了插秧效率。元朝王祯《农书》和明朝宋应星《天工开物》、徐光启《农政全书》都有当时继续使用秧马的记载。[①] 这种由南方农民发明、在南方水稻田使用的秧马，一直延续使用到元明清至民国和当代，笔者好像朦胧地记得，上世纪 60 年代，笔者年幼

宋代秧马图

---

① 蒋文光：《从〈耕织图刻石〉看宋代的农业和蚕桑》，《农业考古》1983 年第 1 期。

时曾经在故乡桐庐分水百江的水稻田里见过，那时我的叔叔伯伯们在初夏插秧时也骑着木制秧马。

楼璹《耕织图》"织图"部分，则描绘了南宋时期成熟的种桑养蚕技术、丝绸织造工艺，特别是《耕织图诗》将当时蚕织生产分成 24 个环节：浴蚕、下蚕、喂蚕、一眠、二眠、三眠、分箔、采桑、大起、捉绩、上簇、炙箔、下簇、择茧、窖茧、缫丝、蚕蛾、祀谢、络丝、经、纬、织、攀花、剪帛。这些生产技术的每一个环节，都是南宋勤劳智慧的劳动人民不断总结前人经验教训而得出的最成熟最先进的技术，更大程度地提高了蚕桑丝绸生产的生产力，使江南地区的蚕织生产遥遥领先于北方，成为名副其实的全国丝绸生产中心。这些成熟的技术，也创造了许多世界第一、世界之最，为南宋赢得了不少财政收入，也为中国赢得不少荣誉。

### 4. 创新与发展强劲的科技

南宋是一个科技创新创造的时代。中国古代的"四大发明"（造纸术、火药、指南针、印刷术）是中国对世界科技发展的重大贡献，它们在宋代获得更为广泛的实际运用和改进提升。英国著名哲学家、思想家和科学家弗朗西斯·培根指出："（活字印刷术、火药、指南针）这三种发明已经在世界范围内把事物的全部面貌和情况都改变了：第一种是在学术方面，第二种是在战事方面，第三种在航行方面。由此产生了无数的变化，这种变化是这样大，以至于没有一个帝国，没有一个教派，没有一个赫赫有名的人物，能比得上这三种机械发明。"同时，宋代又是一个科技创新的时代，根据学者统计，中国古代历史上的重要发明，一半以上都出现在宋朝，宋代的不少科技发明不仅在中国古代科技史上，而且在世界古代科技史上也堪称第一。宋是当时世界上发明创造最多的国家，宋代是古代中国为世界科技发展贡献最大的时期。[①]英国著名科技史专家李约瑟，在他多卷本巨著《中国科学技术史》导论中明

---

① 王国平：《以杭州为例 还原一个真实的南宋》，《浙江学刊》2008 年第 4 期。

确指出："每当人们在中国的文献中查找一种具体的科技史料时，往往会发现它的焦点在宋代，不管在应用科学方面或纯粹科学方面都是如此。"

"三大发明"不断完善。南宋时期，中国古代火药和火药武器得到了大规模的使用和推广，南宋管形火器的出现更是世界兵器史上十分重要的大事，如绍兴二年（1132）陈规守德安时，曾发明世界上最早的原始管形火器——用长竹竿制枪筒以喷射火焰的"火枪"。开庆元年（1259），寿春府（今安徽寿县）"又造突火枪，以巨竹为筒，内安子窠，如烧放，焰绝，然后子窠发出，如炮声，远闻百五十余步"，"子窠"即是弹丸，这是世界上最早运用射击原理制成的管形火器，具有身管、火药、子窠三个基本要素，堪称世界火药枪炮之祖。指南针在南宋航海活动中大展身手，赵汝适《诸蕃志》卷下《海南》载："舟舶来往，惟以指南针为则，昼夜守视惟谨，毫厘之差，生死系焉。"这是中国和世界航海史上具有划时代意义的重大技术突破，李约瑟指出：指南针在航海中的应用，是"航海技艺方面的巨大改革"，它把"原始航海时代推到终点"，"预示计量航海时代的来临"。大约在 100 年以后，西方人才从阿拉伯人手中学到用指南针航海的知识。此后，麦哲伦、哥伦布环行地球、发现新大陆之壮举也是建立在宋代航海罗盘的发明这个技术基础之上。印刷技术自从北宋毕昇发明活字印刷术以后，在南宋又有了进一步的发展。光宗绍熙四年（1193），庐陵周必大使用泥活字印刷自著的《玉堂杂记》，这应是目前世界上有文字记载的第一部泥活字印本。[①]

农业理论成果丰硕。南宋时期，农业生产技术稳定成熟、创新发明不断，同时也涌现了一批重大农业理论著作，对后世影响巨大。於潜县令楼璹所绘制的《耕织图》，以图文并茂的形式，全面系统记载了南宋时期江南地区农耕蚕织生产全过程，是我国也是世界上第一部图文并茂的农学著作，其中收集绘制了大批南宋时期创新农耕蚕织工具图，多为我国可见最早的农具图。陈旉《农书》是我国最早的有关南方农业生产技术与经营的农学著作、也是

---

① 　徐吉军：《南宋文化在中国文化史上的地位及影响》，《文化学刊》2015 年第 7 期。

第一部专门论述水稻生产的农书，他是中国农史上第一个提出土地利用规划技术的人。韩彦直《橘录》，又名《永嘉橘录》，是我国也是世界第一部柑橘学著作。陈仁玉于淳祐五年（1245）撰成的《菌谱》是我国也是世界历史上最早的一部菌谱类著作。范成大《梅谱》，又名《范村梅谱》，成书于淳熙十三年（1186），是我国最早一部有关梅花的专著。南宋赵时庚写成的《金漳兰谱》，为我国历史上最早的兰谱。宋末元初人薛景石所著的《梓人遗制》是我国现存的唯一一部古代织机专著，其中载有"华机子"（即提花机）、"立机子"、"小布卧机子"、"罗机子"等纺织机械，并绘有零件图和总机装配图等。

制造技术贡献巨大。南宋的造船技术超过了世界上的任何一个国家。宁宗嘉定十四年（1221），温州曾经按照制置司发下来的两本船样，各建造了二十五艘海船。这种船样绘有船图，并注明船体和各部件的大小尺寸，还详细规定了用料、人工、等价等项。这种先做船模或制作图样，然后造船的方法，是船舶设计工艺中的一个重大突破和发展，它表明了当时人们已对船舶的结构、性能和特点等有了比较深入、系统、全面的认识，并为造船进行理论研究创造了条件。西方直到16世纪才出现简单船图，比我国晚三四百年。当时中国海船以体积大、负载多、安全平稳、设施完备等著称于世，再加上指南针在航海上的使用，更受到了各国客商欢迎。不但中国客商坐中国制造的海船，而且连外国客商也都搭乘中国制造的海船。南宋纺织技术、染色技术高速发展，许多工艺和技术走在世界前列，如南宋丝绸织造束综提花技术，比西方发明的嘉卡提花机织造技术早600多年。在煤炭的开发利用上，南宋也取得了可喜的成就。20世纪60年代初，考古工作者在广东新会发现了南宋末年用焦炭炼铁的遗址，而欧洲人则是在18世纪时才发明了焦炭炼铁技术，比我国迟了5个世纪。

数学医学成果显著。南宋在农学、数学、天文历法、地理学、医药学以及纺织、陶瓷、造纸、酿酒、冶金、军器制造等方面的科学成果和技术水准，都达到了较高的水平，有的甚至取得了超越前代的重大成就。仅淳祐七年（1247），就创造了四项世界第一的科技成就，他们是：秦九韶完成了《数书九章》，他在北宋数学家贾宪首创的"增乘开方法"的基础上，发展出了一种完整的高次方程数值解法，欧洲直到1891年英国数学家霍纳才创造出类似的解法，比秦九韶晚了500余年；宋慈完成了世界上第一本系统的法医学专著《洗冤集录》，它比西方最早的同类著作——意大利医生费德罗（1550—1630）的《医生的报告》早350多年；王致远刻石于苏州的黄裳天文图，是中国也是世界保存至今的较早的一幅石刻天文图；陈景沂《全芳备祖》，大约成书于理宗即位（1225）前后，付刻于"宝祐癸丑至丙辰间"（1253—1256），是世界上最早的一部植物学辞典。[①]

南宋於潜县令楼璹身处改革的时代、创新的时代、科技的时代，作为一个地方官员，楼璹一方面要鼓励民众参与农耕生产和农耕生产技术改良，另一方面要积极总结民间的改良经验和创新技术并将这些新的技术和知识让更多的人知道，以此来推动和促进地方的农耕蚕桑生产能力不断提升，收获更多的粮食和丝绸物品，完成上级下达的赋税任务，满足财政需求。正是南宋江南地区突飞猛进的农耕生产技术、日新月异的丝绸生产工艺、四通八达的商品交易途径、竞争激烈的商品经济市场，为楼璹完成他的职责和使命提供了充分的条件。于是，楼璹在担任於潜县太爷时，就遍访当地的种植水稻的农夫、养蚕丝织的农妇，到他们生产生活的现场去体验、去观摩、去写生，最后绘制成了一幅连环画式的长卷，一个画面一个画面地记录农耕蚕织的生产过程，并将自己的感悟写成五言诗配合画面进行解读，这就是《耕织图》，其中耕图21个场景、21个画面、21首诗歌，织图24个场景、24个画面、24首诗歌。这幅长卷可以说是对南宋迅猛发展的科技事业的真实记录，也是南宋高度科技文明的具象缩影，更是南宋耕织技术领先世界的历史写照。

楼璹《耕织图》通过描绘的大量创新农具、创新技术，反映了南宋时期

---

① 徐吉军：《南宋文化在中国文化史上的地位及影响》，《文化学刊》2015年第7期。

程棨《耕织图》摹本"碌碡"

人们采用先进生产技术，促进经济发展的勤劳智慧。耕图部分的"碌（liù）碡（zhou）"描绘的就是农夫运用新改造的农具平整土地，这种平整土地的农具"碌碡"原来是在北方旱地用的，多以石头为制作材料以增强重量压碎泥块，达到平整的目的。这项技术由北人南下带到了南方，也运用到平整土地的工作中，但南方田地多为种植水稻为主的水田，石头为材料会下陷入泥无法工作，聪明的江南农夫就将它改为木质，自身分量不重，不会出现下陷，操作也方便。明徐光启（1562—1633）《农政全书》卷二十一《农器》也对"碌碡"农具的改良进行了记载："余谓碌碡字皆从石，恐本用石也。然北方多以石，南人用木，盖水陆异用，亦各从其宜也。"这种器械的运用，既减轻劳动强度，提高生产效率，又利于精耕细作。楼璹《耕织图》织图部分，则绘制了一批当时最成熟、最先进的蚕桑蚕织工艺和技术，如窖茧、缫丝、络丝、经、纬、织、攀花等画面的工艺流程，都是当时最成熟的技术，同时还描绘了世界最早的缫丝车图像、最早的提花机图像等。由于《耕织图》的科技创新珍贵稀有，故《耕织图》被誉为"世界第一部图文并茂的科普画卷"。

### 5. 创造与繁荣共辉的文艺

南宋文化是宋代文化的重要组成部分，在宋代文化史乃至中国文化史中占有重要地位。

日本有许多知名汉学家认为，南宋文化已经发展到了可与西欧近世都城相比的高度文明水平，借用宫崎市定的话，即相当于"东方文艺复兴"时期。而南宋的文学艺术达到了古代中国的鼎盛时期。这一时期，新的文学样式"词"开始广泛流行并兴盛起来；宋诗在唐诗之后另辟蹊径，开拓了宋诗新境界，其影响直到清末民初；"话本小说"和"南戏"为中国小说发展和中国戏曲发展奠定了雄厚的基础；绘画艺术则进入了中国绘画史上的高峰时期。近代国学大师王国维在《宋代之金石学》一文中指出："天水一朝人智之活动与文化之多方面，前之汉唐，后之元明，皆所不逮（及）也。"为什么会出现这样的盛况呢？笔者认为这与南宋平稳怀柔的基本国策、宽松包容的政治环境、自由开放的社会氛围、崇敬文人的有利举措、精致生活的倡导追求有关，空前的自由和宽松，加上文艺平民化推进，使文人艺术家迸发出空前的创作创新激情，也使社会更多的各阶层成员加入文艺队伍，促进了南宋文学艺术矫健地走向高原和高峰，呈现出繁荣兴盛的局面。

宋词和宋诗的繁荣。南宋文学的作家、作品，不仅数量巨大明显超过北宋，而且在内蕴特质、艺术成就上也有自己特点。仅从词坛情况而言，唐圭璋《全宋词》共收词人 1494 家，词 21055 首，其中南宋词约为北宋的三倍。有学者运用定量分析的方法，依照存词数量、历代品评、选本入选数量等六个指标，确定宋代词人中有一定成就和影响的词人约 300 家，其中堪称"大家"和"名家"的词人排名前 30 位中，南宋就有辛弃疾、姜夔、吴文英、李清照、张炎、陆游、王沂孙、周密、史达祖、刘克庄、张孝祥、高观国、朱敦儒、蒋捷、刘过、张元幹、叶梦得等 17 人，超过北宋苏轼、周邦彦等 13 人，也能从某一视角说明南宋词坛比之北宋旗鼓相当抑或稍胜之。在词兴起的同时，诗也格外兴盛，《全宋诗》全书收录诗 27 万首、诗人 9000 余人，字数近 4000 万，家数林立，流派纷呈；《全唐诗》仅收录诗 4.9 万首、诗人 2870 多人。再从《四库全书总目》来看，该书共收宋人别集 382 家、396 种（存目除外），其中北宋 115 家、122 种，南宋 267 家、274 种，可见南宋别集的著录数量当为北宋的两倍。①

话本和南戏的兴起。南宋话本小说的出现，在中国文学史上具有重要意义，它标志着中国小说的发展进入了一个新的阶段，并为明清时期中国小说的繁荣奠定了基础。南宋是中国戏剧的生成期，我国最早成熟的戏曲"温州杂剧"，即于南宋之初或稍前首先诞生于浙江温州，因唱南曲又名"南曲戏文"，简称"南戏"。其时温州地区的"九山书会"根据《状元张协传》改编而成的《张协状元》，已经具有完整的故事情节、曲折起伏的戏剧矛盾、齐全的角色行当以及丰富的表演形式等，这都是以前无法相较的。因此，南戏不仅是中国戏曲真正形成的标志，还是元代杂剧的先驱。②

绘画艺术走向高峰。宋代是中国绘画史上的鼎盛时期，这个鼎盛标志着我国中古时期绘画高峰的出现。绘画大师潘天寿指出："吾国画法，至宋而始全。"③ 这一时期画家人数众多，宋代画家多达千人，如《佩文斋书画谱》载有 986 人，《古今图书集成》"画部·名流列传"载有 943 人，仅画院画家就有 120 多人④，这些画家遍及宋代社会的各个阶层，上至帝王公侯，下至妓优奴婢，旁及释道，反映了宋代绘画艺术的鼎盛，而以李唐、刘松年、马远、夏圭等人为代表的南宋著名画家，他们的作品在画坛上至今仍然具有十分崇高的地位。这一时期绘画形式多样，山水、人物、花鸟等并盛于世，尤以山水画最为突出，出现了新的变化，对后世影响极大。中国美院教授王伯敏认为，南宋山水画"在北宋真实细致地刻画自然景色表现优美意境的基础上，进一步摆脱了全景式布局，而表现富有感情色彩和浓郁诗意的山水形象，水墨淋漓，健笔效擦，构思新颖，章法简洁，形成了鲜明的特色"。这

① 徐吉军：《南宋文化在中国文化史上的地位及影响》，《文化学刊》2015 年第 7 期。

② 徐吉军：《南宋文化在中国文化史上的地位及影响》，《文化学刊》2015 年第 7 期。

③ 潘天寿：《中国绘画史》，上海人民美术出版社，1983。

④ 杨勇编：《两宋画院画家》，中国美术学院出版社，2011。

一时期绘画思想和内涵厚重，南宋画家对社会、对人生有了比较深刻的理解，其绘画所内涵的哲学思想、人生道理、生活思考等逐渐深厚，出现了一批全景式描绘现实生活的画家，而描写社会风俗、历史故事、田园生活的作品大量产生，成就斐然。这一时期画风不断创新，如苏汉臣、李嵩、梁楷、龚开等在绘画技巧上，都自立新意，有所贡献，尤其是梁楷所创的以水墨减笔画人物的崭新风格，开创了南宋写意人物画的新天地，为画史所重，影响后世。

〔南宋〕李唐《村医图》

宿雨清畿甸

朝陽麗帝城

豐年人樂業

壠上踏歌行

〔南宋〕马远《踏歌行》

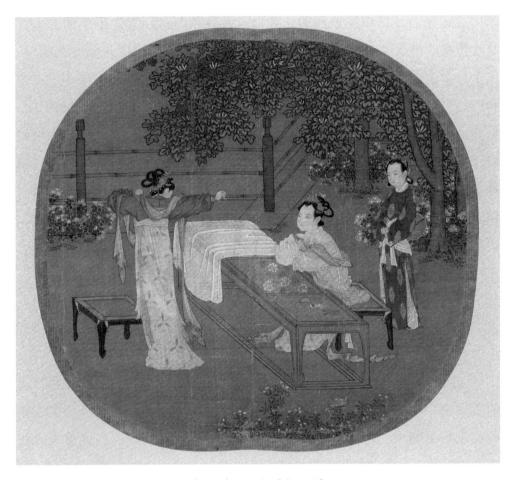

〔南宋〕刘松年《宫女图》

南宋工艺美术造型、装饰与总体效果堪称中国工艺史上的典范，为明清工艺
争相效仿的对象。①

　　南宋社会艺术表达风尚的广泛流行、诗词写作与绘画艺术的兴盛繁
荣，以及现实主义创作的时代风尚，使得当时不断涌现以描写乡村田园
生活的农事诗和农事画，而楼璹就是这些众多诗人画家中突出的写实诗
人和写实画家：面对江南地区男耕女织的生产生活现实，他满怀激情地
创作了《耕织图》45 幅及其配图诗歌 45 首，以诗画结合、图文并茂的艺

---

① 　徐吉军：《南宋文化在中国文化史上的地位及影响》，《文化学刊》2015 年第 7 期。

术方式记录总结耕织生产经验，并以这种通俗易懂、直观形象的艺术方式宣传推广耕织生产知识技术。当楼璹将绘制的《耕织图》进献给朝廷时，他十分幸运地遇到了生逢其时、可与共情的宋高宗，因为在南宋多位皇帝和后妃也都是绘画高手，这在中国历史上较为罕见，楼璹进献的《耕织图》自然赢得宋高宗高度赏识。当宋高宗将楼璹《耕织图》临摹时，作为绘画高手的元妃吴皇后主动参与了艺术创作：不仅用精美的小楷字将每一幅养蚕过程图加以详细的文字说明，而且还根据自己的养蚕经验和审美习惯，对整个构图和生产程序进行了调整，使《蚕织图》更加符合生活真实、更加吻合艺术真实、更加直观形象，这才有了我们今天看到的吴皇后题注本《蚕织图》。

## （三）记载了南宋农耕的珍贵史料

立国之要，以农为本。五千年的中国文明史，其实就是中国农耕社会的发展史。中国自古以来以农耕生产为经济主体与核心，在漫长的农耕社会发展过程中，历代百姓高度依赖农耕生产，历代政府高度重视农耕生产，历代文人高度关注农耕生产，以农耕为主题的治国政策、历史事件、文艺作品丰富多彩，而楼璹《耕织图》就是其中光芒特别闪耀、生命特别旺盛的一颗明珠和恒星，在它诞生后的 800 多年来一直熠熠发光，生生不息地为中华民族前进的列车提供历史能源和现实动力，源源不断地为中华民族优秀文化发展提升固本铸魂和添光增彩，是我们了解那个时代的重要文献。

1. 直观形象的农桑生产场景

楼璹《耕织图》（以程棨临摹本"耕图"部分为例），用写实手法、绘画手段描绘了南宋时期江南地区农业水稻耕作、生产管理的环节流程和场景画面。程棨临摹本耕图部分画目名称与楼璹耕图部分的画目名称吻合，配图的五言诗内容也与楼璹《耕织图诗》几无区别，应该是楼璹《耕织图》最忠诚最相同的复本。在"耕图"中描绘了水稻耕作生产的21幅画面：（1）浸种、（2）耕、（3）耙、（4）耖、（5）碌碡、（6）布秧、（7）淤荫、（8）拔秧、（9）插秧、（10）一耘、（11）二耘、（12）三耘、（13）灌溉、（14）收刈（yì）、（15）登场、（16）持穗、（17）簸（bǒ）扬、（18）砻、（19）舂（chōng）碓、（20）筛、（21）入仓。这21幅画面，直观形象、生动简洁、一目了然地描绘了农耕生产的具体环节和流程。

楼璹《耕织图》（以吴皇后题注本《蚕织图》为例），同样用写实手法、绘画手段描绘了南宋时期江南地区栽桑养蚕、丝绸织造的环节流程和场景画面。楼璹《织图》部分描绘了养蚕丝织生产的24幅画面：（1）浴蚕、（2）下蚕、（3）喂蚕、（4）一眠、（5）二眠、（6）三眠、（7）分箔、（8）采桑、（9）大起、（10）捉绩、（11）上簇、（12）炙箔、（13）下簇、（14）择茧、（15）窖茧、（16）缫丝、（17）蚕蛾、（18）祀谢、（19）络丝、（20）经、（21）纬、（22）织、（23）攀花、（24）剪帛。

程棨《耕织图》摹本"持穗"

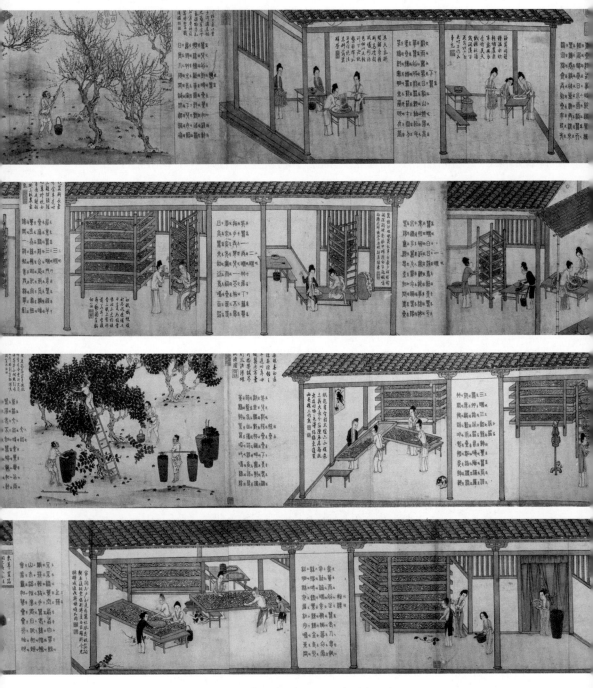

程棨《耕织图》织图长卷（部分）

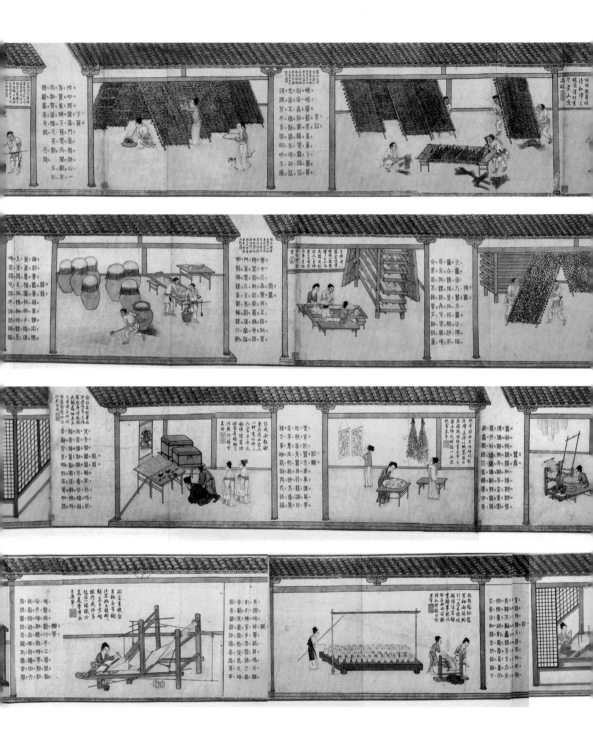

吴皇后在让宫廷画师临摹楼璹《耕织图》时，保留了这24幅场景，但据自己的养蚕丝织经验和理解，对画目名称和排列次序做了改动并加入文字说明，吴皇后《蚕织图》24幅画面画目名称依次为：（1）腊月浴蚕，（2）切叶续细叶、清明日暖种、抚乌儿（下注：乌儿出头发细长一分来），（3）摘叶、体喂，（4）谷雨前第一眠（下注：出七八日粗如麻线长），（5）第二眠（下注：又七八日粗□长半寸淡黑色方第二眠），（6）第三眠（有七八日粗□长九分淡□方第三眠），（7）暖蚕，（8）大眠（旁注：又七八日粗二分半长寸半带白色方第四大眠），（9）忙采叶，（10）眠起喂大叶（下注：又七八日眠起粗三分长二寸青白色长旺盛喂大叶），（11）巧拾上山（下注：又十来日身微皱透明红色粗四分长二寸半长足故巧拾上山），（12）薄簇装山（旁注：用茅草装山子为之薄簇拾茧于上作□，茧共出四十来日渐不食叶身粉红照得透明）、红色装上山，（13）烤茧，（14）下茧、约茧，（15）剥茧，（16）秤茧、盐茧瓮藏，（17）生缫，（18）蚕蛾出种，（19）谢神供丝，（20）络垛、纺绩，（21）经靷、篗子，（22）挽花，（23）做纬、织作，（24）下机、入箱。[①]

宋人《蚕织图》长卷（部分）

① 林桂英：《我国最早记录蚕织生产技术和以劳动妇女为主的画卷——介绍八百年前宋人绘制的〈蚕织图〉》，《农业考古》1986年第1期。

图像，是人类进行社会交流的最早载体之一，也是最能直接表达人类思想意图的形式，是人类社会文明发展过程中重要的媒介。楼璹在总结推广江南先进耕织文化技术时，就充分运用了图像所具有的传播信息直观形象、生动简洁的特点，在绘制《耕织图》时就用图像形式将南宋时期江南农耕蚕织生产场景和环节流程，甚至是操作细节，定格在一个个画面上，弥补了仅有文字记录而无图像解说容易导致理解失误和偏颇的不足。这些直观简洁、生动形象的劳动人物、耕织工具、生产技术、操作流程，使人们在了解和学习农桑生产技术和经验时，能够一目了然，也正因为图像直观简洁、生动形象、通俗易懂、传播便捷，才使楼璹的《耕织图》能突破时空的限制，得以更加广泛普遍和家喻户晓地流传，得以时代久远和跨越海洋地流传。

### 2. 发达创新的农耕劳作工具

我国长江中下游的江南地区是水稻的发祥地之一。江南地区的农耕文明从刀耕火种到耜耕农业，再到犁耕农业，最终形成了耕—耙—耖水田耕作体系，尤其是到了两宋时期，随着大量北方人口南迁、大量人口增加，粮食需求激剧增长，倒逼生产技术改革，随着中国经济中心的南移，北方先进的农耕生产工具和技术传到南方，并结合南方的土地与气候特征，创新发明了一批适合南方水稻生产的农具和技术，推动了南宋时期的农耕工具和农耕技术不断更新，在当时社会和世界，南宋江南地区的农耕生产工具和农耕生产技术是全世界最发达的。可以说，宋代是我国农具发展史上具有里程碑意义的重大变革时代，这一时期，人们发明创造了不少先进科学、实用高效的农具，有效地促进了农业生产，满足了人口增长的粮食需要，为南宋社会的稳定繁荣做出了十分杰出的贡献。但是由于江南地区水网密集、气候湿润、土地潮湿，对物体的浸润腐蚀较大，南宋时期发明的新农具遗存较少，特别是生产中使用的木质、竹质农具遗存极少。楼璹《耕织图》中绘制的大量水稻生产农具图像，就为我们研究南宋农业科技史、农具史等提供了十分难得的历史图像。

　　《耕织图》在全面系统反映江南地区水稻耕作和蚕桑生产的各个劳动环节流程时，完整展示了水稻生产的各个阶段所使用的主要劳作工具和劳作流程内容。其中，程棨《耕织图》临摹本"耕图"所绘农具为 30 余种：筼篮、犁、耙、耖、笠、碌碡、竹篮、粪勺、粪桶、扁担、竹簸箕、大竹篮、戽斗、脚踏翻车（龙骨车）、桔槔、镰、高架、梯、叉、连枷、木锨、箩筐、筛、砻磨、手持臼舂、脚踏舂、粮仓等；楼璹《耕织图》诗文中涉及的农具约 22 种：筼篮、耒耜、犁、蓑衣、笠、耖、碌碡、秧马、耘、衔尾鸦（翻车）、镰、担、高架、连枷、砻、床、石砺、斗、碓、筛、杵臼、庾（露天谷仓）。这些农具集中反映了江南地区稻作农业的精耕细作和农耕工具发达的明显特征 [1]。楼璹《耕织图》绘图与配诗所记载的农具除去交叉外，共涉及各种农具 37 种，这些农耕工具充分反映了南宋时期江南地区农耕生产工具配套化和系列化已十分发达，农耕生产技术也相当成熟，完全可以满足农业生产精耕细作全部要求，南宋时期不少农具和技术沿用至今。

　　农耕工具的发达，首先在于农具的配套化。这主要体现在《耕织图》的耕、耙、耖等画面中所使用的犁、耙、耖、碌碡等耕地整地的配套农具，如"耕"图中，水田里以农夫手扶曲辕犁驱牛耕地，牛的套具包括曲轭、耕盘、套索等，曲辕犁在唐代以后广泛使用于南方水田，两宋时期的耕犁是在唐代曲辕犁的基础上加以改进和完善的，使犁辕缩短、弯曲，结构更加轻巧，使用灵活，效率提高，它标志着中国耕犁的发展进入了成熟的阶段；"耙"图中，一农夫头戴斗笠手牵耕牛站立于耙上耕作，画中之耙为装在长方形木框上的两列硬齿（硬木齿或铁齿），人站立耙上以增加重量达到深耕，这种耙主要用于碎土、平地和消灭杂草；"耖"图中，绘有一农夫牵牛抚耖，人随耖后耕作，耖是在耕、耙之后将土地耕得更细的农具，一般为木制，圆柱脊，平排 9 个直列尖齿，两端超前部分各有 2 个齿尖插木条系畜力，朝上 2 个齿尖安插横柄扶手，这幅形象直观的"耖"图，验证了元代王祯《农书》对"耖"

① 丁晓蕾、王思明、庄桂平：《江南地区稻作农业工具文化遗产的类型、价值及其保护利用——兼述南宋楼璹〈耕织图〉摹本中的稻作农具》，《中国农史》2015 年第 3 期。

程棨《耕织图》摹本 "耖"

的文字记载。[1] 同时，有学者认为："南宋时期，随着耖的发明，以耕—耙—耖为主要技术环节的南方水田整地技术体系已经形成。"[2] 这也是可见最早的农具 "耖" 图像，比元代皇庆二年（1313）王祯《农书》所记载 "耖" 早180 年。

农耕工具的发达，还在于农具的系列化。这主要体现在《耕织图》所绘有的灌溉农具桔槔、戽斗、龙骨车等。戽斗，是一种打水转移水源的工具，一般用于水位落差不大、小范围的排灌，随身携带方便，为小型人力排灌农具，在 "一耘" 图中绘有两位农夫各在左右双手牵拉戽斗从外渠向秧田里灌水。在 "灌溉" 图中，同时绘有灌溉农具 "龙骨车" 和 "桔槔"，在有序协调使用。"桔槔" 是利用杠杆原理的人力提水工具，一人就可以操作，是汉代我国劳动人民发明的农具，到宋元时期仍然广泛使用；"龙骨车" 是一种价值极高的农田排溉工具，结构比较复杂，为纯木结构，在江南地区广泛使用，是南宋时期先进的排灌工具。在 "灌溉" 图里的龙骨车上有四人一起立于车

---

① 史宏云：《楼璹〈耕织图〉及摹本农耕科技研究》，《科学技术哲学研究》2012 年 6 月。
② 方健：《南宋农业史》，人民出版社，2010。

程棨《耕织图》摹本"灌溉"

中国农业博物馆中来自浙江临安的龙骨水车

上脚踏劳作，这种龙骨车在当代的我国农村山区水稻田耕作时，仍然可见。中国农业博物馆是国家农业专业性博物馆，在该馆馆首陈列大厅就有一辆标明来自浙江临安的龙骨水车，水车全长 8.2 米，头部框架宽 2.5 米，高约 1.8 米。这是该馆筹建初期，工作人员根据程棨《耕织图》所绘"龙骨水车"按图索骥，派金葆华等一行 3 人于 1988 年底与 1989 年秋两次从北京南下到杭州临安於潜，在於潜仿造后运往北京陈列的。

### 3. 先进科学的蚕织工艺技术

由于楼璹《耕织图》原始本已不存，南宋高宗元妃吴皇后题注本《蚕织图》是现存最早、最接近楼璹原图的临摹本，是我国现存最早用绘画形式系统记录古代蚕织生产技术的珍贵史料[1]，是我们研究《耕织图》"蚕织"部分内容的重要图像依据。我们知道，到了北宋末年我国丝绸生产的重心已由黄河流域南移到东南两浙地区。[2]《宋史·食货志》记载，南宋初年北方大批官商巨贾纷纷随皇室南迁，不少掌握先进技术的手工业者也来到了江南地区，"四方之民云集两浙，百倍常时"，京城临安（杭州）更是北方住客"数倍于土著"，丝绸生产快速发展，丝绸生产技术成为当时最先进的技术，独步天下。宋人《蚕织图》就有淋漓尽致的描绘。

先进的"窖茧"工艺。在蚕茧下簇后，不几天就要出蛾，因此必须采取措施延迟出蛾时间。《蚕织图》里绘有"窖茧"场面，为"秤茧、盐茧瓮藏"，这是南宋时期发明的用盐来窖藏蚕茧，以保障蚕茧不出蛾，保证蚕丝的连贯性和色泽的技术，这一技术最早见于《蚕织图》，也是当时最先进的蚕茧保鲜技术，一直沿用到现当代。

先进的"缫丝"技术。宋代已在缫丝工艺中采用生缫与熟缫，缫丝机也有南北之别。北宋秦观《蚕书》对缫丝车就有大段描述，但缺乏形象的佐证，而吴皇后《蚕织图》直观形象地绘有缫丝车图像，如"生缫"一图，就在左

---

① 王潮生：《中国古代耕织图》，中国农业出版社，1995。
② 朱新予：《浙江丝绸史》，浙江人民出版社，1985。

右两边分别从正面和侧面描绘一位妇女操作生缫车。从图中看，缫车有架，架上有或，或由以脚踏曲柄连杆机构带动，并装有络绞机构，使丝线不会固定绕于一直线上。这是当时在浙江地区使用的南缫车和生缫工艺，生缫也即缫鲜茧。这种缫车直至明清均无大变，可见其形制早在宋代就已经定型了。[①]中国丝绸博物馆馆长赵丰先生也在他的《丝绸艺术史》一书中有所论及："直到唐宋之际，脚踏缫丝车才始出现。这首见于秦观《蚕书》中的记载，又在吴皇后题注的《蚕织图》和传为梁楷作的《蚕织图》中得到形象的证实。很显然，这种缫车与近代杭嘉湖地区保存的丝车无大区别。"可见，吴皇后《蚕织图》最早用直观的图像记载脚踏缫丝车结构以及操作工艺。

先进的"经纬"准备工艺。在丝绸生产过程中，缫好的蚕丝还不能直接上机，织造之前要对丝线进行准备加工，包括络丝、并捻、整经和摇纬等。吴皇后《蚕织图》描绘了络丝、并捻、摇纬的工序和纺车，还有一幅对丝线进行过糊的图像。过糊的目的是增加经丝的抱合力和强度，以承受织造时的各种张力，今称"浆丝"。原来人们一直以为"过糊"出现在明代，而《蚕

宋人《蚕织图》"做纬"

织图》的发现使人们改变了这一看法，而且了解到南宋浙江用于过糊的工具与明代宋应星《天工开物》中的描述完全一致，也可称为"印架"。[②]由此可见，《蚕织图》首次记载了我国丝绸生产过程中的"经纬"准备工艺流程图像，特别是"过糊"环节的工艺操作流程记载比明代宋应星《天工开物》（1637年初刊）要早500年。

---

①  袁宣萍：《浙江丝绸文化史》，杭州出版社，2008。

②  袁宣萍：《浙江丝绸文化史》，杭州出版社，2008。

先进的"提花"技术。唐代广泛使用的纺织机具是多综多蹑机，到了宋代发明了更先进的束综提花机，已有很大改进。唐代多综多蹑机可以织造花纹不太复杂的锦绮等类丝织品，只需一人操作，宋代仍然广泛使用[1]，但织造"对雉、斗羊、翔凤、游麟"等类复杂、大型的图案，非束综提花机不可。因此，南宋束综提花机的发明是对中国对世界物质文明的重要贡献，也是当时世界上最先进的丝织生产工具，为南宋临安（杭州）丝绸技术高度发达的重要标志。束综提花机又分小花本和大花本两种，"整个宋元明清时期，占据提花技术主流的就是这两种机型，一直到20世纪（1911年）杭州城内出现新式纹版提花机为止"[2]。吴皇后《蚕织图》"挽花"一图，就绘有一台高台束综提花机，一人在织造，一人坐于高台上提花操作，这是我国最早的提花机图像，其图像所记载的先进提花技术，比法国嘉卡发明的纺织提花机早500年。

### 4. 鲜活生动的田园生活诗句

诗歌具有自由灵活、尽情发挥、深情表达的功能，既便于文字记载、刻板翻印、流传久远，也便于口口传唱、大众传播、民间流传。楼璹《耕织图》早已不存，但《耕织图诗》一直流传至今，主要收录于《知不足斋丛书》第九卷《耕织图诗》，各种刻印本较多，当代各大图书馆基本都有收藏，这套《耕织图诗》是我们研究楼璹《耕织图》原貌的重要切入口。楼璹流传至今的《耕织图诗》与耕织图画像互补，弥补了直观图画无法到达的感情深处，用感性深情的文字记录和描述了南宋时期江南地区农耕蚕织生产生活的美妙场景，既有叙事，也有抒情，更有感怀，还有展望，展现了800多年前江南水乡的田园生活，令人无限向往。《耕织图诗》具有独特的文学价值和社会价值，她不仅是田园诗、农事诗、怜农诗的集中表现，也是写实主义歌唱农村现实生活的杰出代表，更是系统描述耕织生活的诗歌典范。

---

[1]　陈维稷：《中国纺织科学技术史》，科学出版社，1984。
[2]　何堂坤、赵丰：《纺织与矿冶志》，上海人民出版社，1998。

程棨《耕织图》摹本"浸种"

楼璹"耕图诗"21首，与21幅画目相配，每幅图像配一首五言诗句，其实就是用文字形式对图像的说明和抒情，展现了南宋时期江南地区农业耕作、农民生活的勤劳与艰辛、喜悦与烦恼、隐忍与不满。如第一首《浸种》："溪头夜雨足，门外春水生。筍篮浸浅碧，嘉谷抽新萌。西畴将有事，耒耜随晨兴。双鸡登句芒，再拜期秋成。"描写了春天夜雨带来的意外情景，抒发了春天满怀收获希望的播种心情，既告知了浸种的时令时节，也暗示了收获的艰难不易。如《耖》："迟迟春日斜，稍稍樵歌起。薄暮配牛归，共浴前溪水。"描写了农民日出而作、日落而归的辛勤劳作，但仍然带着对生活的期望、怀着美好的心情，农民与牧牛在晚霞的映照下，一起在小溪里洗去一天汗味和疲惫，呈现了一人一牛融入山水、融入晚霞、融入自然的田园美景。《登场》中的"太平本无象，村舍炊烟浮"，描述了乡村稳定、社会安宁，家家炊烟绕屋、户户粮食充足的太平景象。如《春碓》："娟娟月过墙，簌簌风吹叶。田家当此时，村舂响相答。行闻炊玉香，会见流匙滑。更须水转轮，地碓劳蹴踏。"描写了江南稻乡村庄在丰收之后的夜晚景色：弯弯的月亮爬上了院子里的围墙，晚风吹动树叶轻轻地发出声音，这个时候的乡村夜晚，全村都是此起彼伏的舂米声。一走在小路上就到处闻到了炊蒸如玉般晶莹的米饭所散发出来的香味，仿佛看到了一粒粒洁白的米粒顺着米勺流滑而下。溪边的水碓车不停地在转，碓石在勤劳地上下舂碓着稻米。这样有月光、有色调、有味道、有声音，多层次、多场景的乡村田园美景跃然纸上、扑面而来。真可谓，忆江南，最忆是杭州！又如最后一首《入仓》："天寒牛在牢，岁暮粟入庾。田父有余乐，炙背卧檐屋。却愁催赋租，胥吏来旁午。输官王事了，索饭儿叫怒。"这首诗歌细致地描写了各种官府小吏在农民丰收粮食后，一批又一批地频繁来到农民家里催要赋税和田租，还要借机在农民家蹭饭，引起农民的反感，但农民往往是敢怒不敢言，只有逆来顺受。这也充分体现了作者楼璹深情的怜农之意，楼璹的爱恨交织、自我矛盾的心态也跃然纸上。

楼璹《织图诗》24首，与24幅织图生产画目相配，每幅图像配一首五言诗句，其实就是用文字形式对图像的说明和抒情，展现了南宋时期江南地区农民和农妇栽桑养蚕、丝绸织造的苦与乐、痛与喜，展现了南宋时期高度发达的丝绸生产工艺技术和丰富多彩的丝绸文化。如第一首《浴蚕》："农桑将有事，时节过禁烟。轻风归燕日，小雨浴蚕天。春衫卷缟袂，盆池弄清泉。深宫想斋戒，躬桑率民先。"描绘江南的春天一到就应该开始浴蚕了，在交代了时节后又感发"劝农"，感恩皇后的亲蚕：后宫皇后亲自养蚕丝织以示天下，倡导民众养蚕，我们自然要牢记训导，及时地积极养蚕丝织。这其实就是一首典型的劝农诗。如《织》："青灯映帏幕，络纬鸣井栏。轧轧挥素手，风露凄已寒。辛勤度几梭，始复成

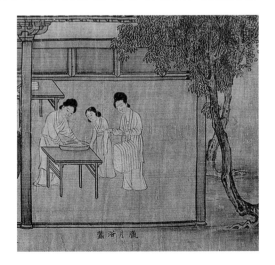

宋人《蚕织图》"浴茧"

一端。寄言罗绮伴，当念麻衣单。"这首诗歌描写了织妇在油灯下通宵达旦地劳作，十分辛勤地投入，好不容易才制成了一小段，道出了制丝之人未必有丝绸之衣服穿，辛勤织造丝绸到头来还是只能穿着单薄的麻衣，道出了对农妇的怜悯之情。

### 5.民风浓郁的耕织生产习俗

程棨《耕织图》"耕图"部分21幅画面，描绘了人物97人，其中男子90人（壮汉83人、男孩4人、老者3人）、妇女6人（1人为奶娘）、婴儿1人；描绘了动物3种，其中小白狗、公鸡、燕子各一只。吴皇后《蚕织图》"织图"24幅画面，描绘了人物76人，其中妇女47人（成年女子42人、少女5人）、壮年男子27人、婴儿2人；没有绘制动物。所见《耕织图》绘画细腻生动，以写实手法，生动地描绘了农耕生产和蚕织生产的过程环节与流程细节，展现了南宋时期鲜活的耕织生产和生活场景，特别是人物的布置、站姿、动作、神态、发饰、服装等都具有鲜明的南宋生活气息，还有劳作生产工具的布局、摆放、使用、变化等都十分注重细节的调整，使画面场景逼真可信，人物呼之欲出，充分展现了当时的社会风情习俗。

男耕女织蔚然成风。我国自古就是男耕女织的国度，男子在田间耕作以获取粮食，女人在家纺织以获取衣服，社会分工明确，这就是中国农耕社会最大的社会风情习俗。"男"在造字上就是采用了"会意"造字法：所谓男人，就是在"田"里出"力"的人。男人主要负责在野外和田里出力气，将可以食用的实物带回家，这种文化在"耕图"部分得到了淋漓尽致的表现，全套耕种画卷21幅所描绘的97人中有男子90人，约占92.78%，为绝大多数，承担了耕作的重要生产劳动，是重要劳动力，而女子几乎没有参与耕作劳动，最多做一些辅助性的工作。"织图"24幅所描绘的76人中有妇女47人，约占62%，既体现了男女分工的不同（女性以纺织为主），也体现了父系社会男子的社会主体地位：哪怕是以女性为主的纺织生产也需要具有劳动力优势的男子参与，因此在"织图"中男子的参与度远比耕图中女子的参与度大。

宋人《蚕织图》"采桑"

如在《蚕织图》中的"采桑"画面，就绘有5名男子在劳作，其中2人站在高高的梯子上采桑叶，可见当时桑树长得高大，采叶须借助梯子，劳动强度大，又具有危险性，故都由男子来完成。这正符合中国数千年来传统文化理念与社会分工实际，符合男耕女织的社会习俗。

　　家庭生产互帮互助。我国传统农业生产以家庭为独立的生产单位，辅以同一村落或相邻村落家庭之间的相互协助，这种传统的生产方式作为一种文化和习俗，绵延数千年，在农业生产和蚕织生产高度发达的南宋时期，这一习俗和特征仍然十分明显，这在《耕织图》里都有体现。如"插秧"图绘有7个壮汉，其中3位男子运送秧苗走在田埂上，4位男子在水田里插秧，分工明确，协作和谐；如"二耘"画卷里挑着食物担牵着孩子给田间劳作的男人们送茶水和点心的妇女；"收刈"画卷里一位妇女协助男子将收割好的一捆

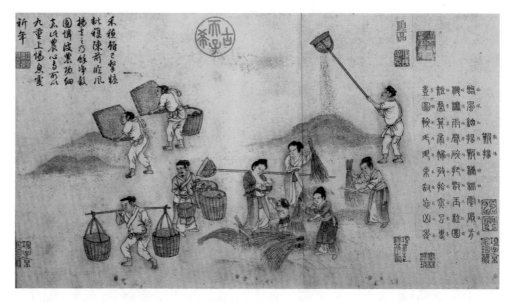

程棨《耕织图》摹本 "簸扬"

稻谷扛回家；"簸扬"绘有11人，其中3位男子在扬谷，2位男子挑担运送稻谷，3位妇女手持木棍在敲击另一只手里紧抓着的稻谷捆，将稻谷击落下来，1位妇女在给怀抱的婴儿喂奶，1位3—5岁的男孩向喂奶的妇女伸出双手意欲抱一下喝奶的孩子；"砻"绘有9个男子，4人手扶砻磨的横杆齐心协力推动砻盘转动，1人在不断向砻盘里添加谷物，另外4人在手持竹筛给稻谷过滤；等等。这些生产场景，既有以独立家庭为主要生产单位的，也有多个家庭协作一起参与生产的，有分有合。

江南水田气息浓郁。作为水稻主产区的江南水乡，四季分明，阳光充足，雨量丰沛，特别是水稻生长期间，正逢高温的夏季，劳作的男子在水田工作非常艰辛：在水田里耘田之时，背朝炎热的太阳，面对发烫的田水，还要用双手将水田里的杂草拔除、将泥土耙松，往往汗流浃背和湿透全身，丢失水分十分严重，这就需要大量地补水。程棨《耕织图》"耕图"21幅画面，在水稻夏季生长的耙、耖、碌碡、拔秧、一耘、二耘、三耘、收刈等几个环节，几乎凡是田间耕作的场景都有给劳动者补水的画面，仅茶壶和茶碗就出现了

程棨《耕织图》摹本"二耘"

8次之多。如"二耘"一位妇女挑着一担食物走在田埂上，担子前面挂着的浅篮里放了不少制作好的糕点，后面扁担直接插入一把大茶壶提手栏将大茶壶挑起，妇人左手扶着扁担、右手牵着一个手持大蒲扇的男娃，还怜爱地回头似乎在对男娃叮嘱什么，一条小白狗走在前面回望着主人；4个男子头戴大笠帽，匍匐在水田里耘田，并相互在进行着语言交流；在不远处的田埂旁有一棵枯树枝，四个枝丫上面挂着三件衣物，应该是水田里劳作的男子脱下的服饰。这幅江南水乡夏季水稻劳作的画面，生活气息格外浓烈，稻乡茶香扑面而来，可以说完全还原了江南地区水稻生产的实景，可见，《耕织图》绘制者对生活细节的观察入木三分，对细节的把握得心应手。

　　南宋民众服饰展示。根据北京联合大学学者谭融在中国博物馆馆刊《舆服研究》2021年第5期上发表的文章《程棨摹本耕织图中的人物服饰研究》证明：程棨临摹本《耕织图》中所绘人物服饰均为南宋时期民众所用的穿戴。根据吴自牧《梦粱录》记载，当时社会流行的帽子佩戴习俗为：士庶阶层一般可以佩戴"幞头"（一种内衬木骨，以藤草编成巾子做里子，外罩漆纱的

帽子，需要经常维修），而农民或下层人士仍
然多佩戴成本较低廉的布帛质地的头巾。这在
程棨《耕织图》的"耕图"中得到了展示，进
入画面的男子除去小男孩外，只有一位男子佩
戴硬质幞头（这人应该是在现场管理的基层官
员），其余男子全都是佩戴系裹式头巾，头巾
的佩戴满足了农民日常劳作的需要，符合这一
劳动群体的特征，也是南宋时期农民服饰装扮
的纪实。在吴皇后《蚕织图》中 27 位男子的服
饰装扮上，也可以看到他们都头戴头巾，可见

程棨《耕织图》摹本"收刈"
中头戴硬幞头的男子

南宋时期男子佩戴头巾是一种社会风尚，也是一种社会阶层和社会身份象征。

## （四）描绘了耕织文化的创新纪录

### 1. 我国第一部图文并茂的农学著作

中国作为农业古国，悠久的农业文明孕育了众多的农学著作。虽然早在
秦汉就有《吕氏春秋·士容论》《氾胜之书》《四民月令》，北魏有贾思勰《齐
民要术》等农书，但大多散佚，即使《齐民要术》流传至今，也仅是文字叙述，
缺乏直观的图像。直至楼璹《耕织图》问世才开创了我国农学著作以图为主、
图文并茂的先河，宋代虽然有许多论述农桑经营和耕作技术的农书，但流传
下来的只有楼璹的《耕织图》和较其更晚的陈尃《农书》。因此楼璹《耕织图》
在我国文献史、农业科技史等方面具有划时代的意义。《宋史艺文志·农家类》
《四库全书总目》《古今图书集成》《石渠宝笈》《知不足斋丛书》《辞海》
《文献学辞典》《两浙著述考》《中国农学史》《中国科技史资料选编》《中
国农学书录》《中国古代农书评介》《中国农业科技发展史略》《中国古代
农业科技史图说》《中国农学遗产文献综录》等一系列权威性的典籍对《耕
织图》均有著录。

学术界普遍认为，"在农学著作中，用图文结合，最早使人受到启发的恐怕要算南宋楼璹的《耕织图》"，"《耕织图》是我国历史上第一次用诗配画的形式，表现农业劳动场面和农具使用情况的连环画卷"，《耕织图》还成为我国历史文献中古农具图谱的源头，以后诸多古农书的图谱多据其或摹或描或改绘。正如石声汉教授所说的，楼璹所开创的这种"新的表达方式，对后来农书发生了深厚影响：诉之直觉的画图，能将文字所难传达的形象，简明直接地揭示给读者。因此，图谱这项内容，在后来的几部农书中，都占有显著地位，而且影响到记载工业技术知识的著述——明末《天工开物》中，王祯很可能由楼璹的作品得到了间接启示"①。

毫无疑问，楼璹绘制的《耕织图》，首创了我国图文并茂全面描绘农耕蚕织生产过程的记录，是我国历史上名副其实的"第一部图文并茂的农学著作"。此后的中国农书便纷纷效仿楼璹《耕织图》的做法，在编制过程中加入了大量的图片，与文字说明相呼应，并且形成一种风尚，历经800余年不衰。

## 2. 我国第一部完整记录男耕女织的画卷

中国是水稻的重要发源地，尤其是长江中下游的江南地区是中国水稻的主要生产地。以农耕为题材的绘画，从出土的春秋战国器物、汉代画像石画像砖到唐五代反映农耕的壁画都被称为"农耕图"或"牛耕图"，不管是哪个时代哪个种类的"农耕图"，都是对某单独农耕生产环节的描绘，而没有出现过对农耕生产全过程的系统描绘；在南宋以前编写的各类《农书》中，也都只有文字记述没有直观图像。到了南宋於潜县令楼璹绘制《耕织图》，他就打破了历史常规，用写实手法描绘了农耕蚕桑生产全过程的各个环节图画，并将这些图像按照内在的关系次序排列成系统全面连环的画卷，用一个个无声的画面直观形象地展示了南宋时期江南地区农耕生产的系列场景。楼璹《耕织图》问世，宣告了"我国第一部完整记录男耕女织的画卷"诞生。

---

① 臧军：《楼璹〈耕织图〉与耕织技术发展》，《中国农史》1992年第4期。

中国是世界上最早养蚕织丝的国家，在5000多年前就有了蚕织生产，历史上"嫘祖养蚕"传说流芳千古，《通鉴外纪》《淮南子》等古籍乃至历代的农书都复述着这一几乎成为经典的蚕织起源说，文物考古事实也证明了中国的蚕织业不少于5000年。蚕织生产在《诗经》诸篇中有较多的记载，后又有专门记述蚕织生产的著作，如唐代的《蚕经》、五代时期孙光宪的《蚕书》二卷、北宋《淮南王养蚕经》等，但都局限于文字。历代虽也有一些反映蚕织的直观图像，如汉画像石上的缫丝图、并丝图，宋《女孝经图》拈丝图等，但都未涉及蚕织生产的全过程。由于《耕织图》"织图"部分，记述的主要内容为农妇栽桑养蚕、丝绸织造的内容，画面描绘了大量的农妇，故也有学者将宋人《蚕织图》誉为"我国最早以劳动妇女为主的蚕织生产画卷"[①]。

连环画是用一连串的画面进行叙事的艺术形式。自汉代以来就有以人物刻画和故事叙述为内容的连环画，而用这种艺术形式进行科学技术和生产知识的普及，南宋於潜县令楼璹《耕织图》就是最典型的代表、最成功的案例。可以说，楼璹《耕织图》不仅是我国第一部男耕女织系列图、第一部耕织工艺流程图，还是我国第一部描述农桑生产全过程的连环画。

### 3. 世界最早的农业科普画册

在华夏五千年文明中，农具的不断演变对古代农业发展起到了不可或缺的推进作用。所谓"工欲善其事，必先利其器"，科学的农耕用具不仅缩短了农民的劳作时间，而且提高了劳作效率。我国原始农耕时代，先民们木石并用，使用最多的是磨制石器和骨器、蚌器，最具代表性的工具是磨制石器和耒耜，他们从事的农事活动被称为耜耕农业，生产力总体处于较低水平。夏商西周时期，木石工具依然在农业生产领域占据主导地位，青铜农具已被引入农业生产。真正引起农耕领域生产力飞跃的是春秋战国时期铁犁、铁锸、铁锄等一系列铁制农具的出现和逐渐推广。汉朝时，农耕领域出现了播种工

---

① 林桂英：《我国最早记录蚕织生产技术和以劳动妇女为主的画卷——介绍八百年前宋人绘制的〈蚕织图〉》，《农业考古》1986年第1期。

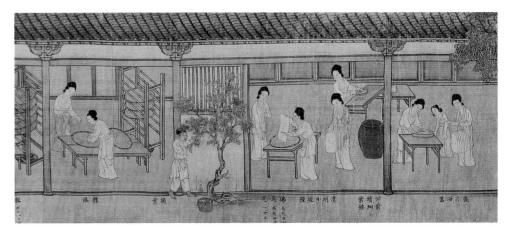

宋人《蚕织图》中妇女集中劳动的场景

具耧车，提高了播种的功效。以曲辕犁为代表的中国犁，和世界其他地区的传统耕犁比较，调转更灵活，又可调节深浅，耕地、翻土和碎土一气呵成。当宋朝在曲辕犁上安装犁刀后，它又成为垦荒的利器。耕犁是世界上最早的耕地机，耕犁是中国古代农民耕地的"神器"。隋唐宋元，是我国传统农具发展史上十分重要的时期。这一阶段，犁、耙、耖、翻车、筒车等高效、省力、专用的农具臻于成熟，人们还创制了为稻农免除弯腰屈背之苦、提高清洗秧根效率的拔秧工具秧马，这在《耕织图诗》中都有记载。至宋元时期，我国古代传统农具基本定型，发展到了小农经济所能达到的极限。元代《王祯农书》的"农器图谱"所载农具达105种之多，几乎包括了所有的农具，且附以精致插图。但《王祯农书》记载的许多农具，在楼璹的《耕织图》里都可以找到，而楼璹《耕织图》记载的时间要比王祯早180年。怪不得，人们将楼璹《耕织图》誉为"世界上最早的农业科普画卷"和"世界上最早的精耕细作农具画册"。

　　楼璹《耕织图》客观地描绘了大量的农具图像，具有重要的历史价值。楼璹以写实手法描绘了南宋绍兴年间杭州地区农耕生产的直观图像，把农桑生产的全过程分解成多幅连续的画面再构成画卷。"在南宋时代，把农桑作业和生产用具作为诗题并不稀奇，但把它们吸收到连续的画卷中成为一种诗画合一的农书，则是楼璹的功绩。"日本学者米泽嘉圃先生认为："像北魏贾思勰《齐民要术》那样用文字来述说农业技术，在中国自古已然，但以绘画来具体地图解这样的新方法，则以此《耕织图》为嚆矢，与以前的农民画相较，它既不是漫然地渲染'稼穑艰难'的劝诫画，也不是摹写牧歌式欢悦情景的风俗画，而是采取了分解、图示农业技术这种科学性的形式。"

　　楼璹《耕织图》绘有我国最早的耙、耖、碌碡等农具图像。"耕图"画面为 21 幅，在这些画中描绘了龙骨水车、桔槔、戽斗、石舂、木舂、谷砻、镰刀、秧篮、犁、耙、耖、碌碡、笠帽等 30 余种农具图像，在"耕织图诗"中记载了 20 多种农具，除去交叉记述的农具，至少有近 40 种农具，《耕织图》无疑已经成为南宋农具的汇集之作。隋唐宋元是我国南方水田精耕细作技术的形成时期，许多农具在这一时期被发明和改进，这在楼璹的《耕织图》中多有描绘。如"耙"，是耕后破碎土块用的农具，又称"渠疏"，南方的水田耙是由北方旱地耙演化而来的，北方的旱地耙在多处汉唐壁画中均有反映，南方水田耙在元王祯《农书》中有图像，但《耕织图》"耙"的画面较《农书》早 180 年。"碌碡"是用以耙后打混泥浆的农具，使土壤更为细碎、平整，据王祯《农书》载碌碡有木制与石制两种，并有图像，但楼璹《耕织图》

程棨《耕织图》摹本"耙"

碌碡画面，却是我国农书史上最早的碌碡画像。"耖"是用于水田打混的农具，作用与碌碡相同，耖始见于宋代，楼璹《耕织图》不仅有农人耖田图像，还有耖田诗，其记载时间遥遥领先于王祯《农书》。

日本东海大学文学部教授渡部武先生认为在楼璹《耕织图》以前的"那些显示稼穑之艰难的劝戒性的农民画，……并不是专门描写农业技术，而是从儒家的劝戒主义观点进行绘制的。所以，要从这些绘画中汲取农业技术史料，就存在很多的问题"。而楼璹的《耕织图》则"将稻作技术、蚕桑技术的实际情形汇编成实用的图卷"，可见楼璹《耕织图》的价值关键在于如实形象地记载了当时的农耕蚕织生产技术的现状、提供了直观具体的农具图像。①

楼璹《耕织图》之所以被誉为"世界最早的农业科普画卷"，是因为《耕织图》在绘制时，其主要目的和功能就是宣传劝农重农思想和推广先进农桑生产技术。由于《耕织图》迎合了统治者的需要和"四方习俗间有不同，其大略不外于此"，直观形象，通俗易懂，便于传诵，雅俗共赏，具有广泛的指导意义，颇受政府的青睐和农民的欢迎，因此，各州、县府中均绘有《耕织图》，甚至连"昔时守令之门，皆书耕织之事，岂独劝其人民哉，亦使为吏者出入观览而知其本"，"郡县所治大门东西壁皆画《耕织图》，使民得而观之"②，一时兴起了我国历史上第一次《耕织图》热潮，《耕织图》成为令人注目、家喻户晓的农业生产技术知识普及宣传画，对农业生产技术的改进与发展立下赫赫功绩。

### 4. 世界最早的蚕织工艺图谱

中国是丝绸发源地，中国蚕织丝绸生产技术一直领先于世界。在丝织生产方面技术的中国首创，无疑就是世界首创。楼璹《耕织图》首载了我国蚕织生产的几个重要生产技术，也首载了世界蚕织生产的重要技术。我们今天能见到的最早楼璹《耕织图》临摹本是宋高宗时代吴皇后题注《蚕织图》绢画，

① 藏军：《楼璹〈耕织图〉与耕织技术发展》，《中国农史》1992 年第 4 期。

② 〔元〕虞集：《道园学古录》，吉林出版社，2005。

这幅精美绢画不仅带给我们宝贵的艺术价值，还给我们带来了更为珍稀的丝绸文化价值——《蚕织图》是"世界最早的养蚕丝织技术工艺图谱"。

绘有世界先进的养蚕技术系列图像。勤劳智慧的中华民族创造的"四大发明"（指南针、火药、活字印刷术、造纸术），是对世界文明的重大贡献，而养蚕织丝则应该是中国的第五大发明，对世界文明同样做出了重大贡献——中国的种桑、养蚕、缫丝、织绸工艺技术，是我国对世界纺织的一项重大创造性贡献。从野桑到家桑，从野蚕到家蚕，我国古代劳动人民经过长期、反复的实践，终于发现了利用蚕来提取动物蛋白质纤维的方法。美丽贵重的丝纤维，以它迷人的光泽和优良的性能，成为纤维中的皇后。楼璹《耕织图》织图部分以大量篇幅介绍育蚕、缫练丝、经纬等流程，既有一套细致的工艺，又有各种科学的方法。在《蚕织图》系列画面中，我们可知南宋时期人们就熟练掌握了蚕食、蚕眠的规律（"喂蚕""一眠""二眠"等图），懂得了以控制蚕室温度、优选蚕茧等手段来保障蚕丝质量（"炙箔""择茧"等图），开始用水煮法对蚕茧进行脱胶、解舒（"缫丝"等图）等。这些基本方法和原理，至今仍然为世界蚕丝业所沿用。对照楼璹时代的理论论述，如秦观《蚕书》等著作，不难看到，南宋在育蚕、缫丝的技术研究方面已经达到了相当

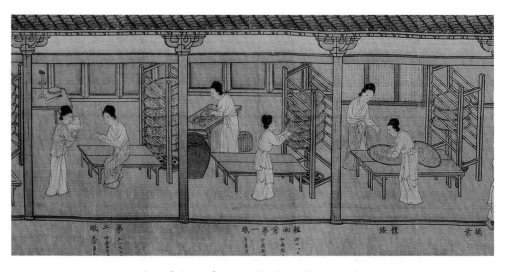

宋人《蚕织图》"喂蚕""一眠""二眠"

高的水平，无疑是领先世界的①。

绘有世界最早的窖茧工艺技术图像。"盐茧瓮藏"是蓄茧的科学技术措施之一，在我国最早见于北魏贾思勰《齐民要术》："用盐杀茧，易缲而丝韧。"北宋秦观的《蚕书》虽也有记载，但以图像直接反映窖蚕场面当以楼璹为先。在吴皇后《蚕织图》中"窖茧"画面只画三人操作，一人在桌上收茧，一人在称茧，一人在和泥，远处桌上有盛盐的碗，便把瓮藏方法表现得简单明了，直观形象，易懂便学。

宋人《蚕织图》"盐茧"（局部）

绘有世界最早的脚踏缫车图像。脚踏缫车由手摇缫车发展而来，是手工缫丝机器改革的最高成就。手摇缫车须两人操作：一人投茧索绪添绪，一人手摇丝韧。而脚踏缫车可由一人分别用手和脚来完成索绪、添绪和回转丝韧过程，使缫丝功效倍增。汉代

宋人《蚕织图》脚踏缫丝机

即有脚踏织机，受其启发，唐宋之际便有了脚踏缫车，北宋秦观《蚕书》有载，但未具体写明脚踏机构。《蚕织图》"生缫"一图便详尽描绘了脚踏缫车的结构及操作方法，这是目前所见我国乃至世界最早的脚踏缫丝车图像，这一图像充分地说明脚踏缫车在宋代已基本定型，从而改写了以往人们把明代脚踏缫车图视为最早图像的历史。

① 缪良云：《楼璹〈耕织图〉及宋代丝绸生产》，《苏州丝绸工学院学报》1982 年第 3 期。

由于宋人《蚕织图》记载描绘了一批蚕织生产技术工艺流程画面，有许多是中国第一或世界第一的直观图像，怪不得一些丝绸专家将《蚕织图》视为稀世珍宝，故宫博物院将《蚕织图》定为"国家一级文物"，丝绸史专家、中国丝绸博物馆馆长赵丰先生更是称其为"现存最早最系统的我国古代蚕织工艺的流程图"[①]。

### 5. 世界最早的提花机图像

楼璹《耕织图》最大的贡献、最突出的成就、最珍贵的价值，就是翔实描绘了世界最早的提花机图像和技术工艺，用铁的事实向世界证明了中国古代丝绸技术特别是南宋丝绸技术独步天下、遥遥领先的辉煌。

中国作为世界丝绸生产技术发源和先进国度，我国的提花技术起源较早，中国大约在商朝已有平纹织机，周朝出现了提花机。西汉初年，工匠陈宝光之妻创制了一种新提花机，在60天内能织成一片散花绫，"匹值万钱"，但整个机构庞大笨重，不便操作，功效较低。在汉代，官营、私营作坊都能生产比较精细的提花织物，从丝绸古道上出土的丝绸遗物，是需要用75片提花综提花织造的五色"延年益寿锦"，代表了当时丝绸生产技术的先进水平。这些汉代织造的工艺复杂、美丽绝伦的丝绸制品，是通过什么机具织造的？这个问题引起了中外纺织史家的极大兴趣，并为此做了大量深入翔实的研究，但由于缺乏详细文字记载以及直观图像佐证，致使研究无法深入也无法获得满意答案。到了三国时期，马钧又对提花机进行简化改造，后经过唐、宋几代不断改进提高，提花机才逐渐完善而定型。我国古代文献虽有关于提花织作的记载，但对花机的机件结构都语焉不详，更难得图像留传。山西开化寺壁画上的花机画于北宋，形象最早，但不完备。

只有到了南宋於潜县令楼璹，他在记录当时江南地区特别是於潜地区蚕桑丝绸生产时，在1133年至1135年间第一次将当地使用的提花机全部机件、

---

① 赵丰：《〈蚕织图〉的版本及所见南宋蚕织技术》，《农业考古》1986年第1期。

结构和操作方法绘制成图，收入了《耕织图》。楼璹《耕织图》虽然没有传世，好在他将《耕织图》正本进献给宋高宗时，宋高宗命宫廷画师绘制了《耕织图》临摹本，吴皇后又在临摹本织图部分加了题注，这就是宋人吴皇后《蚕织图》。有幸的是，吴皇后《蚕织图》经过无数次劫难，经历 800 余年的风风雨雨流传到现在，使我们得以见到这举世瞩目的珍贵图案，一睹古代提花机风采。我们从图上可以看到它有双经轴和十片综，上有提花工，下有织工，互相呼应，正在织造，织造方式与东汉王逸《机妇赋》的描述十分相似，也与明代宋应星在《天工开物》（1637 年初刊）中所介绍的提花机完全一样，但比《天工开物》早了 500 年。

楼璹《耕织图》所绘提花机，是当时世界上最先进的丝绸提花机，这就是它最重要的价值。为什么这么讲？因为，这种提花机在当时具有明显的巨大技术优势。首先是结构优势。在水平方向，平展的经线排列在机身之上，以花楼木架为界，前后两接，前段经面平整，后端经面向下倾斜，可任从提挈，既不担忧丝线断接，又使经线具有张力；在垂直方向，织机中间隆起的花楼为起花的主要部件，花本控制综丝，经由衢盘垂向经面，梭过花现，精巧无比，

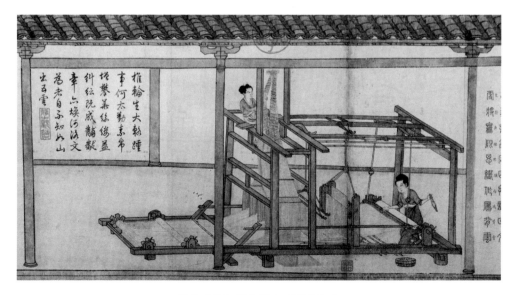

程棨《耕织图》摹本"提花机"

形成一套完整的提花装置。其次是性能优势。工艺参数可调节，机件可变换，如纱罗织物比绫绢轻薄，经纬密度较稀，可将叠助木的重量减轻十余斤；织造包头纱一类的细软织物，无须叠助力，可在织花工座处安两个支柱脚，使机身不再倾斜，从而使纱罗的织口避免了叠助力的正面冲击力。第三是效果优势。这种革新的工具和深化的工艺缩短了时间，提高了功效，新的生产技术逐渐填平了设计师与产品之间一部分难以逾越的沟壑，使得有些幻想中闪光的东西真切地在现实中诞生了，宋代用这种提花机生产了大量瑰丽的丝织品，如品种方面有锦、绫、绢、罗、纱、纨等，纹样方面有彩色大花、素色小花、自然形、几何形，以及加金的、换色的无所不有。这种提花机，是我国独创运用花本控制的提综程序原理制成的，当时世界上最先进的手工程序

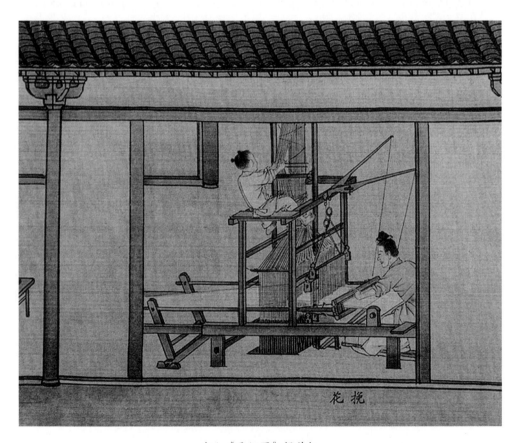

宋人《蚕织图》提花机

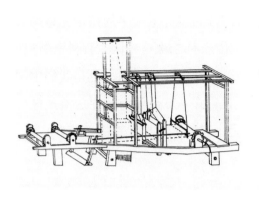

南宋《蚕织图》提花机示意图

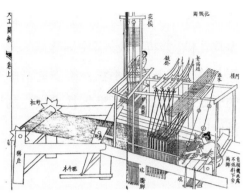

明代《天工开物》提花机

控制机构，这样先进高效的提花技术，推进了南宋时期丝绸织造业的迅猛发展，精美绝伦的丝绸产品也使南宋临安（杭州）"丝绸之都"的美名远播海外、誉享天下。

南宋《耕织图》提花机的原理和样式，成为后代我国提花机的基本样式。不断地反映在《梓人遗制》《天工开物》《便民图纂》等著录中，直至清末，我国还沿用这种织机进行生产。"南宋《耕织图》提花机，在当时世界上也是最早的。以后，逐渐传至欧洲、日本等地，对世界各国的纺织业做出了贡献。直到18世纪上半叶，法国人普昌（Marie Bouchon）、福肯（Falcon）、凡肯生（Vaucanson）等先后在我国提花机的基础上加以改良。1801年，法国人嘉卡（Joseph Marie Jacquard）继续吸取了前人的研究成果，制成了脚踏机器提花机，为目前世界上通用的提花机提供了雏形，而在时间上则比我国《耕织图》绘制的年代晚了将近七百年"[1]（注：楼璹绘制《耕织图》为1133年，嘉卡织造提花机为1801年，时间实际相差668年）。

也就是说，楼璹《耕织图》提花机技术原理直到600多年后，才被法国工匠嘉卡消化吸收改进为机械的嘉卡提花机，从而开创了产业革命丝织大工业生产机械程控提花机的新时代。可见《耕织图》提花机对世界产业革命的

---

[1]　缪良云：《楼璹〈耕织图〉及宋代丝绸生产》，《苏州丝绸工学院学报》1982年第3期。

推动功绩，不可估量。人们称这幅提花机图像为世界上最早的结构完整的大型提花机，并将其收入《中国之最》《中国文化艺术之最》《中国大百科全书·纺织》等工具书。这不仅是临安於潜的骄傲，也是浙江的骄傲，更是我们中国的骄傲！因为，这样世界技术领先的提花机，在800余年前就在於潜地区广泛使用；因为，绘制这幅历史宝图的人，是当时的於潜县太爷——楼璹。

## （五）开创了农桑文化的崭新时代

### 1. "耕织图"成为专有名词

尽管南宋以前有不少反映农业耕作和蚕桑丝绸生产的绘画，但大都单枪匹马、各自为政，图像单一、缺乏关联，没有形成系列系统，不够全面完整，故并未得到十分的重视，也没有形成所谓的"耕织图"名词。只有到了南宋於潜县令楼璹，采用绘画形式翔实记录农耕与蚕织生产全过程绘成系列图谱——《耕织图》，历史上才开始有了"耕织图"这个专有名词。这个专有名词"耕织图"专属于楼璹，被载入古今中外的各种典籍，哪怕是当代编纂的《辞海》《汉语大词典》《历史大辞典》等，在"耕织图"词目之下均释义有"楼璹《耕织图》"或"《耕织图》为楼璹所作"。正如目前收集楼璹《耕织图》各种临摹版本最多的《中国古代耕织图》①一书，在其"前言"里开宗明义地指出："耕织图"一词从南宋绘制"耕织图"开始出现，是楼璹《耕织图》的专有名词。为什么"楼璹《耕织图》"会成为专有名词呢？因为，楼璹《耕织图》具备以下强大而独有的属性。

楼璹《耕织图》是开创之作。楼璹在绘制《耕织图》时，开创了中国古代耕织生产图文并茂的表现形式、全面完整的表现内容、系统系列的表现逻辑，找到了最适合表达耕织生产流程的好途径、好载体、好办法。由于"图绘以尽其状，诗歌以尽其情"，形象生动、细腻传神地描绘了劳动

---

① 王红谊主编：《中国古代耕织图》，红旗出版社，2009。

者耕作和纺织的场景和详细生产过程，起到了普及农业生产知识、推广耕织技术、促进社会生产力发展的积极作用，而被皇室、政府、社会、百姓等各方普遍推崇。

楼璹《耕织图》是母本源头。楼璹绘制《耕织图》后，引起了朝野的极大关注，在南宋和清代先后形成两次《耕织图》文化热高潮，自南宋至元明清各代，出现了大量的《耕织图》临摹本，不少还是历朝皇帝亲自主持临摹刻印楼璹《耕织图》，并均将楼璹《耕织图》原诗录入新临摹的版本，也都在"后记"里明确说明是临摹自楼璹《耕织图》。到了清代，楼璹《耕织图》演变为各种媒介上的画面，如瓷器、木雕、年画等，哪怕"耕织图"成为我国古代反映农耕文化场景的各类艺术品的总称，但仍然无一不表明源自楼璹《耕织图》。不管后世有多少种《耕织图》临摹本，有多少载体媒介的《耕织图》画面，人们都将楼璹《耕织图》尊为所有《耕织图》的母本和源头。

楼璹《耕织图》是文化标志。楼璹《耕织图》问世后，快速成为中国古代文化的风向标和代表。特别是随着楼璹《耕织图》传播和影响的扩大，以"耕织图"命名、内容形式与楼璹《耕织图》相同或相似的作品越来越多，"耕织图"一词慢慢地由专用名词演变为通用名词，也就是说许多农耕蚕桑生产生活内容的图画都想贴上"耕织图"的标签，以提高自身的知名度和价值，似乎欲借"耕织图"之品牌名词的声誉扩大自身影响，这明显已经将"耕织图"变为一种文化标志与标签。怪不得，有专家认为南宋以后"许多与楼图内容和绘画技法完全不同，但仍为反映农业生产生活的作品也称之为耕织图……耕织图实际上已成为我国古代反映农耕文化场景的各类艺术品的总称"[①]。

### 2. 农书编修开启图文并茂模式

中国农书数量之多，令人起敬，随着考古发现数量不断增加，多得难以确定。1957年王毓瑚《中国农学书录》初版时收书376种。1963年石声汉教

---

① 王红谊主编：《中国古代耕织图》，红旗出版社，2009。

授认为《中国农学书录》未收录的农书，"高估一点，假定能再发现一百种，总数仍不到五百——也许永远达不到这个数字"。可 1964 年出版的《中国农书录》增补本收书已达 541 种。1989 年王达先生统计，仅明清两代农书便有830 余种。[①]2003 年 3 月北京图书馆出版社出版，张芳和王思明主编的《中国农业古籍目录》，收录了农书 2084 种（楼璹《耕织图》的多种版本也收录其中），比原北京图书馆主编的《中国古农书联合目录》著录的 643 种多了1441 种，该书所载的农书书目数量大大超过以往编制的农书目录。这么多的农书，是我国劳动人民从事农耕蚕桑生产的实践经验结晶，也是我们研究古代农业文明史的重要资料。

在这些数量巨大的农书中，多数只有文字而没图画。尤其南宋以前农书，几乎都只有文字，缺乏直观形象的图画，以致在介绍农业生产技术具体细节时，难以做到一目了然，容易引起后人误读。如流传至今的北魏贾思勰《齐民要术》、唐代韩鄂《四时纂要》等农书，也都仅是文字叙述，缺乏直观图像。南宋楼璹在总结记录农耕蚕桑生产时，就充分吸取前人经验教训，努力避免弊端，创新性地将直观的图像搬进了农书编写，而且是以图为主，辅助以文字，让直观形象、一目了然的图像来展示农业生产过程和细节、工艺和技术，由此达到了仅用文字记述难以达到的效果。由于楼璹开创性地以图文并茂的形式记载描绘农桑生产，能做到"图绘以尽其状，诗歌以尽其情"，形与意均可融会贯通、充分体现，既使其负载的内容信息丰富，又使其表现形式一目了然，深得社会各界的推崇，得以广泛传播。这一图文并茂的记录方法，也被后来人学习效仿。在楼璹《耕织图》问世后涌现出来的各种农书，纷纷以楼璹《耕织图》图文并茂形式为楷模，或全部照搬照抄、搬进新书，或重新绘制、临摹全图，或选择部分画面临摹，再编入新书，或学习其要义，根据新书要求新绘图像。一时间，农书编写图文并茂成为一种时尚或必须之手段，自南宋至民国前后 800 多年经久不衰。可以说，楼璹《耕织图》图文

---

① 　彭世奖：《略论中国古代农书》，《中国农史》1993 年第 2 期。

并茂的形式，一改传统农书的编写方法，结束了以往农书编著有文无图的历
史，确立了图文并茂、直观表达的风气。

众多图文并茂的农书之中，最具代表性的是《便民图纂》《天工开物》
《授衣广训》《蚕桑图说》《棉花图》
《豳风广义》等。如明代邝璠编修《便
民图纂》时，为达到直观形象、一目
了然、通俗易懂的效果，在文字版《便
民纂》上加入据楼璹《耕织图》改绘
而成的《农务女红之图》，配插图 31
幅，其中耕图（务农图）15 幅从浸种
到田家乐，织图（女红图）16 幅从下
蚕到剪制，每图将楼璹原配诗删去，
改配当地吴歌竹枝词一首，更加符合
朗朗上口、便于传播的需要。如明代
宋应星《天工开物》以农作物种植技
术开始，分别对纺织、染色、粮食加工、
制盐、榨油、制曲、冶炼、铸造、采矿、
陶瓷、兵器、车船、朱墨、珠玉以及
造纸等技艺，做出详尽的文字说明，
全书还配有生产工具图像 123 幅，其
中有不少涉及农耕蚕织生产的插图，
就是根据楼璹《耕织图》并结合当时
生产实际改绘的，"耕图"有耕、耙、
耘、耷等生产过程场景图 38 幅，"织
图"有浴蚕、择茧、治丝等图 21 幅。
如清嘉庆《授衣广训》，记载了清前
期冀中一带棉花种植业及棉纺织手工

明代《便民图纂》中的"耘田"

明代《便民图纂》中的"采桑"

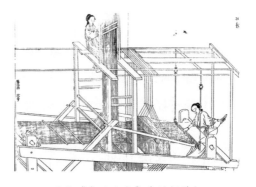

明代《农政全书》中的提花机

业情况，这是我国现存最早的一部关于棉花栽培及加工技术的总结性专著，全书有图 16 幅，每图皆附方观承的解说，并附有乾隆皇帝和方观承的七言诗各一首，嘉庆皇帝又为书中每幅图各作诗一首，使图文并茂的形式更加炉火纯青。

### 3. 文艺劝农形式获得广泛流行

南宋於潜县令楼璹《耕织图》运用诗歌和绘画的文学艺术形式，以具象直观的画面和打动人心的诗句，传播重农惜农爱农的思想观念，推广农业生产知识和先进科学技术，履行了劝农的职责，完成了劝农的任务，拓宽了劝农的途径，收获了劝农的成效。楼璹《耕织图》在南宋就"朝野传诵几遍"，"郡县大门两壁皆画耕织图"，几乎家喻户晓、妇孺皆知。楼璹开创的图文并茂、艺术表达的劝农方法和模式，深深启发了后人，后人纷纷效仿《耕织图》模式开展劝农，并在不断总结《耕织图》劝农模式的基础上，结合实际又创新了一些文艺劝农的方法、载体、途径，予以大力推行，于是在我国元明清时期，兴起了文艺形式劝农的热潮，《耕织图》式的文艺劝农方法得以广泛流行。

劝农图流行。楼璹《耕织图》作为劝农重要载体，以图为主的劝农模式深得朝野推崇，《耕织图》进献朝廷后，从南宋开始到元明清各个朝代，都有皇帝亲自组织宫廷画师临摹《耕织图》，将新绘制的《耕织图》一幅幅画挂在后宫，时刻提醒大臣和皇后以及子孙勿忘农耕之艰辛、牢记农耕之重要、践行农耕之职守，以达到劝农、重农之功效，南宋时期宫廷画师绘制的劝农图《耕织图》临摹本不少于 6 种，如宋高宗命宫廷画师临摹的《耕织图》，宫廷画师刘松年、梁楷受命临摹的《耕织图》，还有地方官员汪纲、李嵩为劝农而临摹的《耕织图》。元明时期，宫廷画师和地方官员为劝农而临摹《耕织图》的有程棨、杨叔谦、赵孟頫、宋宗鲁、邝璠、唐寅、仇英、宋应星等。到了清朝兴起了绘制劝农图的高潮，康熙、雍正、乾隆、嘉庆、光绪等皇帝亲自组织以绘图形式劝农天下，纷纷命宫廷画师临摹《耕织图》，宫廷画师焦秉贞、陈枚、冷枚，地方官员绵亿、何太清、方承观等都参与到了绘制"劝农图"的队伍中。同时在民间，作为"劝农图"的《耕织图》也因为直观形象而得到更为广泛的流行，如南宋楼璹家族数代族人，从楼钥到楼洪、楼深以至楼杓，都曾临摹楼璹《耕织图》并刻石，以图像形式流传民间；还有博爱县民居上的《耕织图》刻石画，就是活生生的"劝农图"；明清时期，临摹《耕织图》农耕和蚕织画面，将这些生产知识和技术环节绘制在壁画、瓷器、扇面、刺绣、年画、壁纸、货币上，以图像的艺术方式广泛传播，这无疑是一种通俗易懂、一目了然、流行便捷的"劝农图"。

劝农诗流行。南宋时期中央政府和地方政府大兴"劝农"，在《耕织图》诗风的影响下，大批诗人关注农业发展、农村生产、农民生活的题材，描写田园生活、劝导重视农业、表达怜悯农民的农事诗纷纷问世，同时在《耕织图》上题诗劝农之举也层出不穷，在中国诗歌发展史上形成了"劝农诗"现象。如生活在南宋中期的诗人范成大（1126—1193），就写了不少关于农业的诗篇，其中著名的农事组诗《四时田园杂兴》就是这一时期劝农诗代表，在《四时田园杂兴》之《晚春田园杂兴（其三）》中，他写道："蝴蝶双双入菜花，日长无客到田家。鸡飞过篱犬吠窦，知有行商来买茶"，一下子就将四五月份乡村的油菜花场景、茶叶收获时节展现在读者面前。《四时田园杂兴》之《夏日田园杂兴（其七）》写道："昼出耘田夜绩麻，村庄儿女各当家。童孙未解供耕织，也傍桑阴学种瓜"，描绘了中国农业社会男耕女织、世代相传的文化风俗。《四时田园杂兴》之《冬日田园杂兴（其九）》则写道："黄尘行客汗如浆，少住侬家漱井香。借与门前磐石坐，柳阴亭午正风凉"，这首诗以吴语地区发音特色"侬"，来描写江南乡村农民的善良与好客。陆游（1125—1210）也写了不少劝农诗，如《游山西村》："莫笑农家腊酒浑，丰年留客足鸡豚。山重水复疑无路，柳暗花明又一村。箫鼓追随春社近，衣冠简朴古风存。从今若许闲乘月，拄杖无时夜叩门。"杨万里（1127—1206）也写了《悯农》："稻云不语不多黄，荞麦空花早着霜。已分忍饥度残岁，更堪岁里闰天长。"元代从小放牛的诗人王冕（1287—1359），对农耕蚕织之艰辛有亲身的体会，在他写的"劝农诗"中，深深地流露了对农夫农妇的同情，如《江南妇》："江南妇，何辛苦！田家澹泊时将雨，敝衣零落面如土。馌彼南亩随夫郎，夜间织麻不上床。织麻成布抵官税，力田得米归官仓。官输未了忧心触，门外又闻私债促。"而到了清代，从康熙皇帝开始，历代皇帝都喜欢创作"劝农诗"，康熙、雍正、乾隆、嘉庆在临摹《耕织图》后，都将自己创作的《耕织图诗》也录入《耕织图》的每一幅绘图旁，以示对农业的高度重视，表达皇帝亲耕的情况，传播劝农思想，这些《耕织图》御制诗歌就是最典型的"劝农诗"。

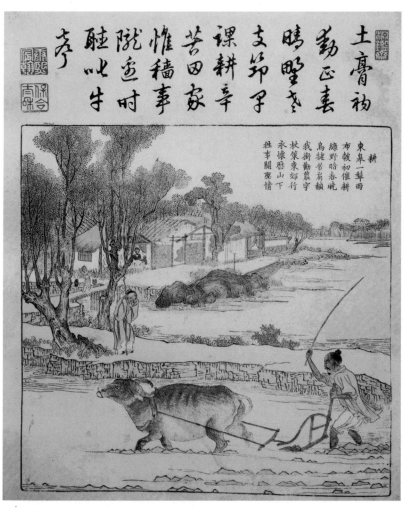

清康熙《耕织图》配诗"耕"

第五章

南宋时期《耕织图》有哪些版本

楼璹于南宋绍兴三至五年（1133—1135）任於潜县令时，绘制《耕织图》45 幅（耕 21 幅、织 24 幅），每幅系五言诗一首，"图绘以尽其状，诗歌以尽其情"。《耕织图》问世后，由于契合了时代的趋势、迎合了朝廷的需要、符合了民众的期望、吻合了文人的喜好，故而广受各方推崇。"一时朝野传诵几遍"，各种摹本问世、各种载体出现、各种场合运用，南宋时期在全国掀起了第一次《耕织图》文化热现象。

南宋时期，楼璹《耕织图》版本可知的（或可找到文字记载的）有 10 种：楼璹原始本（有正本、副本各一套）和吴皇后题注本（又称翰林院临摹本）、刘松年临摹本、梁楷临摹本、楼钥临摹本、汪纲临摹本，以及楼洪楼深临摹石刻本、楼杓临摹本、李嵩临摹本等直接临摹本。为什么说是楼璹《耕织图》原图的直接临摹本呢？因为，这一时期同处在南宋时期，从楼璹献图（1135年），到楼杓绘图（1212 年），前后约 80 年，时间还不算太长，应该还可以看到楼璹的原图副本，能够直接临摹原图。而元明清各朝的临摹本就不一定是直接临摹本。可惜历史久远，大多摹本已经遗失，目前可以看到的只有吴皇后题注本《蚕织图》长卷画和楼璹《耕织图》诗歌文字。

# （一）楼璹《耕织图》原始本

楼璹所绘制的《耕织图》原始本有正本和副本各一套，正本一套进献朝廷，副本一套留在家中。根据楼璹的侄儿楼钥《楼钥集·跋扬州伯父耕织图》记载：

> 高宗皇帝身济大业，绍开中兴，出入民间，勤劳百为，栉风沐雨，备知民瘼，尤以百姓之心为心，未遑它务，下务农之诏，躬耕籍穑之勤。伯父时为临安於潜令，笃意民事，慨念农夫蚕妇之作苦，究访始

末，为耕、织二图。耕自浸种以至入仓，凡二十一事。织自浴蚕以至
剪帛，凡二十四事，事为之图，系以五言诗一章，章八句。农桑之务，
曲尽其状。虽四方习俗间有不同，其大略不外于此，见者固已题之。
未几，朝廷遣使循行郡邑，以课最闻。寻又有近臣之荐，赐对之日，
遂以进呈。即蒙玉音嘉奖，宣示后宫，书姓名屏间……孙洪、深等虑
其久而湮没，欲以诗刊诸石。某为之书丹，庶以传永久云。①

楼钥还在《进东宫耕织图札子》中说："某伯父故淮东安抚璹，尝令於
潜，深念农夫蚕妇之劳苦，画成耕、织二图，各为之诗。寻蒙高宗皇帝召对，
曾以进呈，亟加睿奖，宣示后宫，至今尚有副本，某尝书跋其后。"②

身为南宋高官（副宰相）的楼钥，将伯父楼璹绘制《耕织图》的时代背景、
主要经过、重要内容、表现形式、两种版本、进献过程等情况给予了明确的
记载，才使我们今天能够知道楼璹绘制《耕织图》的最初情况和最原始版本
的流向。

### 1. 正本进献南宋朝廷

楼璹绘制完成《耕织图》后不久（笔者认为时间应该在 1135 年 11 月前，
因为是年 12 月楼璹提任邵州通判，从七品升为六品，离开了於潜），就遇上
朝廷的钦差大臣到县城视察。楼璹因为政绩显著，以劝农课桑而享有盛誉，加
上有皇帝身边要员（父亲楼异的挚友孙近等权要）的极力推荐，楼璹得以有机
会受到皇帝的接见——对一个在国家最基层工作的地方官县令来说，能直接与
皇帝面对面交流汇报，可是千载难逢的机会。我们可以想象，800 多年前的於
潜县太爷楼璹去面见皇帝时，心情是多么激动。楼璹紧紧地抓住了面见皇帝
的难得机会，在皇帝接见时，小心翼翼、毕恭毕敬地献上了自己精心绘制的
耕、织二图正本一套（包括"耕图"21 幅、"织图"24 幅，以及每图相应的

---

① 〔宋〕楼钥：《楼钥集》第四册，顾大朋点校，浙江古籍出版社，2010。
② 〔宋〕楼钥：《楼钥集》第二册，顾大朋点校，浙江古籍出版社，2010。

配诗）。宋高宗一看到《耕织图》立即龙颜大悦，爱不释手，连连称赞。楼璹《耕织图》绘制的内容，正好符合他大力劝导耕织生产的基本国策，也正好为进一步在全国大范围推广耕织知识和生产技术提供了一个现成的范本。宋高宗当场对楼璹进行了嘉奖，并将《耕织图》挂在后宫以提醒自己勿忘劝农的使命，还将楼璹的姓名书写在记载地方官员功绩的屏风上，以示对楼璹的奖励。为发挥《耕织图》宣传普及的作用、扩大《耕织图》的影响力，宋高宗还命宫廷的翰林书画院临摹耕、织两图，下诏令在全国各地郡县大门的两边墙上都要画上耕织图。刚好

宋高宗坐像

每年都要在春天开展亲蚕的吴皇后，见到《耕织图》的织图部分，也赞不绝口，为之动容。吴皇后按照宋高宗的旨意，根据自己亲蚕的经验，对翰林院画师临摹本的织图部分每一幅图都作了解释和说明，以示自己对蚕桑生产的重视，也算是一次重要的亲蚕活动，这就诞生了南宋吴皇后题注的《蚕织图》。可惜，楼璹进献皇帝的《耕织图》原始正本早已流失不见，宋高宗让宫廷画师临摹的耕图也流失不见，只有吴皇后题注的《蚕织图》流传至今。

也有学者对楼璹绘制与进献《耕织图》的时间持不同看法。根据《建炎以来系年要录》记载，绍兴三年（1133）六月楼璹已任於潜县令，绍兴五年（1135）十二月楼璹升任为邵州通判，离开了於潜，楼璹在於潜只待了两年半，时间较为短暂，不太可能绘制完成《耕织图》，只是"究访始末"搜集绘画素材；献图时间又是"绍开中兴"，即绍兴年间的中期（绍兴年前后共32年）。故楼璹绘制进献《耕织图》应在绍兴十一至二十年（1141—1150）之间。[①]此观点只是一家之说，或者是主观猜测分析的成分居多，缺乏历史事实依据，

① 冯鸣阳：《宋代耕织图的产生、图像变化及政治功能》，《中国美术研究》2019年第4期。

不足以取信。楼钥是楼璹的亲侄儿，对自己家族和伯父最了解；楼钥又身居高位（副宰相），对宫廷的事情也最了解，出于对家族负责、对朝廷负责，楼钥所记录的事件应该是最负责任同时也是最贴近事实的，故楼钥在《攻媿集》以及其他文献中的记载才是最可信的。后人没有亲身经历，也没有可靠文献，仅以推测分析实在难以令人信服。

### 2. 副本留在楼氏家族

在进献朝廷的同时，楼璹将精心绘制的《耕织图》耕、织二图副本一套（包括"耕图"21幅、"织图"24幅，以及相应的每图配诗）留在民间，交由楼氏家族保管，后流转到楼璹的侄儿楼钥和孙子楼洪手上，分别刊印流传，但原本下落不明。根据《楼钥集》与《絜斋集》的记述，楼璹侄儿楼钥（官至副宰相）曾经于南宋嘉定元年（1208），临摹楼璹《耕织图》原始本副本，"重绘二图，仍书旧诗，而跋其后"，进呈太子参阅学习，以让太子从小就知道和了解农耕生产之艰辛、百姓生活之艰苦，并说"至今尝有副本"。可见在楼璹献图约74年后，楼璹《耕织图》原始版本的副本还保存完好，这也是"四明楼氏"家族第二次向皇帝进献《耕织图》，这年楼钥71岁。

楼璹的孙子楼洪、楼深担心时间一长，祖父的《耕织图》副本将要流失，便将副本一套刻石以保永久传世，还请叔父楼钥题跋书写，这一刻石的举动记录于楼钥的《攻媿集》，而楼钥于嘉定六年（1213）去世，应该在楼钥去世前刻石（有学者认为是1210年）。另根据《四库全书总目》卷102《耕织图诗》提要："此本后有嘉定庚午璹孙洪跋。"不知此本是否为楼洪石刻本的刊印本，或者楼洪另外的临摹本。就在楼洪刻石约20年后的宋理宗绍定三年（1230）绍兴知府汪纲看到了楼璹《耕织图》副本，曾命人临摹，并付梓刊印，楼璹的曾孙楼杓为汪纲雕版印制《耕织图》时写有跋语。① 由于楼璹家族后

---

① 周昕：《中国〈耕织图〉的历史和现状》，《古今农业》1994年第3期。

人的不断努力，《耕织图》的内容得以流传至今。楼璹《耕织图》流传民间的图像部分，虽然已佚，但《耕织图》的诗歌部分（耕图 21 首、织图 24 首）内容，借助各个时代的书籍刻印得以以文字形式流传至今，是我们当前研究南宋《耕织图》的重要文字依据。

### 3. 现存绘画目录与诗句

由于时代久远，楼璹《耕织图》原始本已经流失，不论是进献宫廷的正本，还是留在民间的副本，至今都尚未被发现。但在《宋史·艺文志》农家类收有著录，曰：耕图 21 幅、织图 24 幅，每幅都附有诗。后世有不少临摹本，因图像较难描摹，后人能见到的多为诗句，收录在一些丛书中，如《知不足斋丛书》《龙威秘书》《艺苑捃华》《丛书集成》等皆收录有楼璹《耕织图》诗句。在《中国农业古籍目录》收有《耕织图》书目 13 条，其中 1 条为南宋时期楼璹《耕织图》原始本书目："《耕织图》一卷，宋代楼璹著。原书早已失传。"

楼璹《耕织图》原始本虽然早已失传，但从保存流传至今的五言诗可以看到，楼璹《耕织图》分为"耕图"与"织图"两部分，其中"耕图"21 幅，具体图目为：浸种、耕、耙耨、耖、碌碡、布秧、淤荫、拔秧、插秧、一耘、二耘、三耘、灌溉、收刈、登场、持穗、簸扬、砻、舂碓、筛、入仓。"织图"24 幅：浴蚕、下蚕、喂蚕、一眠、二眠、三眠、分箔、采桑、大起、捉绩、上簇、炙箔、下簇、择茧、窖茧、缫丝、蚕蛾、祀谢、络丝、经、纬、织、攀花、剪帛。这些虽然只有图名没有图像，但为我们与后世各种临摹本以及其他版本耕织图像的比较研究，提供了最基础的信息；同时，流传至今的这些 40 多首诗句，也带给我们大量的南宋时期的社会生活信息。楼璹的《耕织图》诗句原载《知不足斋丛书》第九卷。随着近年来关注和研究《耕织图》的人日益增多，中国农业出版社 2022 年出版了由程杰、张晓蕾编辑校注的《古代耕织图诗汇编校注》一书，该书以《知不足斋丛书》本为底本，参考了程棨临摹本等文本，综合选择了耕图 21 首诗、织图 24 首诗，作了校注解释，是目前了解和研究楼璹《耕织图》诗难得的工具性书籍。

## （二）吴皇后《蚕织图》摹本

吴皇后《蚕织图》摹本又称"宋人《蚕织图》""翰林院《蚕织图》""宫廷仿绘楼璹《耕织图》"，为楼璹《耕织图》原始图正本进献后，宋高宗命宫廷画师临摹。其中耕图临摹本已佚，织图摹本《蚕织图》流传至今，现藏黑龙江省博物馆。

宋人吴皇后《蚕织图》为卷轴长卷画，绢本，线描，淡彩，长513厘米，高27.5厘米，以一长屋作经，缀以蚕织生产的24个场景画像为维，依次为：腊月浴蚕，切叶续细叶、清明日暖种、抚乌儿、摘叶、体喂，谷雨前第一眠，第二眠，第三眠，暖蚕，大眠，忙采叶，眠起喂大叶，巧拾上山，薄簇装山、红色装上山，烤茧，下茧、约茧，剥茧，秤茧、盐茧瓮藏，生缫，蚕蛾出种，谢神供丝，络垛、纺绩，经靷、篗子，挽花，做纬、织作，下机、入箱。每幅画面的下部，有吴皇后亲笔楷书小字题注，对画面内容一一说明。全卷无诗、无款，卷包首为宋代鸟兽繁花地缂丝。由于楼璹《耕织图》原始本已不存，这幅长卷是现存最早、最接近楼璹原图的临摹本，因此，吴皇后《蚕织图》是我国现存最早用绘画形式系统记录古代蚕织生产技术的珍贵史料。[①]

### 1. 翰林院临摹、吴皇后题注

浙江金华人宋濂（1310—1381）是元末明初著名政治家、文学家、史学家、思想家，其作品大部分被合刻为《宋学士文集》75卷。我们在《宋学士文集》卷十六《题耕织图卷后》一文中，可以读到宋濂的一段文字：

　　宋高宗既即位江南，乃下劝农之诏，郡国翕然思有以灵承上意。

---

① 　王潮生：《中国古代耕织图》，中国农业出版社，1995。

四明楼璹，字寿玉，时为杭之於潜令，乃绘作《耕织图》。农事自浸种至登廪凡二十有一，蚕事自浴种至剪帛凡二十有四图，且各系五言八句诗于左。未几，璹蒙召见，遂以图上进云。今观此卷，盖所谓织图也。逐段之下，有宪圣慈烈皇后题字。皇后姓吴，配高宗，其书绝相类。岂璹进图之后，或命翰林待诏重摹，而后遂题之耶？

这段文字专门详细记载了"宋人《蚕织图》"的产生背景和主要内容，回顾了当年楼璹献图的场景：宋高宗绍兴五年（1135），楼璹应召面见宋高宗，并当面向宋高宗进献自己在於潜县令岗位上，恪尽职守，守土负责，为当好"劝农使"所绘的劝农科普宣传画册《耕织图》，得到了宋高宗的大力赞赏。宋高宗命翰林院的画师临摹《耕织图》，还请吴皇后这位能诗善画，写得一手好字，又极其熟悉蚕桑生产细节的夫人，为织图部分题注，以示皇帝亲农、皇后亲蚕，号召文武百官重视农桑生产，号召天下百姓参与农桑生产，特别是号召天下蚕妇要不辞辛劳，勤于蚕桑养殖与丝绸生产。

吴皇后坐像

吴皇后（1115—1197），宋高宗赵构皇后。吴氏14岁被选入宫，侍奉高宗赵构。高宗即位之初，外受金兵追击，内部发生兵变，吴氏身穿戎装，跟随高宗左右，英姿飒爽，颇有胆略。金兵南征，高宗乘船入海，从定海（今浙江宁波市镇海区）转赴昌国（今浙江舟山）途中，封她为和义郡夫人。回到越州又进封才人。此后，吴氏博览群书，勤习翰墨，旋进为贵妃。韦太后从金国回銮，吴贵妃侍奉太后起居，深得太后认可。高宗便于公元1143年正式册封吴贵妃为皇后。公元1197年，吴太后病死，终年82岁，谥号为"宪圣慈烈皇后"。[①]

---

① 胡俊杰：《元代〈宋人蚕织图〉流传考述》，《大众文艺》2011年第9期。

　　翰林院画师临摹的《蚕织图》虽然与楼璹《耕织图》的"织图"同为24幅图像，但《蚕织图》没有楼璹原始本的"织"图像，取而代之的是"暖蚕"图像。吴皇后题注的画目与楼璹原图题诗名大多不同，并删去了原图楼璹的题诗。可见《蚕织图》长卷临摹本并没有完全照抄楼璹《耕织图》原图，而是也有自己新的创意，并融入了宫廷画特色。而根据楼璹进献《耕织图》的时间（1135）、吴皇后被正式册封为皇后的时间（1143），我们大致可推断吴皇后题注《蚕织图》的两种可能：一是在1135年楼璹献图当年或此后不久，吴皇后还是贵妃的时候，就因为博览群书，精通书画，又深得高宗宠爱，故高宗命其参与《蚕织图》的临摹与命题，才有了后来留有吴贵妃小楷手迹的《蚕织图》题注，只是后来她有了更高的身份（皇后），人们便都称此图题注为皇后所书。二是可能《蚕织图》是在楼璹进献《耕织图》以后的八年或更迟，才由翰林院临摹，临摹时直接由已经是皇后的吴氏参与其中，并对临摹本进行了一些调整。

### 2. 风雨九百年流传至今

　　南宋吴皇后《蚕织图》临摹本，于南宋末年流出宫廷，其收藏和流传过程始终扑朔迷离、疑团重重。历经元、明、清、民国及至当下，前后800多年时间在宫廷和社会上流传，几次失传，几次失而复得，可谓是经历了风风雨雨、曲曲折折，最后在40年前被人偶然发现于街头，才有幸进了博物馆，被国家定为一级文物珍藏。根据现存博物馆宋人《蚕织图》卷首语跋语内容，我们可以看到这幅图画走过的足迹艰难艰辛，却又绝路逢生，可以说是一个奇迹。《蚕织图》引首与前隔水骑缝钤印为"焦林书屋""乾隆御览之宝""无逸斋精鉴玺"等印鉴。卷尾有郑子有（郑足老）、鲜于枢，明代宋濂、刘崧，

宋人《蚕织图》题跋选

宋人《蚕织图》长卷全景图

清代孙承泽、乾隆皇帝等九家跋语。从跋语中可知，此图元代藏于余小谷家，明代藏于吴某家，清初藏于梁清标、孙承泽家。大约乾隆时又收藏于清宫，著录于《石渠宝笈·初编》，作为国宝收藏于清代皇宫内院。

直到 20 世纪 30 年代，抗日战争爆发，清朝末代皇帝溥仪逃离北京，在东北建立伪满政府，他在离开北京时将一批清宫内府珍藏的名画偷运出宫，其中就有宋人《蚕织图》。溥仪后来穷困潦倒，在东北将此画变卖，使这幅国宝级文物流落于民间。有幸的是长春商人冯义信在 1948 年看到街头有人兜售古画，便上前查看。他打开《蚕织图》和其他古画一看，立刻就被其精美绝伦的画面所吸引。冯义信虽然不了解这些古画的实际价值，但知道这些肯定是珍品。他当即就用粮食和伪币将它们换了回来，吴皇后《蚕织图》就这样被冯先生从街头地摊上抢救了回来。但在"文化大革命"期间，冯义信先生收藏的古代字画被全部查抄收缴，直到"文化大革命"结束后落实政策，被查抄的古字画归还原主，宋人《蚕织图》才失而复得。1983 年大庆市开展文物普查活动，居住在大庆市的冯义信先生将《蚕织图》捐赠给大庆市文物管理站，北京故宫博物院闻讯后立即派书画鉴定专家徐邦达、刘九庵、王

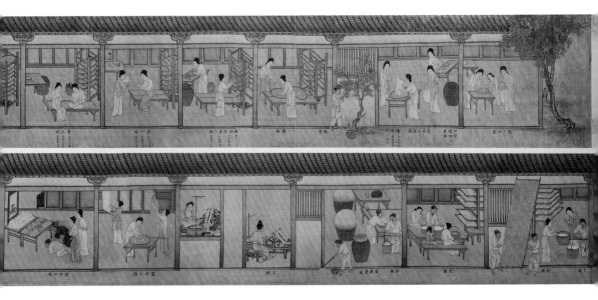

以坤等人赶往大庆市，对《蚕织图》进行了鉴定，认定它是当年清宫内府收藏的书画珍品，将其定为国家一级文物。专家们一致对《蚕织图》的评语是："文物一级甲品之最，视国宝而无愧。"为了表彰冯义信保存并捐献古画的爱国行为，黑龙江省政府于1984年3月召开大会，向他颁发了奖状和奖金。[①]不久，这幅宋人《蚕织图》转由黑龙江省博物馆收藏。当时，北京故宫博物院曾经派专家对《蚕织图》进行了临摹，现故宫博物院也收藏有《蚕织图》临摹本。

1990年笔者曾经在《临安县志》主编蔡涉老师的带领下，专程去北京故宫博物院向专家求教楼璹《耕织图》的相关问题。一听我们是来自《耕织图》故乡的地方志编修工作人员，当时故宫博物院的副院长杨新教授热情地接待了我们。这次故宫之行使我们大开眼界，十分有幸亲眼目睹当时正被北京故宫博物院暂时"借用"的宋人《蚕织图》，我们都很激动地惊叹宋代绘画艺术之精湛。在故宫博物院的无私帮助下，宋人《蚕织图》的照片有幸被

---

① 大庆市文物管理站：《大庆市发现宋〈蚕织图〉等两卷古画》，《文物》1984年第10期。

编入《临安县志》（1958 年於潜县划归昌化县，1960 年又随昌化县划入临安县），这是中华人民共和国建立后的第一次盛世修志，新编《临安县志》于 1992 年由汉语大词典出版社出版。

现在笔者可见的《蚕织图》印刷版本主要有四种：一是 1995 年中国农业出版社出版、王潮生主编的《中国古代耕织图》，收有"宋人《蚕织图》"全图，分成册页印刷，但可惜是黑白印刷，画面不太清晰。二是 2008 年文物出版社出版的《奇迹天工——中国古代创造发明文物展》画册，收有宋人"《蚕织图》"，在大 16 开本 2 页对开构成 4 个页码大的整张画面上（长 84 厘米、高 28.5 厘米），分上下两个长卷（画芯净高 8.5 厘米、净长 84 厘米），展示了蚕织图的 24 个画面，彩印，印制精良，吴皇后小楷题字清晰可见，是一部难得的宋人《蚕织图》清晰图片，但遗憾的是首尾的题跋部分没有收入。三是 2009 年红旗出版社出版、王红谊主编的《中国古代耕织图》（上下两册），为 100 克铜版纸彩色印刷，该书以"宋宫廷仿绘楼璹蚕织图"为名，收录了宋人《蚕织图》全图和题跋，排版精致，画面清晰度仍然不太理想，只是在选了部分图画局部放大的画面中，依稀可看到吴皇后题注的小楷文字，应该是一套比较全面的《蚕织图》，但可惜将长卷拆成了册页。四是 2023 年花山文艺出版社出版、王潮生著《中国古代耕织图概论》一书，收有"南宋《蚕织图》"全图，包括了题跋内容，印刷还比较清晰，但遗憾的是为文内插图册页，画面较小，吴皇后小楷题注仍然难以看清楚。

### 3.《蚕织图》与元代丞相脱脱

南京师范大学胡俊杰认为，宋人《蚕织图》元时可能藏于浦江吴直方家族。蒙古人脱脱自幼拜吴直方为师学习汉族文化，学成后吴直方将宋人《蚕织图》赠送给脱脱，后由脱脱带入大都，由脱脱在宋人《蚕织图》后题"观音实扎四言诗"并献给元惠宗。脱脱曾经位居丞相，十分重视恢复汉族的文治政策，促进汉蒙文化的融合，推崇农耕生产方式，深得皇帝信任，当时有资格在皇帝面前自比"观音"者，除丞相脱脱并无二人。而明初，刘崧为北平按察副使，见到此卷并题跋。①

吴直方（1275—1356），婺州浦江（今浙江金华浦江）人，字行可。曾与方凤、谢翱、吴思齐等名儒交游，至京师，任教于周王和世㻋（后为元明宗）藩邸，后任上都路学正。泰定间，大臣马札儿台对他的智谋大加赞赏，比之为诸葛孔明，于是延入府中教其子脱脱。少年时代的脱脱膂力过人，能挽弓一石，是一位显见的将才。但经吴直方的循循善诱，他接受了许多儒家文化，虽然不习惯于终日坐读诗书的生活，他的进步依然是很明显的。吴直方是脱脱的启蒙教师，后来成为脱脱的心腹幕僚，顺帝至元间，历官中政院长史；脱脱执政后，授集贤直学士。脱脱实行汉化政策，常问政于他，对脱脱颇有影响。浦江"吴氏家族"在历史上产生了一批优秀文化人，对中国历史和地方文化都具有非常突出的贡献，至今也是当地的文化名人家族，人才辈出。

脱脱（1314—1356），亦称托克托、脱脱帖木儿，字大用，蒙古蔑里乞人，元朝末年政治家、军事家，官至御史大夫、中书右丞相。他自幼拜吴直方为师，终身受吴直方影响和辅佐，推崇蒙汉文化融合政策，提倡学习汉人的文治理念。《元史》有记载："及就学，请于其师浦江吴直方曰：使脱脱终日危坐读书，不若日记古人嘉言善行，服之终身耳。"② 有可能，吴直方为灌输优秀汉民族文化给脱脱，先将宋人《蚕织图》送给脱脱学习领悟，后来脱脱当了丞相，十分重视恢复汉族的文治政策，为了说服皇帝，脱脱以"观音"身份自诩在宋人《蚕织图》上题跋，赠送给皇帝。于是，宋人《蚕织图》进入了元代的宫廷收藏，并影响了皇帝的执政理念。此事在《元史》中也有记载："帝尝御宣文阁，脱脱前奏曰：'陛下临御以来，天下无事，宜留心圣学。颇闻左右多沮挠者，设使经史不足观，世祖岂以是教裕皇哉？'即秘书监取裕宗所授书以进，帝大悦。"可见，当时脱脱进献宋人《蚕织图》不仅仅是为了给皇帝祈福，还有劝谏皇帝"以民为本""农本天下"的用心，推广重农、劝农、兴农之意。

---

① 胡俊杰：《元代〈宋人蚕织图〉流传考述》，《大众文艺》2011 年第 9 期。

② 〔明〕宋濂等撰：《元史·列传第二十五》，中华书局，1976。

# （三）刘松年《耕织图》摹本

## 1.宫廷画师传品丰富

刘松年（约1131—1218），号清波，南宋著名宫廷画家，浙江金华汤溪宅口人。根据元代夏文彦《图绘宝鉴》卷四记载，刘松年为"淳熙画院学生，绍熙年待诏。师张敦礼，工画人物山水，神气精妙，名过于师。宁宗朝进《耕织图》，称旨，赐金带。院人中绝品也"，历宋孝宗、光宗、宁宗三朝为宫廷御前画师。刘松年传世代表作品有《四景山水图》卷及《天女献花图》卷，现藏故宫博物院；开禧三年（1207）作《罗汉》图轴和嘉定三年（1210）作《醉僧》图轴，现藏台北故宫博物院；《雪山行旅图》轴藏四川省博物馆；《中兴四将图》卷传为其所作，藏中国国家博物馆；传世作品还有《西湖春晓图》《便桥见虏图》《溪亭客话图》等。

## 2.流传版本迷雾重重

刘松年是否临摹过楼璹《耕织图》，学术界一直有争议。周昕在《中国〈耕织图〉的历史和现状》一文做了专门探讨。[①]他列举了《南宋画院录》《书画记》《石渠宝笈》等典籍中对刘松年的相关记载，并提到清乾隆年间画家蒋溥也向乾隆皇帝呈进过一种有"松年笔"落款的《蚕织图》，并被乾隆收入《石渠宝笈》。但乾隆皇帝仔细考证了所谓刘松年《蚕织图》的题跋和印章之后，认为此图是元代程棨临摹楼璹《耕织图》而作，非刘松年所作。这一观点在之后很长时间内被学者认可和采用。周昕的最后结论是：虽然乾隆皇帝否定了蒋溥所进《耕织图》为刘松年所绘，但并不代表刘松年就没有绘制过《耕织图》，只不过至今尚未发现，因此刘松年版本的《耕织图》仍然有待查考。那我们就一起来看看，刘松年到底有没有画过《耕织图》？有没有临摹过楼璹的《耕织图》？

《南宋院画录》称刘松年为南宋"画坛四大家"（李唐、刘松年、马远、

---

① 周昕：《中国〈耕织图〉的历史和现状》，《古今农业》1994年第3期。

疑为刘松年《耕织图》"入仓"

夏圭），刘松年还曾经画过《丝织图》《宫蚕图》等与纺织生产有关的图卷。
清吴其贞《书画记》中就有记载吴其贞曾经有三次看到刘松年画的《耕织图》：
第一次是在屯溪（当时属休宁县）程隐之肆中，此本"气色尚佳，多残缺处，
画法精工，然非刘笔，乃画院中临本"；第二次是在吴其贞的堂兄仲坚处，
也被吴其贞认作是临摹本；第三次是在休宁县榆村程怡之家中，此次只见
到《耕图》一卷，"色新法健，不工不简，草草而成，多有笔趣，……识
四字曰'刘松年笔'"。吴其贞一人竟然能够三次在不同地方、不同场所，
见到与刘松年有关联的《耕织图》版本，虽然只有其中一个被吴其贞认定
为真迹，但也说明刘松年本或摹本《耕织图》在安徽、浙江一带十分流行，
民间在家中张挂落款"刘松年"《耕织图》的现象还比较普遍。现在台北
故宫博物院藏有记录为南宋著名画家刘松年的《耕织图》，学术界仍然对
此表示怀疑。

　　刘松年历南宋孝宗、光宗、宁宗三朝皇帝为宫廷御前画师，时间跨度为
1163—1207 年，前后共 44 年，刘松年从 30 岁左右就在皇帝身边当画师，
一直干到约 76 岁，我们可以想象当时的情形可能是这样：南宋朝廷高度重
视劝农政策的推进，高度重视先进生产技术的推广，高度重视《耕织图》的

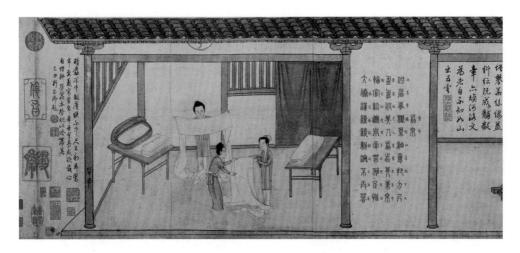

疑为刘松年《耕织图》"剪帛"

科普宣传。作为翰林画院的画师，不会不受到触动，刘松年完全有创作的可能和冲动——或自发创作临摹，或受命创作临摹。加上后世有不少文字史料明确记载刘松年临摹过楼璹的《耕织图》，江浙皖等江南地区民间又有不少刘松年款的《耕织图》流传。所以，笔者认为刘松年临摹或创作《耕织图》应该是成立的。

## （四）梁楷《耕织图》摹本

### 1.绰号"梁风子"的怪才画师

梁楷（1150—?），祖籍东平须城（今山东东平），其父在宋室南渡后迁居钱塘（今浙江杭州），曾于南宋宁宗担任画院待诏，是当时名满天下的大书画家。梁楷传世主要作品有《六祖伐竹图》《李白行吟图》《泼墨仙人图》《八高僧故事图卷》等。根据元代夏文彦《图绘宝鉴》卷四记载，梁楷"善画人物、山水、道释、鬼神。师贾师古，描写飘逸，青过于蓝。嘉泰年画院待诏，赐金带，楷不受，挂于院内。嗜酒自乐，号曰梁风子"。可见，梁楷是个性情自在、才华横溢、自然豪放之人，曾经于南宋嘉泰年间供职于宫廷画院，后因不受皇帝所授金带，离职而去。

### 2. 临摹《耕织图》藏于日本与美国

梁楷所绘《耕织图》在国内一直未见过，也未见文献记载。日本渡部武教授曾经在日本见到过梁楷的《耕织图》，并著有专文介绍梁楷《耕织图》。国内研究学者周昕于1994年参考渡部武资料，对梁楷《耕织图》进行了探讨。[1]中国农业博物馆农史专家王潮生也于2003年著文介绍梁楷《耕织图》。[2] 但他们都没有定论，持待考意见。王红谊主编的《中国古代耕织图》上册就收录了"宋梁楷《耕织图》（残卷）"，注明该图现存于美国克利夫兰美术馆。

〔南宋〕梁楷《耕织图》残卷"织图"局部

---

① 周昕：《中国〈耕织图〉的历史和现状》，《古今农业》1994年第4期。
② 王潮生：《几种鲜见的耕织图》，《古今农业》2003年第1期。

日本东京大学教授渡部武先生是专门研究中国农史的专家，尤其重点研究楼璹的《耕织图》，曾经多次到中国进行学术访问。渡部武先生在他的《中国农书耕织图的流传及其影响》一文中介绍，他曾经于1982年10月至11月间，在日本东京国立博物馆举办的"美国各大美术馆所藏中国绘画展"上，见到了一种绢本淡彩墨画《耕织图》，但只有"织图"，也无楼璹配诗，而且是由三个断片拼接而成的画卷，尺寸分别为：A片26.5厘米×98.5厘米，B片27.5厘米×92.2厘米，C片27.3厘米×93.5厘米。所绘"织图"场景共有15幅，具体为A片有下蚕、喂蚕、一眠、二眠、三眠等5幅，B片有采桑、捉绩、上簇、下簇4幅，C片有择茧、缫丝、络丝、经、纬、织6幅。此图现为美国克利夫兰美术馆收藏，并标明"梁楷真迹"。渡部武先生也认为"该图（指梁楷图）确实仍是基本上从楼璹图派生的作品"。如果这幅残缺的《蚕织图》是梁楷的真迹，那么梁楷又是如何接触到楼璹《耕织图》的呢？是接触到副本还是正本？是民间还是宫廷？这些都有待进一步考证。

梁楷为"嘉泰年画院待诏"，南宋嘉泰年间（1201—1204）梁楷50多岁，正年富力强、如日中天，而距离楼璹进献《耕织图》的绍兴五年（1135）已经过去60多年了。梁楷作为宫廷画师完全有机会看到楼璹进献的《耕织图》原始本，也有机会看到宫廷画师临摹、吴皇后题注的《蚕织图》。现存梁楷《耕织图》无非三种可能：一是临摹楼璹原图，二是临摹吴皇后图，三是自己新创作图。如果现存美国的梁楷《耕织图》不是残卷，也没有佚失的话，用它与楼璹的"织图"画目比较，其名称及顺序均相同，但缺少了浴蚕、分箔、大起、炙箔、窖茧、蚕蛾、祀谢、攀花、剪帛等9幅（因为残缺无法比对）；如与吴皇后《蚕织图》相比较，则除残缺部分少了9幅外，画目名称也很不一致，画面虽然有相似之处，但人物的安排及数量均有不同，画面中的建筑物有一部分由瓦房变成了草房，部分工具的画法也有不同。这些不同之处不排除画家自己的主观创新因素，但总的看来梁楷的《耕织图》更加接近于楼璹《耕织图》的原始本。可以这么说，梁楷的《耕织图》临摹本，是我们今天可以看到的楼璹《耕织图》原始本最大程度的再现。可惜是残缺本，而且原件还在美国。

另外，现在日本东京国立博物馆也藏有与美国克利夫兰美术馆所藏属于统一类型的南宋梁楷《耕织图》两卷，共24幅（其中耕图10幅、织图14幅）。此图跋语说："此耕织两卷，以梁楷正笔绘具，笔无相违，写物也。家中不出，可秘不宣人。延德元年二月二十一日鉴岳真相。天明六丙午年四月初旬，伊泽八郎写之。"可见此两卷是日本江户时期的画师伊泽八郎根据传为南宋梁楷所绘《耕织图》的摹写本，

〔南宋〕梁楷《耕织图》题跋局部

收藏者是狩野派著名画师鉴岳真相。但是，这套日本画师的临摹本与梁楷的《耕织图》到底有什么内在的联系，还值得我们进一步研究。

## （五）楼氏家族《耕织图》摹本

楼璹《耕织图》正本进献宫廷，副本留在楼氏家族，由楼氏家族保管和传承。在楼璹去世后的100多年里，楼氏家族还处在继续发展、兴旺、发达、鼎盛的时期，藏书传家的家族文化深刻影响着楼璹后代。可知楼璹《耕织图》在南宋时期，楼氏家族的后辈们曾经有过三次临摹和刻印，为《耕织图》的流传作出了突出贡献。第一次是楼璹侄儿楼钥临摹伯父之《耕织图》进献东宫，供太子学习；第二次是楼璹孙子楼洪、楼深，刻印祖父之《耕织图》，以在家族中传承和社会上传播推广；第三次是楼璹侄曾孙楼杓，刻印曾祖父之《耕织图》以保永久流传。可谓是家族文化代代传承，永续发展。正因为有了楼氏家族的不断传承，我们今天才能看到楼璹《耕织图》的前世面貌。

### 1. 楼钥临摹与进献东宫

楼钥（1137—1213），字大防，又字启伯，号攻媿主人，明州鄞县（今浙江宁波鄞州）人。楼璹侄儿，楼璩第三子。南宋大臣、文学家。隆兴元年（1163）进士及第，授温州教授，迁起居郎兼中书舍人。后为翰林学士，拜吏部尚书，迁端明殿学士。嘉定初，同知枢密院事，升参知政事（副宰相），授资政殿大学士，提举万寿观。嘉定六年（1213）卒，谥号宣献，赠少师，享年76岁。有子楼淳、楼濛（早夭）、楼潚、楼治，皆以荫入仕。楼淳、楼杓为楼钥的长子、长孙。楼钥是"四明楼氏"家族走向顶峰的标志性人物，其所著《攻媿集》120卷，记载了南宋时期的历史事件和文化活动，为我们研究南宋文化、南宋浙江文化、楼氏家族文化、楼璹《耕织图》等提供了丰富珍贵的史料。浙江古籍出版社2010年出版、顾大朋点校的《楼钥集》，收集汇总了楼钥的相关文集，是我们寻找南宋江南文化足迹的一把不可或缺的钥匙。

楼钥曾经于南宋嘉定二年（1209）临摹楼璹《耕织图》原始本副本，"重绘二图，仍书旧诗，而跋其后"，进呈太子参阅，并说"至今尝有副本"，可见在楼璹献图约70年后，楼璹《耕织图》原始版本的副本还保存完好，这也是四明楼氏家族第二次向皇帝进献《耕织图》。这年楼钥也已经72岁了，正好是其伯父去世时的年龄。这段经历，在《楼钥集》卷十七之《进东宫耕织图札子》一文中有较为详细的记载：

　　某衰迟之踪，叨逾过分。自尘枢笔，即备储察。仰蒙令慈眷顾加渥，退念略无毫发可以补报，每切惭悚。某伯父故淮东安抚使璹，尝令於潜，深念农夫蚕妇之劳苦，画成耕、织二图，各为之诗。寻蒙高宗皇帝召对，曾以进呈，亟加睿奖，宣示后宫，至今尚有副本，某尝书跋其后。仰惟皇太子殿下渊冲玉裕，学问日益，密侍宸旒，临下爱民，固已习熟闻见，究知业务。惟是农桑为天下大本，或恐田里细故未能尽见，某辄不揆，传写旧图，亲书诗章，并录跋语，装为二轴。伏望

讲读余间，俯赐观览，或可备知稼穑之艰难及蚕桑之始末，置诸几案，
庶几少裨聪明之万一，亦以见下寮拳拳之诚。

这段文字可见楼钥对朝廷和皇帝以及太子的一片忠心：曾经在年轻时当
过太子师的他，深知太子身处深宫不了解农耕之艰辛，对其以后执政不利，
故觉得应该让太子从小就知道农耕稼穑之不易，所以楼钥精心临摹楼璹的《耕
织图》给太子学习，希望太子在成长过程中形成重农课桑的价值观，为传承
农本思想发挥作用；作为年老体衰喜欢唠叨的臣子，眷恋家人，退休还乡之
情日益浓厚，但楼钥觉得还没有报答皇帝的龙恩，心里总觉得过意不去。所
以在离开朝廷之前，亲自临摹了伯父楼璹的《耕织图》献给朝廷，期望能借《耕
织图》提醒太子勿忘农桑为天下之大本，以表达自己对朝廷恪尽职守、鞠躬
尽瘁、感恩戴德。可见楼钥责任心之重大、用心之良苦，真可谓拳拳之心，跃
然纸上。令人十分遗憾的是，楼钥《耕织图》的两卷临摹本，早已失传，至
今不知所终。它只是在历史的长河中，闪亮地划过，好在《楼钥集》里留下
了它的痕迹。

### 2. 楼洪、楼深临摹与刻石

楼洪（生卒年不详）、楼深（生卒年不详），他们两人为楼璹的孙子，
曾经担心祖父楼璹《耕织图》时间久了会被"湮没"，于是依据家中留下的
楼璹《耕织图》副本，将《耕织图》之配诗刻石永存，并由叔父楼钥为之题
写跋语。这在《楼钥集》卷七十四之《跋扬州伯父耕织图》一文中有记载：
楼璹进献《耕织图》受嘉奖后"孙洪、深等虑其久而湮没，欲以诗刊诸石。
某为之书丹，庶以传永久云"。有关此事再无其他文字记载。根据各方资料
记载的时间来推算，楼洪、楼深刻石的时间大约在南宋嘉定三年（1210）。

楼洪、楼深不见经传，查了许多典籍与史料，包括楼钥的《攻媿集》以
及楼氏家谱，都很难找到他们的痕迹。根据《楼氏家谱》记载，楼璹生有两
个儿子，次子在他福建市舶使任上早逝，也不知有没有留下后代。楼璹的长

子生有几个儿子，目前尚未能查到，在现有的楼璹家谱里也暂时没有发现。只有进一步扩大考查范围，尤其是深入楼氏家族的后裔，去寻找他们曾经留下的点点滴滴，希望能找出满意、合理的结果。但是无论如何，楼钥《攻媿集》中明确说楼洪、楼深是楼璹的孙子，这应该是没有问题的，是铁板钉钉的事实，只是不知楼洪和楼深是楼璹的哪个儿子所生，或是两个儿子所生？这都有待进一步考证。

这部由楼璹孙子楼深和楼洪刻石、楼璹侄儿楼钥题跋的《耕织图》诗刻石，经历了700多年风雨的洗礼，于民国十七年（1928）在宁波灵桥门出土，今尚存三段，天一阁明州碑林存在两段，一段为别宥斋朱鄡卿旧藏。这在文物出版社 2013 年 5 月出版、舒月明主编的《浙东文化论丛（2012 年第一、二合辑）》余信芳《知稼穑之艰难，念民生之不易——〈耕织图诗〉作者楼璹考略》一文中有详细介绍。

### 3. 楼杓临摹与刻印

楼杓（1174—? ），楼璹的侄曾孙、楼钥的长孙、楼淳的长子。其父楼淳在上虞担任县丞，他 15 岁时赴上虞随侍父亲，在其赴上虞之前他的祖父楼钥曾有《送杓孙随侍上虞》诗一首，诗的头二句为"阿斗生来十五年，未曾一日去翁前"，可见祖父对日常绕膝周围的年少孙子的依依不舍之情。楼杓在上虞度过了青春时光，上虞是他的第二故乡。没想到 35 年后的宋嘉定十七年（1224），楼杓回到上虞担任知县。楼杓在上虞担任知县三年，承袭家风，以德行自励，政绩卓著。他在巡视中眼看苍老的丰惠古桥行将坍塌，行人过桥岌岌可危，遂以县衙年终结存以及捐出了自己的俸禄，重修此桥，老百姓称之为"德政桥"。

楼杓作为楼璹的侄曾孙，肩负着传承楼氏家学、家风的使命。当绍兴知府汪纲临摹楼璹《耕织图》将其雕版刻印之时，汪纲找到了楼杓，希望楼杓为之题写跋语。根据现有史料，初步推测楼杓在 35—40 岁，也就是在 1209—1213 年间参与了《耕织图》的雕版刻印。可惜，楼杓的这个《耕织图》

雕版刻印本，也未流传至今，我们一直无缘看到。

## （六）其他南宋《耕织图》摹本

### 1. 汪纲临摹与刻印

汪纲（？—1228），字仲举，安徽黟县人。官至南宋户部侍郎（相当于今天的民政部副部长）。淳熙十四年（1187）中铨试（宋代王安石变法实行的一种官员选拔考试制度，相当于今天的领导干部公开招考选拔）。历知绍兴府，主管浙东安抚司公事。著有《恕斋集》《左帑志》《漫存录》等行于世。

汪纲在绍兴府任知府时，曾经看到过楼璹《耕织图》（不知是原本还是临摹本），为了不致其流失，让更多的人知道农耕之艰难、稼穑之辛苦、衣食之不易，珍惜粮食、尊重劳动、不忘先贤的教诲，他主持刻印楼璹的《耕织图》，并请楼杓（楼璹的侄曾孙）为雕版印制《耕织图》写跋语：

> 后二十年，新安汪纲，沗蒙上恩，叨守会稽，始得其图而观之，窃欢。
> 夫世之饱食暖衣者而懵然不知其所自者，多矣，熟知此图之为急务哉？
> 于是命工重图，以锓诸梓，以无忘先哲之训。①

根据为《耕织图》雕版者汪纲的年龄（1228 年去世）、题写跋语者楼杓的年龄（1174 年生，1224 年 50 岁时任上虞知县），我们大致可以推算出，汪纲雕版刻印《耕织图》的时间应该在楼杓接近 40 岁时，正是风华正茂之年，才华横溢。如再往前推几年，楼杓也在 35 岁左右。可惜，汪纲本已经佚失，至今尚未可见，希望不久的将来能在某个地方有新发现。

---

① 〔明〕宋宗鲁《耕织图》（日本狩野永纳翻刻本）所载南宋楼璹侄曾孙楼杓于嘉熙元年（1237）所作的《耕织图》"题记"。关于该版本的介绍见后文。

### 2. 李嵩《服田图》

李嵩（1170—1255），南宋著名宫廷画家，钱塘（今浙江杭州）人，享年 85 岁。少年时曾为木工，后成为宫廷画院画家李从训养子，在养父李从训亲授下，很快成长为优秀的宫廷画家。李嵩擅长人物、道释，尤精于界画，为光宗、宁宗、理宗时期画院待诏，在宫廷担任御前画师长达 60 多年，创作了一大批优秀作品，可惜流传至今的作品并不多。传世作品有《货郎图》卷、《花篮图》页、《骷髅幻戏图》轴藏故宫博物院，《西湖图》卷藏上海博物馆，《听阮图》《夜月看湖图》等藏台北故宫博物院。还有《椿溪渡牛图》《服田图》《采莲图》和《观潮图》等名作传世。

李嵩熟悉农耕生产、喜爱农村生活、尊重农民劳动，对农耕蚕桑生产具有浓厚兴趣，对普通劳动群众怀有深刻感情，在他的绘画生涯中绘制了不少反映农村生活、劳动者生产、下层社会生活风俗的现实主义作品，如《春溪渡牛图》《村牧图》《太平春社图》和组画《服田图》等。后世论画者题其画说："李师最识农家趣，画出萋萋芳草天。"（明代文人熊明遇《绿雪楼集》）其中，最著名的当首推《服田图》（古代称务农为"服田"），这是属于类似《耕织图》的大型连环图系列。从现有可见资料看，李嵩《服田图》可能就是楼璹《耕织图》的临摹本，无非换了一种说法、换了一种题目。然而，历来很少引起人们的关注，几乎还没有人将李嵩的《服田图》与楼璹《耕织图》联系在一起。为什么会发生这样的情况呢？让我们一起来解开这个谜结，一起来还原历史的真实吧。

明代汪珂玉所编《珊瑚网》卷五之《服田图》记载："前卷绢本，重着色，凡十二段，后卷九段。"书中，还全文录下了《服田图》所附五言诗，自"浸种"至"入仓"共 21 首，用此诗与楼璹的 21 首"耕图"诗比较，两者诗句完全相同。李嵩从 1190 年就开始在宫廷画院，李嵩完全有机会接触到楼璹于 1135 年进献宫廷的《耕织图》原始本正本，这就为李嵩临摹楼璹《耕织图》和诗创造了天然的契机，所以在楼璹献图后的 50 多年后李嵩《服田图》配诗就用了楼璹《耕织图》诗，以示对先贤的尊重、对《耕织图》的尊重。

根据王潮生教授的分析，他认为《服田图》的绘制时间应该在光宗绍熙年间（1190—1194），也就是李嵩担任宫廷画师后的五年内。[①] 这也完全可以看出，楼璹《耕织图》是一部划时代的绘画长卷，是美术史上的一座高山，是耕织生产绘图的巅峰之作。可惜，至今国内外还没有发现《服田图》，有可能已经不存在了。我们今天只能从历史的星星点点的文字记述里，寻找《服田图》的蛛丝马迹，只能用无限的艺术想象去还原800年前的精美的画卷。

3. 佚名《耕织图》绢本

南宋一幅描画耕织场景合为一图的绢本设色无款《耕织图》，宽92.3厘米，长163.5厘米，收藏于中国国家博物馆。在这幅画中，人物活动分为纺织和农耕两个部分。近景绘有茂密繁盛的树荫下有两间茅屋，屋中有6位妇女正在纺织，其中左屋3人忙于练丝，右屋2人织布，后以女童提花。屋前有大鸡小鸡在咕咕觅食。背景为稻田，远处有2头牛儿在吃草，近处则有人插秧和担秧，也有妇女怀抱秧苗紧随其后。可惜画中无作者款识，从画风

〔南宋〕佚名《耕织图》

---

① 王潮生：《几种鲜见的耕织图》，《古今农业》2003年第1期。

来看，当出于南宋画家之手。[①] 在王红谊主编的《中国古代耕织图》上册103页"卷轴画"类也将此画收录，取名"宋佚名《耕织图》"，文字解释道："南宋佚名《耕织图》。立轴，设色绢本，画卷上部为耕种，画卷下部为纺织，作者亦有他说。"

---

① 杨旸：《国家博物馆藏耕织图及历史上相关主题的绘画》，《中国美术馆藏品研究》2011年第5期。

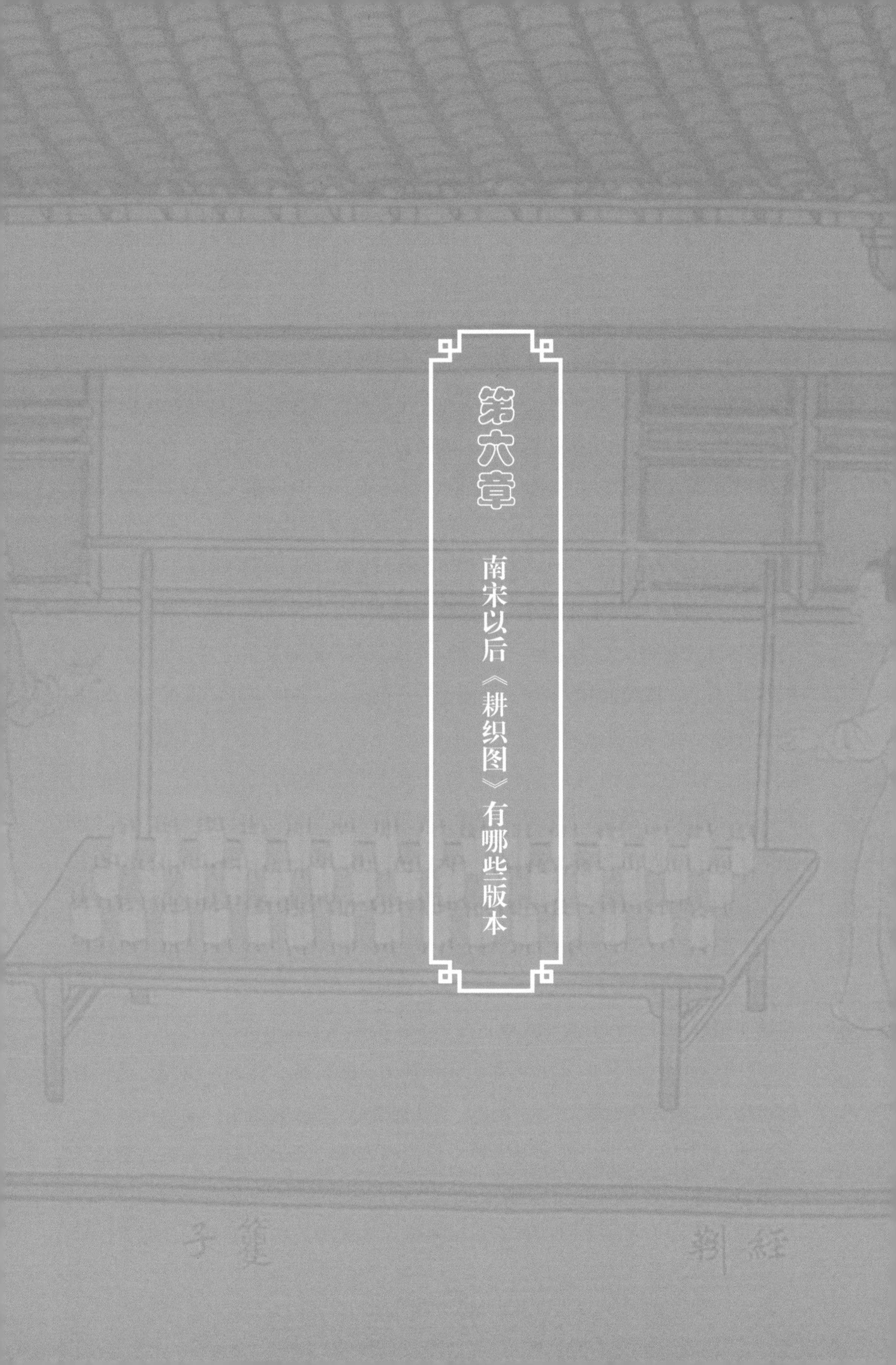

第六章

南宋以后《耕织图》有哪些版本

于篓　　荆经

　　楼璹《耕织图》在南宋兴起了我国历史上第一次《耕织图》文化热潮，元、明、清各代均有各种临摹本流传，并在清代出现了第二次《耕织图》文化热潮。

　　同时，在南宋《耕织图》诞生后，随着海上丝绸之路、海上贸易通道的畅通，《耕织图》走向海外，对日本、东南亚等地的农耕蚕织生产与农桑文化亦有深远的影响，还对欧洲的纺织技术与文化带来变革与推进。及至近代和当代，《耕织图》已成为历史文化遗产，引起各方关注：早在 20 世纪 30 年代，鲁迅先生就计划以木刻形式重印出版整套《耕织图》；1933 年《故宫周刊》从第244 期至 289 期，每期刊登一幅，刊登了一套清雍正《耕织图》，当时在文化界曾有过较大的影响；1935 年的《故宫周刊》第 478 至 510 期，陆续登载了清康熙《耕织图》墨宝。从 20 世纪 80 年代末开始，国内的专家学者开始关注与研究《耕织图》，特别是近 20 年来，一部分高校的研究生论文开始关注《耕织图》，随着"诗和远方"——文化旅游——的升温，各地也开始重视《耕织图》历史资源与现代旅游资源的结合应用，中央电视台也曾经制作过《耕织图》专题节目，可以说历经千年的《耕织图》在新时代即将焕发出青春活力。《耕织图》的阵阵文化关注热潮虽然在暗流涌动，但遗憾的是至今还没有形成第三次《耕织图》文化热潮，我们热切地期盼它能尽快到来！

　　自南宋楼璹绘制《耕织图》以来的 800 多年间，各种形式、各种载体的《耕织图》临摹本众多，根据不完全统计，有不下 50 种（国内 30 多种、国外 20多种），其中宋代 10 种、宋以后 40 多种。这些众多的《耕织图》摹本主要类型，从绘制用材来讲，有绢本、纸本、石刻本；从表现形式上讲，有绘本、写本、刻本、石刻本；从艺术方法来讲，有卷轴画、册页画、壁画、版画；从作者国籍来讲，有中国画家、日本画家、朝鲜画家、意大利画家、瑞典画家等。在这些众多的版本中，许多或为残本或流失海外，今天我们可见各博物馆、图书馆收藏的《耕织图》，最具有代表性的南宋以后《耕织图》摹本主要有：元代程棨《耕织图》（原件现藏美国佛利尔美术馆、国内有复制印刷本）、清康熙焦秉贞所绘《佩文斋耕织图》（在国内外流传较广，版本发行种类与此书均较多，国内各大图书馆几乎都有收藏，但藏于美国国会图书馆的绢本设色康熙《耕织图》可能是焦秉贞的原始真本）。①

各种版本的《耕织图》摹本，在中国大陆地区收藏单位主要为黑龙江省博物馆、故宫博物院、中国国家图书馆、中国历史博物馆、中国农业博物馆、中国丝绸博物馆、河北省博物馆、上海图书馆、河南省博爱县博物馆、北京大学图书馆、华东师范大学图书馆、浙江图书馆、杭州市临安区图书馆等。如国家图书馆藏有清康熙焦秉贞绘本、乾隆刻本、清初钱氏述古堂抄本等，浙江图书馆有乾隆刻本等2种，中国美术学院有3种版本收藏，大连图书馆藏有乾隆时期刊印的《御制耕织图》包括康熙、雍正、乾隆三朝的御制诗。在中国台湾地区主要是台北故宫博物院，如收藏有传为刘松年本、仇英本临摹本，还收藏有宫廷画师冷枚、陈枚绘制的《耕织图》的素绢着色本，均非常精美，乃清代《耕织图》中的精品。

## （一）元代《耕织图》摹本

元代，生产方式从农牧业转为农业，统治者对农业蚕桑高度重视，实施了一系列劝农、重农、奖农政策，大力推广农业技术，楼璹《耕织图》受到极大关注，出现了一批楼璹《耕织图》的临摹本在宫廷与民间流传，主要临摹本有程棨《耕织图》、杨叔谦和赵孟頫合作本《耕织图》、忽哥赤《耕织图》等3种。

### 1. 程棨《耕织图》摹本与刻石

程棨（生卒年不详），史籍记载其生平经历资料几乎为空白，连《中国人名大辞典》也查无痕迹。中国丝绸博物馆原馆长赵丰认为：程棨是南宋程

---

① 乔晓勤：《耕织图的版本与源流》，《中国研究图书馆员学会学刊》2014年3月。

大昌（1123—1195，历任礼部侍郎等）的曾孙，因为乾隆发现蒋溥进献的所谓刘松年《耕织图》后元代姚式的题跋"《耕织图》二卷，文简程公曾孙棨仪甫绘而篆之"。文简程公，即南宋程大昌，死后谥号文简，程棨是其曾孙，今安徽休宁会理人。[①] 如果程棨作为程大昌的曾孙，与程大昌相差三代约90年（每代约30年），程棨大约于1213年出生，当南宋灭亡时程棨66岁，这样他活在元代并作画是可能的。为此，学者韩若兰认为程棨是在1275年画《耕织图》的，绘图时间应该算为南宋。[②] 程棨《耕织图》摹本有耕图与织图两卷，先流传于民间。清代被宫廷画家蒋廷锡之子蒋溥误作为南宋画家刘松年作品，分耕图、织图两次进献乾隆皇帝，清宫以刘松年之名收入《石渠宝笈》。乾隆三十四年（1769）二月，乾隆皇帝考证认为这不是刘松年所画，更正此图为程棨之作，并将程棨的耕、织二图同置一盒，收藏在圆明园多稼

程棨《耕织图》刻石"浸种"

① 赵丰：《〈蚕织图〉的版本及所见南宋蚕织技术》，《农业考古》1986年第1期。

② 王加华：《海外藏元明清三代耕织图》，陕西师范大学出版总社，2022。

轩之北的贵织山堂；同年乾隆命画院临摹刻石，所临摹的刻石也同藏于圆明园。1860 年英法侵略者焚掠圆明园，此图被侵略军掠走，现此图收藏于美国华盛顿佛利尔美术馆。1973 年，该图书馆曾经出版托马斯·劳顿所编《中国人物画》一书，内容分记事画、佛道画、画像、风俗画四类，程棨《耕织图》图目收在其中，并附耕图、织图各二幅（耕为插秧、灌溉，织为上蚕、浴蚕），书中文字介绍该耕图、织图都是水墨设色的纸本卷轴画，耕图 21 幅，宽 32.6 厘米、长 1034 厘米，织图 24 幅，宽 31.9 厘米、长 1249.3 厘米，各有标题及五言诗一首，诗用篆书，旁配较小楷书。马斯·劳顿《中国人物画》出版后，世人才知道这幅珍贵的《耕织图》就是当年从圆明园流散到国外的重要文物。近年来，学者王加华经过数年努力，征得美国佛利尔美术馆的同意，获取了相关授权，将程棨《耕织图》耕图 21 幅、织图 24 幅的精美图片与诗句，编入《海外藏元明清三代耕织图》一书，2022 年由陕西师范大学出版总社出版。

　　程棨《耕织图》摹本虽然大约绘制于宋末元初的 1275 年，相距楼璹 1133 年绘制《耕织图》有 140 年时差，但程棨《耕织图》摹本应该是所有现存《耕织图》摹本中最接近楼璹原始本的，特别是耕图部分。为什么这样说？因为我们通过比较不同版本发现，程棨摹本《耕织图》图目和诗句与楼璹《耕织图》流传至今的图目和诗句完全一致。同时，有学者为了佐证程棨本与楼璹本的精准临摹关系，特意选取南宋楼璹《耕织图》的元代程棨摹本为研究对象，通过图像中的服装式样来考证图中人物所处的年代，推测人物形象是否忠于楼璹原版，为后续研究人员探究古代耕织图母本面貌提供依据。经图像和文献考证，元代程棨摹本《耕织图》中的人物形象确实与南宋时期的人物装扮一致，且衣着形象与当时职业群体的人物身份相符。所以从人物形象的角度来说，程棨摹本中的人物忠于南宋楼璹原版的可能性较大，基本保留了楼璹《耕织图》中的人物原貌。[①] 对于这幅《耕织图》，日本专门研究中

---

① 谭融：《程棨摹本〈耕织图〉中的人物服饰研究》，《中国国家博物馆馆刊》2021 年第 5 期。

国农史的学者天野元之助说：该图"以农作为中心，以精密绘制农具、操作者为宗旨，精心地以有力的线条进行描绘，从而使观看的人能明确地了解各种作业"。[1] 其实，程棨是安徽休宁程氏家族成员，由于程氏家族活跃在南宋政坛（程大昌、程卓等），程棨应该有机会看到楼璹《耕织图》副本以及刘松年临摹的《耕织图》，加上当时整个社会有一股《耕织图》临摹之风，不少画家临摹《耕织图》。受他们的影响，程棨在接触到楼璹《耕织图》副本或刘松年摹本后，也萌发临摹《耕织图》的创作冲动。由于程棨《耕织图》更注重现实主义手法、更注重生产技术细节的描绘，因此程棨《耕织图》是最接近楼璹原图原意的临摹本。在楼璹《耕织图》原始本流失的情况下，程棨《耕织图》是我们今天研究南宋耕织技术与文化的最重要资料。程棨《耕织图》与吴皇后《蚕织图》，是迄今可见记录南宋时期耕织生产全过程的最早最系统的珍贵画卷。

关于程棨《耕织图》刻石，由清乾隆皇帝于乾隆三十四年（1769）命画院临摹刻石，所临摹的刻石收藏于圆明园，英法联军洗劫时有部分被毁坏，幸存部分在民国初年被军阀徐世昌占为己有，镶嵌在私宅花园（今北京东四牌楼八条胡同内）墙壁上。直到1960年，残留的程棨《耕织图》刻石才收归中国历史博物馆收藏。刻石按原图二卷，分为耕图21幅、织图24幅，图横长53厘米，纵高34厘米，阴刻。各图右上方署画目，系五言诗一首，都为篆书，旁附正楷小字释文。各图空间有乾隆皇帝用楼璹诗原韵所题诗一首，行书。图前有石一方刻乾隆所作题识，略述此图由刘松年本更正为程棨本的经过。这些刻石经过250多年的各种劫难，现存23方，为原有46方的一半。"耕图"部分有：浸种、耕、耙耨、耖、碌碡、插秧、二耘、三耘、灌溉、收刈、登场、持穗、入仓等13图。"织图"部分有：下蚕、分箔、采桑、择茧、蚕蛾、捉绩、剪帛等7图。另有3方刻石完全风化，不能辨认。在23方刻石中，完好无损的只有13方，其余刻石大部分或小部分风化，难以辨认图画与字迹。

---

[1]　[日]天野元之助：《中国古农书考》，彭世奖、林广信译，农业出版社，1992。

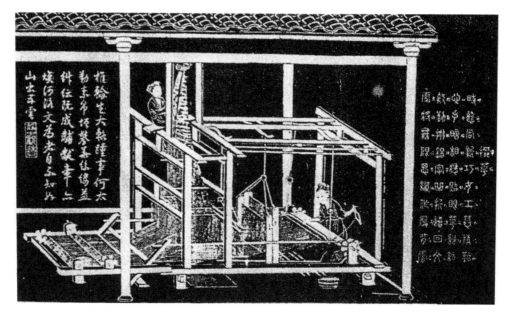

程棨《耕织图》刻石"攀花"

但令人欣慰的是，2009 年红旗出版社《中国耕织图》下册收入了"清乾隆御题耕织图碑"并注明："乾隆三十四年（1769）乾隆皇帝组织考编订正了元朝画家程棨绘制的耕图 21 幅、织图 24 幅，加御题识跋共 48 幅，双钩阴刻上石，历三年完成。乾隆曾以此为盛事，召王公重臣举行盛大茶宴联句活动。"书内可见的拓印图片 47 幅（首为乾隆题跋 1 幅，后续耕图 21 幅、题记 1 幅、织图 24 幅），拓印的耕织二图全面完整，画面精美清晰，应该是刻石被破坏前拓印留下的珍贵资料。

### 2. 杨叔谦、赵孟頫《耕织图》

赵孟頫（1254—1322），字子昂，号松雪道人，浙江吴兴（今浙江湖州）人，南宋末至元初著名书画家、诗人。赵孟頫一生历宋元之变，宋灭亡后归故乡闲居，元至元二十三年（1286）行台侍御史程钜夫"奉诏搜访遗逸于江南"，赵孟頫等十余人被推荐给元世祖忽必烈；元大德三年（1299），赵孟頫被任命为集贤直学士行江浙等处儒学提举，晚年名声显赫，"官居一品，名满天下"，作品有《松雪斋文集》《洛神赋》《豳风图》《重江叠嶂图》《秋郊饮马图》《秀石疏林图》《松石老子图》等。杨叔谦（生卒年不详），与赵孟頫同时，善画，元延祐五年（1318）作《农桑图》，赵孟頫题诗以献，著录有《式古堂书画汇考》等。

元代统治江南后，为稳定社会、保障赋税，对农耕蚕桑生产开始重视，在统治者大力倡导耕织生产、广招天下人才的社会背景下，楼璹的《耕织图》备受重视。杨叔谦就是在这样的特定历史条件下，模仿楼璹《耕织图》绘制了反映耕织生产系列过程的连环画册《农桑之图》，以期赢得关注。杨叔谦绘制的《农桑之图》，按照月令形式编排，从一月到十二月，每月绘耕图、织图各一幅，共绘制 24 幅。赵孟頫《松雪斋外集》记载："延祐五年四月廿七日，上御嘉禧殿，集贤大学士邦宁、大司徒臣源进呈《农桑图》，上披览再三，问：'诗者何人？'对曰：'翰林承旨臣赵孟頫。''作图者何人？'对曰：'诸色人匠提举臣杨叔谦。'"可见《农桑图》为杨叔谦与赵孟頫两人合作而成。赵孟頫是当时著名的书画家，他以杨叔谦的 24 幅《农桑图》为意，题写创作了配图的 24 首诗句。赵孟頫诗句被收入清乾隆年间编纂的《元诗百钞》传世，而杨叔谦的图一直未见踪影，可能是杨叔谦身份地位、书画名声都还不够大，没有引起后世编修史籍者的关注，于是杨叔谦的图就悄然消失在历史的漫漫长河里，未能抵达今天的彼岸。

另据现存黑龙江省博物馆宋人《蚕织图》，明末清初时期的收藏者孙承泽（1593—1676）题跋记载："余初得此图（指宋人《蚕织图》），未几，又得赵松雪《耕图》，遂成合璧，因并记之。"由此可见，赵孟頫（号松雪道人）确实画过《耕织图》，同时赵孟頫临摹的《耕织图》的"耕图"部分在明末清初还在流传，并为孙承泽收藏。但此后，赵孟頫《耕织图》的去向不明，有待进一步考证。

### 3. 忽哥赤《耕织图》

忽哥赤在元至正十三年（1353）任职司农司，因访江南，得南宋《耕织

〔元〕忽哥赤《耕织图》"持穗"打连枷

图》旧本，临摹后题诗并跋以献给右丞相太师脱脱（时任大司农司一职）。忽哥赤《耕织图》残件现存美国纽约大都会艺术馆，只剩下灌溉、收刈、登场、持穗、簸扬、砻、春碓、筛、入仓9幅画。每幅画后有忽哥赤题五言诗一首，最后款云"至正癸巳二月中澣忽哥赤叙"，另有清人翁方纲题《元人耕稼图》七绝二首："楼攻媿卷虞公颂，稼穑艰难劝相时。指说东西门壁记，农官十道系分司。""忽哥赤叙太师陈，幅幅江南井里春。玉粒棘抽来庾亿，楚茨可是继吹豳。"[1]

忽哥赤所得南宋《耕织图》旧本，很有可能是楼璹家族的临摹本，或为楼璹绘制《耕织图》副本，或为楼钥和楼深等楼氏后裔的摹刻本。另一种可能，程棨在1275年临摹了《耕织图》，忽哥赤或以程棨临摹本为底本进行再次临摹。但这种可能性较小。最大的可能还是以楼氏家族的摹刻本为底本，

---

[1]　王加华：《海外藏元明清三代耕织图》，陕西师范大学出版总社，2022。

因为在南宋活字印刷术已经出现并运用，楼杭的刻印本在社会上流传应该较多，获得此本的可能性较高。

# （二）明代《耕织图》摹本

如果说，南宋是《耕织图》及相应组诗正式产生的时期，元代是《耕织图》初步成长的时期，那么明代则是《耕织图》进一步发展和酝酿转折的时期。这一时期涌现了一批楼璹《耕织图》的临摹本，并且《耕织图》向更多的领域和典籍中渗透应用，使《耕织图》文化得以继续广泛传播，并为《耕织图》发展的转型积蓄能量。主要临摹本有宋宗鲁《耕织图》、邝璠《耕织图》、唐寅《耕织图》、仇英《耕织图》和宋应星《耕织图》等5种。

## 1.方礼《耕阜图》之《耕织图》

方礼，字思之，号丹泉，浙江桐庐人，生活于元末明初时期。元朝末年，战乱频繁，田地大多荒芜。明朝建立后，明太祖朱元璋命地方官员勘验荒芜田地，令军士至各乡村"军屯"，一边开荒种地，一边担任防守职责。然而，"军屯"常有扰乱地方、侵害百姓之事发生。方礼便自告奋勇向上提出"包荒"的方法，改"军屯"为"民屯"。为了发动更多的人投入到垦复荒芜田地的行列中来，方礼准备了多种播种法，吟成《田家咏》《劝农歌》，不辞辛劳地奔走于各地，劝民耕种；同时，自己又身体力行，率领家人带头垦荒。四乡八里的农民为他的精神所感动，纷纷响应，开展垦荒劳动。这样一段时间下来，不仅桐庐一带的荒芜土地得到了开垦，而且"军屯"的扰民之祸也随之消除，在地方上出现了"物阜民丰"的安乐太平景象。

浙江巡抚得知方礼劝民垦荒的事迹后，向朝廷推荐方礼当官。方礼得知后，又画了一幅《耕阜图》送上，谢绝了巡抚的推荐，并写了一首诗，以表达自己坚持"有志劝农稼穑，无意离乡为官"的安逸之志。这幅《耕阜图》送到京城后，京师官吏士林，竞相传阅，并纷纷赋诗赞颂唱和。在京城吟咏

《耕阜图》的诗词，一时兴盛，四处流传。为扩大影响，发挥作用，由长史郑楷作序，翰林院郑棠题跋，编成专集，向社会传播，以劝民耕。《耕阜图》现藏于故宫博物院。

桐庐县方礼在明朝时期创作的劝农诗画作品《耕阜图》以及《田家咏》《劝农歌》是否直接受到邻县於潜《耕织图》的影响？或其他版本《耕织图》的直接与间接的影响？还有待进一步考证。

### 2. 宋宗鲁《耕织图》

明英宗天顺六年（1462）江西巡察金事宋宗鲁根据宋版《耕织图》翻刻，但目前国内尚未发现此翻刻本。天野元之助在《中国古农书考》中提到，1935 年 4 月 9 日，鲁迅曾经致信增田涉，提出"打算用珂罗版复刻……明刻宋《耕织图》"，后来，天野元之助通过上海的内山完造向鲁迅夫人许广平询问此图下落，始终没有找到。

〔明〕宋宗鲁《耕织图》"攀花"

日本在江户时代的延宝四年（1676），由狩野永纳对宋宗鲁《耕织图》进行了翻刻。翻刻本前有广西按察使王佑增所作序言："图乃宋参知政事楼钥伯父寿玉所作，每图咏之以诗。历世既久，旧本残缺。宋公重加考订，寿诸梓以传，属予记其事。"由此可知，宋宗鲁所据之底本应该是一本残缺的宋本，这个残缺的宋本很有可能是楼洪、楼深刻本或汪纲刻本或楼杓重刻本。

狩野永纳翻刻宋宗鲁的《耕织图》刻本，现存于日本国立公文书馆内阁文库。王红谊将其收入红旗出版社 2009 年出版的《中国古代耕织图》下册，取名为"日本仿刻明宋宗鲁《耕织图》"。根据这个版本，我们可以看到宋宗鲁翻刻《耕织图》的基本面貌：该图高 28 厘米，宽 19 厘米，有耕图 21 幅、织图 24 幅，每图附南宋楼璹五言诗一首，但织图中的络丝、经、纬、织、攀花、剪帛等 6 幅有图无诗。

### 3. 邝璠《便民图纂》之《耕织图》

邝璠（生卒年不详），字廷瑞，山东任丘（今属河北）人，明弘治六年（1493）进士，翌年任苏州府吴县知县，官至瑞州（今江西高安市）太守。他自幼聪明好学，德才兼备，世称能者。他因重视农业生产、关心人民生活，曾搜集许多农业生产技术知识、食品加工生产技术、简单医疗护理方法以及农家用具制造修理技艺等，写成《便民图纂》一书。该书是我国明代简明百科全书，它给一般人提供日常生活各方面需要的技术。

邝璠《便民图纂》是根据日用类书《便民纂》加楼璹《耕织图》改绘而成的。他将楼璹《耕织图》收入后，称之为《农务女红之图》。《便民图纂》插图共 31 幅，其中耕图（务农图）从浸种到田家乐，为 15 幅；织图（女红图）从下蚕到剪制，为 16 幅。每图将楼璹原配诗删去，改配竹枝词一首。对此，邝璠在《题农务女红之图》中给予说明："宋楼璹旧制《耕织图》大抵与吴俗少异，其为诗又非愚夫愚妇之所易晓，因更易数事，系以吴歌。其事既易知，其言也易人，用劝于民，则从阙攸好，容有所感发而兴起焉者。"可见，邝璠

《便民图纂》之《耕织图》 "浸种"

是在继承楼璹原图基础上，将晦涩难懂的古体诗改为吴歌式的竹枝词，使其朗朗上口，更容易理解，以起到更好的宣传普及作用。根据郑振铎先生考证，《便民图纂》在明代刊印过 6 次以上，可见此书在当时颇有实用价值。清代，因为出现了影响巨大的《御制耕织图》，《便民图纂》便不再出版。《便民图纂》版本较多，多收藏于国家图书馆。2018 年文物出版社根据明嘉靖二十三年（1544）蓝印本翻印出版《便民图纂》，为黑白版本，其中耕图、织图部分绘制较为粗线条。2009 年红旗出版社《中国古代耕织图》下册，收有"明邝璠《便民图纂》"耕图 15 幅、织图 16 幅，为淡彩，线条细密精致。

### 4. 唐寅《耕织图》

唐寅（1470—1524），字伯虎，后改字子畏，号六如居士、桃花庵主、鲁国唐生、逃禅仙吏等，直隶苏州府吴县人。明代著名画家、书法家、诗人。唐寅在绘画方面与沈周、文徵明、仇英并称"吴门四家"（或明四家），宗法李唐、刘松年，融会南北画派，笔墨细秀，布局疏朗，风格秀逸清俊。人物画师承唐代传统，色彩艳丽清雅，体态优美，造型准确；亦工写意人物，笔简意赅。

《石渠宝笈》是清代乾隆、嘉庆年间的大型著录文献，初编成书于乾隆十年（1745），共编44卷，著录了清廷内府所藏历代书画藏品，分卷（书卷、画卷、书画合卷）、轴（书轴、画轴、书画合轴）、册（书册、画册、书画合册）九类。根据《石渠宝笈·续编》著录，有唐寅真迹《耕织图》一卷，未见流传，真伪有待进一步考证。有可能进入清宫的收藏目录，后来流落民间，不知去向，期盼能有一天传来唐寅《耕织图》"回家"的好消息。

5. 仇英《耕织图》

仇英（约1501—约1551），字实父，号十洲，江苏太仓人，寓居苏州，明代绘画大师。仇英出身寒门，幼年失学，曾习漆工，通过自身努力成为中国美术史上少有的平民百姓出身的画家。传世作品中的《清明上河图》卷藏辽宁省博物馆，该图采用青绿重彩工笔，描绘了明代苏州热闹的市井生活和民俗风情，该画长达9.87米，高0.3米，画中人物超过2000个，此画虽曰为张择端《清明上河图》的摹本，但房屋结构、人物服饰，均已明显地呈现出明朝的特点。还有描绘蚕桑生产场景的《宫蚕图》传世，江苏美术出版社1997年出版的《仇英画集》，就收录有《宫蚕图》；2009年红旗出版社《中国古代耕织图》上册，收有"明仇英《桑织图》"，为设色绢本淡彩。图有4幅，分别描绘纺线、织布等环节，颇有宋人之风范。可惜此图在翻拍时未对准焦距，画面较为模糊，题字也无法看清。

仇英不仅临摹过北宋张择端的《清明上河图》，还临摹过南宋楼璹的《耕织图》。根据台湾学者赵雅书先生在《关于耕织图之初步探索》一文中说，台北故宫博物院收藏有一册仇英绘制的《耕织图》，一事一画，其中耕图有

浸种、插秧、三耘、簸扬、
砻、入仓等6幅；织图有大
起、采桑、择茧、缫丝、络
丝、经等6幅。[①] 天津人民美
术出版社2005年出版的《台
北故宫博物院藏册页精选》，
有题名仇英《耕织图》一套，
彩色本，共12幅。2009年
红旗出版社《中国古代耕织
图》上册，收有"明仇英《耕
织图》"12幅（耕6幅、织
6幅），并注明"《耕织图》

〔明〕仇英《耕织图》"浸种"

三字为清代张之洞所题"。据此张之洞题图名，王潮生先生认为，此图并非
仇英所绘，疑是清末的作品。[②]

### 6. 宋应星《天工开物》之《耕织图》

宋应星（1587—约1661），字长庚，江西奉新县人，明末清初时期杰出
的农学家、博物学家，致力于农业和手工业生产科学考察、记录研究，著作
涉及自然科学、人文科学等，所著《天工开物》为中国首部关于农业和手工
业生产的综合性科学著作，被外国学者称为"中国十七世纪的工艺百科全书"，
流传广泛，影响深远。宋应星编著的《天工开物》以农作物的种植技术开始，
分别对纺织、染色、粮食加工、制盐、榨油、制曲、冶炼、铸造、采矿、陶
瓷、兵器、车船、朱墨、珠玉以及造纸等技艺工艺，分别进行了详尽的说明，
全书所附插图123幅。其中有不少涉及农耕蚕织生产的插图，就类似楼璹《耕
织图》。2009年红旗出版社《中国古代耕织图》下册，将《天工开物》中有

---

① 赵雅书：《关于耕织图之初步探索》，《幼狮月刊》1976年第5期。

② 王潮生：《几种鲜见的耕织图》，《古今农业》2003年第1期。

《天工开物》之《耕织图》水车图

关耕织图画面的插图选择了部分，收入"明宋应星《天工开物》（图选）"，共收入"耕图"有耕、耙、耘、砻等生产过程场景图 38 幅，"织图"有浴蚕、择茧、治丝等图 21 幅。

### 7. 徐光启《农政全书》之《耕织图》

徐光启（1562—1633），字子先，号玄扈，谥文定，上海人，明万历进士，官至礼部尚书兼文渊阁大学士、内阁次辅。明代科学家。《明史·徐光启传》说他："雅负经济才，有志用世，及柄用，年已老。"《农政全书》是徐光启在亲自农耕实践后总结出来的农书。因为，他认为，农业是一切之根本，所以他充分利用一切机会，在北京、天津和上海等地设置了试验田，亲自进行各种农业技术实验。明万历三十五年（1607），他回乡为父亲守孝，即在家乡开辟田地进行农业实验，并总结出农作物种植、耕作经验而撰

《农政全书》"茧瓮"

《农政全书》"翻车图"

写《甘薯疏》《种棉花法》《代园种竹图说》等农业著作。万历四十一年（1613），他辞去公职并在天津继续进行农业实验，并撰写了《宜垦令》《农遗杂疏》等农业著作。天启二年（1622），徐光启告病返乡，依然继续进行农业实验，并为撰写《农政全书》搜集整理资料。崇祯元年（1628），基本完成《农政全书》初稿，但适逢他官复原职，无暇顾及最后的修订。崇祯六年（1633）徐光启去世，直到1639年《农政全书》才由其弟子陈子龙等人负责修订、定名并出版。

《农政全书》有十二门六十卷，共五十多万字，全书以"农本"为主导思想，既收录了前人总结的农业技术和农政思想，又增加了作者从农业和水利方面实践中获得的科研成果，内容覆盖农本、田制、农事、水利、农器、树艺、蚕桑、种植、畜牧、制造、荒政等，目的是提倡因地制宜、充分利用土地资源，以富国利民，是当时中国的一部重要农业科普工具书。徐光启编著的《农政全书》就受《耕织图》图文并茂的影响，收入戽斗、桔槔、龙骨水车等农具图谱。

# （三）清代《耕织图》摹本

清代无疑是《耕织图》临摹创作的鼎盛时期，是继南宋以后《耕织图》文化热的第二次高潮。因为我国历来以农为本，重视和发展农业是我国的基本国策，清代统治者尤重视《耕织图》的绘制与宣传。康熙南巡时获得《耕织图》，便于康熙三十五年（1696）二月，命焦秉贞仿楼璹图绘成《御制耕织图》，并亲自写序，印发各地，劝谕农桑。之后，雍正、乾隆、嘉庆、光绪各朝也予效法，摹绘《耕织图》以示重农工桑，一时摹刻《耕织图》之风再次大盛。嘉庆时，皇帝六十大寿，"夹路彩廊，左为耕图，右为织图，用绢为田夫红女，按农桑事次第，各录御制诗一篇，凡四十楹"。由于统治集团的高度重视，清代曾经有五任皇帝或临摹或刻印《耕织图》，并将《耕织图》转化为更多的载体和媒介广泛传播（如瓷器、刺绣、年画、家具、雕刻、文房四宝等），还出现了专对海外经销的《耕织图》画册。各种版本、各种形式的《耕织图》纷纷问世，斑斓呈现，一时《耕织图》成为令人注目、家喻户晓的农耕蚕织生产科普宣传推广画册，在宫廷与民间广为流传，对农业生产技术的改进与发展无疑具有促进之功。在清代《耕织图》文化热潮中，具有代表性的《耕织图》临摹本主要有焦秉贞本（即康熙《御制耕织图》）、雍正本、乾隆本、光绪本、嘉庆本和陈枚本、冷枚本、绵亿本、袖珍本、什邡县志本、何太清本（光绪《於潜县志》本）、博爱县本、光绪石刻本、清末外销本、清末台湾地区本、民国石刻本等20多种。在清代众多版本中，当属清康熙焦秉贞所绘《佩文斋耕织图》为最佳版本，有各种翻刻本。

1.焦秉贞《康熙御制耕织图》

《康熙御制耕织图》，又称《佩文斋耕织图》，由康熙年间宫廷画师焦秉贞绘制，为册页画。焦秉贞（生卒年不详），字尔正，山东济宁人，清朝宫廷画家，官至钦天监五官正。擅画人物，吸收西洋焦点透视绘画技法，重明暗层次、近大远小，主要表现在人物安排、透视和明暗运用及空间处理上，人物大多按近大远小的原则来安排，不同于传统中国画按人物身份高低安排人物大小的习惯，在空间处理上也以人物为中心，建筑大小也考虑到人的尺度。传世作品有《耕织图》《秋千闲戏图》《池上篇画意》《列朝贤后故事》《张照肖像》等，尤以《耕织图》著名。

清康熙二十八年（1689），康熙皇帝巡视江南，有人进献藏书，其中就有宋版《耕织图》，于是康熙命宫廷画师焦秉贞参照此图重新绘制。焦秉贞遵旨绘制耕图、织图各 23 幅，排列次序与楼璹《耕织图》基本相同，不过绘画内容做了一些小的变动，其中耕图部分增加了初秧和祭神两图；织图部分删去了下蚕、喂蚕、一眠三图，增加了染色、成衣两图，终于在康熙三十五年（1696）正式问世。焦秉贞创新性地采用了西洋焦点透视绘画技法，使该图呈现出前代《耕织图》所没有的新气象，深得康熙喜爱。康熙亲自为此图题诗写序，因此又称为《御制耕织图》，亲自在序首盖"佩文斋"朱印，故又称为《佩文斋耕织图》（"佩文斋"是清康熙皇帝设在"畅春园"的书斋名号，收藏有大量历代著名书画，在康熙收藏一些书画上多盖有"佩文斋"朱印）。焦秉贞绘制的原图至今未发现，但有两个最重要的复制版本：一是现藏中国国家图书馆的墨印彩绘本，另一个是现藏美国国会图书馆的绢本设色彩绘本。

焦秉贞《御制康熙耕织图》刻石、翻印、仿制、复制版本甚多，现在可见有：康熙三十五年（1696）内府刊印的彩色本和黑白本、光绪五年（1879）上海点石斋缩刊石印本、光绪十二年（1886）点石斋第二次大石印本、光绪十一年（1885）文瑞楼缩刊石印本，还有佩文斋本、《喜咏轩丛书》本等。近年来，国内一些出版社纷纷重印出版佩文斋《耕织图》，如 2013 年安徽人民出版社"中国历代绘刻本名著新编"丛书，就有《康熙御制耕织诗图》，为册页；安徽美术出版社长卷卷轴《康熙御制耕织图》等。这些刻本的底本虽然都是焦秉贞本，但画面的某些细节也有不同之处。对于焦秉贞《耕织图》是参照哪个版本绘制的，目前学术界意见还不一致，赵雅书认为是依据宋版本，天野元之助认为是参照程棨本。笔者通过各种版本对比，觉得应该是焦秉贞在参考以前数种版本之后，汲取各种版本的营养，加入自己的思考和新的透视技法，创新性绘制而成，是《耕织图》中绘画艺术水平较高的一种。

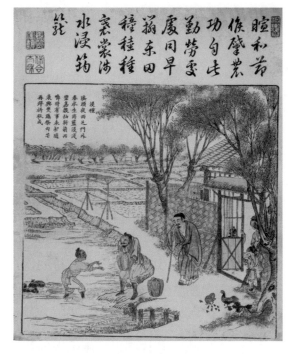

《康熙御制耕织图》"浸种"

中国美术学院研究清代《耕织图》的学者温怀瑾认为，清朝宫廷曾经组织两次《御制耕织图》的刊刻，具体刊刻记录不明，加上焦秉贞绘本不存，导致雷同版本的初印时间难以确定。在此种情况下，只能按照版本通常情况进行假设推测，即印制图像线条越精致，绘画性越强，则质量越高，该版本系统的初印时间越早。《御制耕织图》初刻本的镂版者为朱圭，字上如，别署柱笏堂，苏州人，善绘事刻图。康熙三十年（1691）前后以刻技出众而入内府供职，官列鸿胪寺序班（这在历代刻工中未闻第二人，可见清代宫廷对版画的重视）。康熙御制序、御制诗处的镂版者为善于刻字的梅裕凤（史料不详）。康熙《御制耕织图》的刻本种类较多，至今可见并具有一定代表性的有三种：一是康熙三十五年（1696）刊本（内文玉玺为墨印）册页图，哈佛燕京图书馆、南京博物馆、华东师范大学图书馆、美国盖蒂研究所收藏，以及天津出版社出版的私人藏本等，该刻本《耕织图》凡46幅，耕图、织图各23幅，每页尺寸为26.8厘米×34厘米，图框24.4厘米×24.4厘米，每幅图上方有康熙行书七言御诗，10行3字，前有阳文方印"渊鉴斋"（"渊鉴斋"与"佩文斋"，同是清康熙皇帝设在"畅春园"的书斋名号，专藏书画），诗末有阳文方印"康熙宸翰"、阴文方印"保和太和"。二是康熙三十五年刊本（内文玉玺为朱印），日本早稻田大学图书馆、英国大英博物馆入藏，以及有若干私人收藏。该刻本为册页装，每页尺寸为 46 厘米 ×35 厘米，装面为锦面，居中书写"御制耕织图"，画心镶料为绫面。每图上方的康熙御制诗钤印为红墨，字形笔画饱满，较哈佛本略胜一筹。三是乾隆时期的翻刻本，浙江图书馆收藏。该《康熙御制耕织图》乾隆翻刻本，在浙江图书馆收藏的索书号为"善 2487"，册页装，装面为木面，签纸书写"清康熙内府刊耕织图"，画心有纸面镶边。卷前副页为《御制耕织图序》，每页尺寸 26.8 厘米 ×34 厘米，8 行 11 字。起首有阳文方印"佩文斋"。款识"康熙三十五年春二月社日题并书"，后有阳文方印"康熙宸翰"、阴文方印"稽古右文之章"，钤印皆为朱墨。御题序文墨迹清晰，笔锋明显，顿挫有力。卷前有目次，目次有图框，装裱图次顺序多处错乱，与目次不吻合。如"布秧""碌碡""淤荫""初秧""插秧""一耘""拔秧""二耘""灌溉""收刈""窖茧""择茧"等处均装裱顺序相反。[①]

另外，焦秉贞还画过立轴绢本淡彩《耕织图》一幅，画面内容全为农耕生产场景，整幅图画构图为三个部分，以明显的焦点透视法绘制：下部三分之二画面为牛耕和耙田图，再上为农夫播种图，上部为农居房窗口有一女子在探出半个身子向耕田处张望，还有一位儿童骑在牛背上漫步田埂。画面立体透视，物体近大远小，远近结合，动静相宜，可以说，是一幅江南春耕美景写生画。

### 2. 雍正《耕织图》

这是一个特别有意思、特别有故事的《耕织图》。爱新觉罗·胤禛（1678—1735），是清代第五位皇帝，入关后第三位皇帝，康熙的第四个儿子。

---

① 温怀瑾：《桑农为本——清代耕织图的刻本与绘本》，硕士学位论文，中国美术学院，2020。

1723—1735 年在位，年号雍正。雍正在位时，平定了罗布藏丹津叛乱，设置军机处加强皇权，实行一系列铁腕改革政策，对康乾盛世的延续起到了关键性作用。《雍正耕织图》是雍正登基前，为投其父皇康熙所好，特命宫廷画师精心绘制的。还是四阿哥胤禛为雍亲王时，他就以《康熙御制耕织图》为蓝本绘制《胤禛耕织图》，献给父皇康熙，以表示对父皇的忠心和对农耕蚕织生产的重视。后来，他继承了皇位，该图也称为《雍正耕织图》。该

《雍正耕织图》"浸种"

图内容基本上是康熙图的照抄照搬，没有什么新意，但其最大的特点是：胤禛在绘图时，把农夫蚕妇形象别出心裁地以自己和福晋为原型，展现皇子亲耕、王妃亲蚕的劳动画面。也就是说，胤禛有意识地将自己和妻子以及两个孩子（图中有不少两个孩子的场景）放进耕织图的生产环节之中，政治目的格外明显，这在历代《耕织图》的数十种临摹本中是独一无二的。可见，这《耕织图》背后也许有尚未浮出水面、不为人知的故事。

《雍正耕织图》凡 46 幅，耕图、织图各 23 幅，排列次序、画面和画目与康熙图基本一致，每幅图都有雍正亲笔题诗。诗为五言律诗，诗歌最突出的艺术特色是叠字应用频繁，其中在耕诗 23 首中出现叠字 18 次，织诗 23 首中出现叠字 24 次，共计出现 42 次，几乎每首诗都有叠字，这在众多《耕织图》摹本中也是独一无二的。其实，叠字的运用不仅使诗歌读起来朗朗上口，也使状物、抒情更加生动，更加具体。该图现藏于故宫博物院，1933 年《故宫周刊》曾经予以刊登。近年来，也有一些国内出版社出版图册。

### 3. 乾隆六修《耕织图》

乾隆，是清高宗爱新觉罗·弘历（1711—1799）的年号，在位前后共60年（1736—1795），为清朝第六位皇帝，入关之后的第四位皇帝，"乾隆盛世"就在他的统治下形成。他在位时，高度重视农桑生产，极力推崇皇帝亲农，曾经多次亲自组织考证、刊刻、编修《耕织图》，绘制《棉花图》和《蚕织图》。

乾隆《钦定授时通考》之《耕织图》。乾隆二年（1737）乾隆命大学士鄂尔泰、张廷玉等40余人纂修《钦定授时通考》，此为清朝第一部大型官修综合性农书，也是中国古代最后一部官修农书。全书78卷，引用古籍553种，插图512幅，前后用了5年时间才完成。该书分为天时、土宜、谷种、功作、劝课、蓄聚、农余、蚕桑八门。在"谷种"门类就收入了楼璹《耕织图》耕图23幅，在"蚕桑"门类中收入了楼璹《耕织图》织图23幅。《钦定授时通考》为官方编撰的农业工具书，除内府刊刻外，各省也自行刊刻发行，因此，《钦定授时通考》版本众多，有木刻本、石印本等，在民间流传也较为广泛。清乾隆七年（1742）武英殿刊本，将《御制耕织图》收录于第五十二卷、五十三卷，分别为《耕图》和《织图》，附有康熙、乾隆御制诗。香港中文大学图书馆藏本《御制耕织图》，尺寸为21.1厘米×14.7厘米，11行21字，小字双行同，无界行，白口，四周双边，单黑鱼尾；版心上镌刻题名，中间镌刻卷次及小题，下面镌刻页次，行间有标点；卷前有"劝课，本朝重农"字样，其后为《圣祖仁皇帝御制耕织图序》，有目录；以版心为轴，《耕织图》图像由画面垂直中心一分为二，平均分割在两个四周双边图框内，画面内的楼璹原韵原本字体特征比较微弱，更接近印刷体。而另外所见私人所藏《授时通考》之《耕织图》版本，则为独立一函两册装，内册26厘米×16.5厘米，外函27厘米×19厘米，为线装康熙、雍正、乾隆三朝御制《耕织图诗》汇本，楼璹诗位置也有变化，应该是地方的翻刻本。①

---

① 温怀瑾：《桑农为本——清代耕织图的刻本与绘本》，硕士学位论文，中国美术学院，2020。

乾隆御题程棨《耕织图》碑。
乾隆三十四年（1769），乾隆皇
帝组织考辨订正了元朝画家程棨
绘制的《耕织图》耕图 21 幅、
织图 24 幅，加御题跋识共 48 幅，
双勾阴刻上石，用了三年时间才
完成。现残存的 23 块图碑，收
藏于中国历史博物馆。

乾隆《御制棉花图》石刻。
乾隆三十年（1765），直隶总督
方观承主持绘制的一套植棉、纺

《乾隆御题棉花图》刻石"采棉"

绩直到织染成衣整个过程的图谱，16 幅。每幅图都配以文字说明以及方观承
的七言诗，图文并茂，通俗易懂。特别有意思的是，乾隆还在每幅图画上亲
题七言诗一首，以示对农耕之重视，因此该图又称《御制棉花图》。《御制
棉花图》的出现与流传，客观上反映了我国引种棉花以来，纺织行业发生的巨
大革命性变化。

乾隆还命宫廷画家陈枚、冷枚先后临摹焦秉贞版《耕织图》而新绘制《耕
织图》，并亲题诗句，以示对农桑的重视。乾隆还命如意馆画家绘制了袖珍《耕
织图》，收藏于清宫养心殿，以供皇帝在玩赏文物时，仍然不忘"农桑为国
之本"。仅从现有资料，我们就可知乾隆在位时，曾经六次亲自组织临摹与
绘制《耕织图》。一个帝王一生六次亲自主持绘制农耕、蚕织、棉纺生产过
程的技术场面，并亲力亲为，以身作则，带头科普，大力推广先进生产技术，
这在中国历史上也是独一无二的。

4. 乾隆《豳风广义》之《蚕织图》

此《蚕织图》见于乾隆七年（1742）清代杨屾所著农书《豳风广义》中。
豳，古地名，为今陕西省彬县、旬邑县一带；《豳风》为《诗经》中的豳地

民歌。杨屾（1687—1785），字双山，陕西兴平人，生活在康熙至乾隆年间，博学多才，不入仕途，以讲学授徒兼营农桑为业，所撰《豳风广义》就是当地农桑生产的经验总结。

《豳风广义》一书的特点是内容来自实践，切实有据，文字浅显，通俗易懂，便于普及推广。书中有以宣

《豳风广义》之《蚕织图》"浴种"

传桑蚕之利的《终岁蚕织图说》12 幅图，即从正月到十二月，每月描绘蚕事一幅，包括"浴蚕种图""下子挂连图""称连下蚁图""分蚁图""二眠图""大眠图""上簇图""缫火丝图""摘茧图""蒸茧图""晾茧图""缫水丝图"。书中附有乾隆七年（1742）陕西巡抚帅念祖的序文，以及杨屾的同事刘芳序和杨屾门人巨兆文的跋，从跋中可知该书写于乾隆五年（1740），同年开始雕刻，两年之后即乾隆七年完成雕刻。这部地方性的劝农种桑养蚕农书，后来在陕西、河南、山东等地重刻，该书版本众多，流传相当广泛。[①]

### 5. 嘉庆《授衣广训》之《棉花图》

嘉庆十三年（1808）武英殿刻印《钦定授衣广训》二卷，清董诰等编，是《棉花图》的衍生。乾隆三十年（1765），记载清前期冀中一带棉花种植业及棉纺织手工业情况的《棉花图》成书，这是我国现存最早的一部关于棉花栽培及加工技术的总结性专著，全书有图 16 幅，每图皆附方观承的解说，并附有乾隆皇帝和方观承的七言诗各一

嘉庆《授衣广训》之《棉花图》"耘畦"

---

① 王潮生：《中国古代耕织图概论》，花山文艺出版社、河北科学技术出版社，2023。

首。40多年后，嘉庆皇帝又为《棉花图》书中每幅图各作诗一首，并据古代诗文典故更改书名为《授衣广训》，下令将全书刊刻颁行。

### 6.道光石刻《蚕桑十二事图》

清道光年间，四川广元县知县曾逢吉，根据当地蚕桑生产活动主持绘制了《蚕桑十二事图》并石刻成碑画。此碑高1.3米，总长5.8米，原立于广元县民教寺内，新中国成立后移至广元县皇泽寺内，并立有"蚕桑亭"。在"蚕桑亭"前立有一马头娘画像石碑，画面为在大桑树下一女子依偎白马而坐，一只蚕虫挂于桑枝悬丝坠向该女子头顶。

《蚕桑十二事图》石碑画描绘了当时当地栽桑、养蚕、选茧、缫丝等蚕桑生产活动的全过程。共有种桑、培桑、条桑、浴种、窝种（也称暖种、催青）、收蚁、替蚕、喂蚕、眠起、上簇、分茧、缫丝12幅画面，石刻图虽历经一百余年，但图像画面至今基本仍清晰可见。[①]

道光石刻《蚕桑十二事》"嫘祖与白马传说"拓片

① 王潮生：《中国古代耕织图概论》，花山文艺出版社、河北科学技术出版社，2023。

### 7. 道光《橡茧图说》

根据王潮生《中国古代耕织图概论》
介绍，该图为清道光七年（1827）刘祖宪
任贵州安平县令时所绘。

《橡茧图说》"烘茧"

柞树、栎树当时通称"橡树"，其树
叶是柞蚕食品。此处的《橡茧图说》，其
实就是"柞树栎树养蚕图说"。西晋崔豹《古
今注》就有利用柞蚕织造成丝绵的记载，
但那时都为野生的柞蚕，称为"野蚕""山
蚕"，至明朝后期开始人工饲养柞蚕，主
要在山东较普遍。清初，柞蚕传入贵州。
清乾隆四年（1739）山东历城（今山东济
南市历城区）人陈玉璧任贵州遵义知府。
他倡议利用当地柞树、栎树较多的自然资
源优势，开展养蚕抽丝发展经济，后柞蚕养殖又从遵义传到平安（今贵州安
顺平坝）等地。平安县令刘祖宪在任内总结了当时当地的柞蚕养殖生产情况，
而绘制了《橡茧图说》。

《橡茧图说》一书，从培养柞树、栎树林木，放养柞蚕，以及络丝、织
绸等分条述说其具体操作方法，共 41 条，每条附图一幅，并题七言诗一首。

放养橡蚕、柞蚕是我国地方政府一些敢于担当作为的官方提倡推广和广
大劳动人民的创造，有利于促进当时当地的自然资源保护与合理利用。1958
年浙江省鉴于浙西山区有大片白栎树（柞树林），当柴烧十分可惜，从拓宽
农村生产门路、扩大农民致富来源出发，组织发动"北蚕南移"，将北方养
殖柞蚕的经验引进浙江，在浙江於潜、临安、昌化、建德、淳安等县推广试
养柞蚕。1965 年，这些地区乡村的蚕桑辅导干部、蚕农代表赴柞蚕养殖较为
发达的辽宁、河南、山东等地柞蚕区学习考察。1966 年 3 月，在临安（於潜
已于 1960 年随昌化县并入临安）、淳安两县同时建立了柞蚕试验站，并在

原於潜县的太阳、乐平、七坑和昌化县的河桥等地试行推广野外柞蚕放养。但因经济效益不高和高温多雨等环境不适应而终止，至 1975 年撤销柞蚕试验站。

### 8. 光绪《蚕桑图》《蚕桑图说》

光绪十五年（1889）木刻《蚕桑图》24 幅，记录清代后期陕西关中地区从事蚕桑生产的情形，图画以仿《豳风广义》诸图为主，无配诗，作者佚名。图画有种桑、育桑、栽桑、桑树修剪、桑树管理、采桑、祀先蚕、谢先蚕、蚕桑器具、下子挂连、浴蚕种（附秤连下蚁）、分蚁（附头眠）、二眠、大眠、上簇（附择茧）、蒸茧（附晾茧）、缫水丝、缫火丝（附做绵）、脚踏缫丝车（附脚踏纺棉车）、解丝纬丝、经、纫丝、织、成衣等 24 幅。画纵 32 厘米、横 28.6 厘米，册页，册首图上有一首《种桑歌》，尾有题跋，在多幅图上附有七言诗歌体的文字说明，有些诗歌与《豳风广义》相同。现由中国国家博物馆收藏。

光绪十六年（1890）宗成烈根据宗景藩所撰《蚕桑说略》，请当时著名画师吴嘉猷配图，名曰《蚕桑图说》，以推广江浙一带蚕桑生产的经验技术，发展蚕桑业，以利富民。其中有桑图 5 幅、蚕图 10 幅。

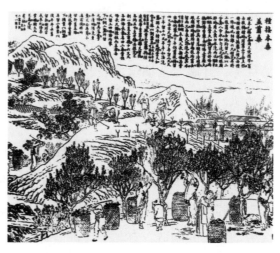

光绪《蚕桑图》《蚕桑图说》接种本桑与剪桑

### 9. 碧玉版《耕织图》

天津博物馆藏有清代碧玉版《耕织图》。该图制作年代尚难确定，大约是乾隆时期或者清中后期。该图为书册折叠形式，盒装，共两函。上函为《御制耕图诗》，下函为《御制织图诗》，册页采用挖镶工艺，边框与册心合长

23 厘米、宽 15.6 厘米、厚 0.5 厘米。每函 5 篇玉版，皆为阴刻填以泥金。每函有缂丝织锦包装的封面和封底，与玉版册心装裱成书本样式，合装在四合如意形套扣的缂丝织锦盒内。

碧玉版《耕织图》与一般耕织图除了质地上的区别外，形式上为一面刻诗文、一面刻图画，但不是一诗一图，而是每帧大多合刻两幅图，合刻诗文四首至五首。所刻诗文为乾隆皇帝和康熙皇帝原韵题《耕织图》七言诗，皆为隶书，与《清高宗御制诗》集所载基本相同（只是个别画目的题诗与原文稍有不同），其画面与焦秉贞所绘康熙《御制耕织图》也基本相同。

根据有关专家鉴定，此件不像宫廷作品，而似民间翻刻，也不知何人所绘、刻及书诗文。但此件定是出于艺术高手，刻画异常精细，生动传神，与其他耕织图相比，艺术想象力也毫不逊色。然而，可能是因为玉质贵重，材料所限，现存除御题刻诗耕 23 首、织 23 首，共 46 首齐全外，耕、织各 23 幅图并没有全刻。耕图中合刻的有"浸种、耕""拔秧、插秧""三耘、灌溉""收刈、登场""筛、簁"等 10 幅；织图中合刻的有"浴蚕、分箔""择茧、练丝""蚕蛾、经"，单刻的有"采桑""成衣"等 8 幅。①

### 10. 陈枚《耕织图》

陈枚（约 1694—1745），字载东，娄县（今上海松江）人。他精于人物、山水、花鸟画创作，有深厚的中国传统绘画功底，雍正四年（1726）入宫为专职画家。其作品在承袭中国传统绘画的基础上又深受郎世宁等西洋画家的影响，以中西结合的新画风备受世人瞩目。

乾隆四年（1739）宫廷画师陈枚受乾隆皇帝之命，临摹绘制《耕织图》。根据《石渠宝笈》卷二十三记载："陈枚画《耕织图》，素绢本着色，凡四十六幅。第一幅至第二十三幅，耕图；第二十四幅至第四十六幅，织图，末幅款云：臣陈枚恭画。"图前有清高宗于"乾隆四年夏四月既望"的御笔"题

---

① 王潮生：《中国古代耕织图概论》，花山文艺出版社、河北科学技术出版社，2023。

〔清〕陈枚《耕织图》"浸种"

记"说明。该图是乾隆命画工按照《康熙御制耕织图》（焦秉贞）版本临摹绘制，其画名、数量、顺序等与焦秉贞图完全一致，不同之处就是将康熙诗句换成了乾隆自己的诗句。陈枚彩绘本《耕织图》线条精致，人物精美，系焦秉贞图《耕织图》派生而出的宫廷作品，一直为清宫所藏，1949年初移居台湾，现藏台北故宫博物院。

另外，陈枚还绘制过单幅画面的《耕织图》，目前可见的有三幅，均采用了西洋绘画的焦点透视法，画工精巧，层次分明。《耕织图》一：画名为"陈枚耕织图真迹"，落款为"杨新题签"（这应该是原故宫博物院副院长、书画鉴定家杨新的鉴定），有"乾隆御览之宝"钤印，立轴，绢本设色，内容为插秧。立轴画面分布为下部是6个农夫在水稻田里插秧，中部稍远处的小溪另一边水稻田里有3位农夫插秧，上部是奇峻秀美的重叠山峦，山峦之下布置隐隐约约的房舍村庄，展现出典型的江南地区场景。该图收藏于故宫博物院。《耕织图》二：绢本，设色，立轴，内容为山林之中的农舍与农田交错其中，水稻田里劳作的农夫、织机前忙碌的蚕妇散布其间，场景有点像北方地区。《耕织图》三：横轴，设色，画面为农耕场景，有一绅士模样的老叟立于画面之右，后有提篮小孩走出农舍，左面为1条蜿蜒小溪，小溪对面有4个农夫在水稻田里劳作。

### 11. 冷枚《耕织图》

冷枚（约1661—约1743），字吉臣，号金门画史，山东胶州人，焦秉贞弟子，清代宫廷画家，善用西洋绘画技术绘制人物、界面，尤精仕女。康熙三十五年（1696）前由其师焦秉贞引荐入宫，时"秉贞奉敕绘《耕织图》，枚复助之"，此图由两人分别绘制而成。冷枚深受康熙赏识，成为内廷画院领班人物，创作了《万寿图》和《避暑山庄图》等名作。到了雍正时代，雍正皇帝不喜欢西洋画法，逐冷枚出宫，冷枚多寄居于宝亲王弘历府中，创作《农家故事册》《成衣图》《采桑图》等作品。乾隆当权后冷枚被重用，受到乾隆特别尊重厚待，生活照顾细致周到，受乾隆之命画了《圆明园四十景》等巨幅作品。

冷枚曾经受乾隆之命绘制《耕织图》。冷枚的《耕织图》是焦秉贞《耕织图》派生宫廷画，与其师傅焦秉贞《耕织图》基本相同，画目名称、数量、顺序一致，耕图23幅、织图23幅，共46幅。图前有康熙御笔题《耕织图·序》，最后一幅"成衣"图上有"臣冷枚恭画"及冷枚印章。不同之处为：冷枚删去了焦秉贞图中楼璹的五言诗，保留了康熙的七言诗；纠正了原织图中"二眠"及"捉绩"两图七言诗对调的错误；在人物的发式、装扮穿着、动作幅度，以及田舍、山水的布置等细节方面有少许差异，画风也不完全相同。冷枚《耕织图》现藏台北故宫博物院。渡部武先生于1985年12月在台北曾经见到过此图。清胡敏《国朝画院录》题录此图。

〔清〕冷枚《耕织图》"浸种"

### 12. 袖珍型《耕织图》

为了让《耕织图》不致流失、永存宫中、传承后代，也为了让最高统治者在宫廷中把玩文物时仍然不忘"农桑为国家之本"，乾隆皇帝命如意馆画家精心绘制了袖珍型的《耕织图》，收藏于清宫养心殿多宝格。多宝格是供帝王随时玩赏文物珍品的场所，陈列有各种珍贵文物。

根据中国农业博物馆教授王潮生先生《几种鲜见的耕织图》一文的介绍，乾隆袖珍型的《耕织图》册，原装上下两函，上函为耕图 23 幅，下函为织图 23 幅，共 46 幅。每函连函套厚约 7.6 厘米，宽约 6.14 厘米；每函又分四册，耕图第一册最厚，约 1.74 厘米，其余在 1.64 厘米左右，长仅 9.54 厘米，宽仅 5.4 厘米。耕图第一册前有康熙皇帝为焦秉贞所绘《耕织图》作的序，每图分别有画目名称，图后有康熙、雍正、乾隆三帝所题《耕织图》诗，均由清代名臣张照以黑纸金字书成。原图为绘在绢上的设色画，画工精细，色泽鲜明，绘制精美，而且在栏外有蘸金彩绘双龙抢珠纹饰，增添了图册的绚丽与华贵，可谓是精美绝伦、举世无双。该精美之作，现存台北故宫博物院。该院曾经于 1984 年 4 月出版的《故宫文物月刊》第 13 号，刊发似熹的文章《袖珍型的耕织图——兼谈我国昔日农耕方式》，就介绍了该画册的一些情况。

### 13. 陈功题跋《耕织图》

陈功，福建闽侯人，清代嘉庆二十三年（1818）进士，清代道光二十三年至道光二十六年（1843—1846）任江苏按察使。

陈功题跋的《耕织图》，现由私人收藏，少为人见。王潮生先生在《中国耕织图概论》一书中介绍："据收藏者说，此图是近年在国外发现后流回中国的，并在国内某拍卖会上竞拍所得。"该画绘图者佚名，仅有陈功题跋。册页，绢本设色，共 46 幅，其中耕图为 22 幅，织图为 26 幅。

陈功题跋《耕织图》"耕图"22 幅为：（1）浸种、（2）耕、（3）耙、（4）耖、（5）碌碡、（6）布秧、（7）淤荫、（8）拔秧、（9）插秧、（10）一耘、（11）二耘、（12）三耘、（13）灌溉、（14）收刈、（15）登场、（16）持穗、

（17）簸扬、（18）砻、（19）舂碓、（20）筛、（21）入仓、（22）供奉。

"织图" 26 幅为：（1）浴蚕、（2）下蚕、（3）喂蚕、（4）一眠、（5）二眠、（6）三眠、（7）分箔、（8）采桑、（9）大起、（10）捉绩、（11）上簇、（12）炙箔、（13）下簇、（14）择茧、（15）窖茧、（16）缫丝、（17）蚕蛾、（18）祀谢、（19）络丝、（20）经、（21）纬、（22）织、（23）攀花、（24）剪帛、（25）成衣、（26）供奉。

该图画目顺序与楼璹《耕织图》一致，但在"耕图"部分，增加了"供奉"一个画面；在"织图"部分，增加了"成衣""供奉"两个画面。

陈功对此《耕织图》按照画面所绘内容，在每幅图装裱上部题写了"南宋楼璹《耕织图》诗"，耕诗 21 首、织诗 24 首，共 45 首诗。又在每幅图装裱边处，题写了元代"赵孟頫题《耕织图》诗"24 首（原诗按月题写，其中耕 12 首、织 12 首，与此图并不对称），还在每首"赵孟頫《耕织图》诗"后略作点评。对于此图装裱前后错位的画面（11 处），陈功均在装裱绫边有标注。

这套陈功题跋《耕织图》究竟是否为南宋楼璹家族所藏《耕织图》的副本，或元明清某个朝代的画家临摹本？现在还无法给出定论。南宋著名画家刘松年在宁宗朝（1195—1224）曾经进献《耕织图》，但其图至今下落不明，此陈功所题跋《耕织图》是否与刘松年《耕织图》有关系？尚待考证。陈功题跋《耕织图》的绘图者到底是谁？又是哪个朝代绘制的？还需要从绫绢材质、笔墨风格、颜料矿物成分、人物造型、头饰、服饰、民俗民风、画中织机结构、织机的操作方法、各种劳动工具以及陈设物等全方位研究考证。①

### 14. 绵亿《耕织图》

爱新觉罗·绵亿（1764—1815），多罗荣恪郡王，书画家、鉴藏家。荣纯亲王爱新觉罗·永琪第五子，与永琪第四子是双胞胎。乾隆四十九年（1784）

---

① 王潮生：《中国古代耕织图概论》，花山文艺出版社、河北科学技术出版社，2023。

〔清〕绵亿《耕织图》"浸种"

十一月，封贝勒。嘉庆十八年（1813），林清之变，攻入皇宫，时嘉庆方在外对是否回京师犹豫不决，绵亿力请皇帝回去，于是嘉庆听从了他的建议及时回京。自此，绵亿受嘉庆重视。嘉庆二十年（1815）去世，谥"荣恪郡王"，终年51岁，子奕绘，袭贝勒。

绵亿曾经绘制过《耕织图》临摹本一册，全图彩色，耕织各23幅，共46幅，画目与康熙《御制耕织图》相同，画面线条均匀，生动简洁。现藏故宫博物院。故宫博物院院刊《紫禁城》2004年第3期（总124期）选登了该院收藏品《绵亿耕织图》4幅，淡彩，"耕图"2幅，为"浸种"和"耕"图画面；"织图"2幅，为"染色"和"攀花"场景。只有图片，没有文字介绍。从可见的4幅画面来比较分析，绵亿《耕织图》应该是临摹焦秉贞的《康熙御制耕织图》。这个版本很少有研究者介绍，只是最近出版的王潮生先生《中国耕织图概论》一书中有较为详细的介绍。

2016年，楼璹《耕织图》诞生地——杭州市临安区於潜镇，当地政府因投资5亿元、建设1500亩规模的"中国耕织图文化园"项目所需，于2017年7月赴故宫博物院沟通商请复制《耕织图》。在故宫博物院的大力支持下，该院收藏的绵亿《耕织图》得以临摹复制，并被请回了於潜，来到了《耕织图》的起源地。现於潜"耕织文化园"内展示的《耕织图》就是绵亿《耕织图》临摹本的复制件。

## 15. 何太清《耕织图》

於潜县是楼璹《耕织图》的诞生地，於潜地区的农耕蚕织生产与耕织文化，一直受楼璹《耕织图》影响，楼璹也一直是后世历任於潜县太爷学习的榜样。但楼璹绘制《耕织图》的事迹在历代县志中未有记载，这使清代光绪时期任於潜县令的何太清有点坐不住了。在何太清任於潜县令主持《於潜县志》编修时，他将楼璹绘制《耕织图》的事迹以及《耕织图》的临摹本，编入了光绪《於潜县志》。

1986 年，笔者 24 岁时，有幸参加中华人民共和国建立后第一次《临安县志》的编修，查阅大量古代县志（於潜县于 1960 年随昌化县并入临安县）时，在光绪《於潜县志》上发现於潜县令何太清临摹的《耕织图》，这才知道在 800 多年前於潜县令楼璹就画了《耕织图》，楼璹《耕织图》是后世所有耕织图的源头。当时负责《临安县志》"农业"和"蚕桑"篇编写的县农业局高级农艺师、杭州市蚕桑学会副理事长倪银昌先生，他认真向笔者介绍了《耕织图》的历史价值与时代意义，将他多年收集的《耕织图》交给笔者，希望年轻一代关注《耕织图》并弘扬临安农耕文化。在倪银昌老师指导下，从那时起笔者便开始关注、收集、研究《耕织图》。何太清《耕织图》是笔者接触到的第一种《耕织图》版本。

光绪《於潜县志》，收录了时任於潜县令何太清《耕织图》，该图仿照焦秉贞《康熙御制耕织图》绘制而成。何太清《耕织图》有图 46 幅，其中耕图、织图各 23 幅，每图上方空白处有康熙皇帝题《耕织图》七言诗一首，共 46 首。卷首有《御制耕织图·序》，另有"民国二年岁在癸丑季冬之月邑人谢青翰"所作《於潜县志重刊序》。卷尾有楼璹《耕织图》五言诗及何太清题五言诗各 49 首，最后是何太清《耕织图诗跋》。在《诗

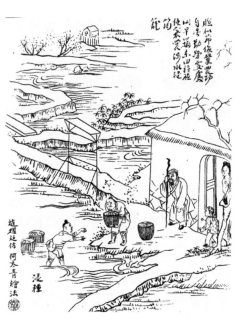

〔清〕何太清《耕织图》"浸种"

跋》中他清晰地说明了为什么要重新临摹楼璹的《耕织图》：因为南宋於潜县令楼璹《耕织图》"前志失载，邑人有欲询其事，而茫然不知所由来者"，为了继承"重农劝织"的优良传统，发展地方农桑经济，增加民众收入，他才仿《康熙御制耕织图》绘制此图，以便"他日潜民，披图揽胜，沐浴咏歌，俾知农桑励俗，以共登康和之乐者，其来有自也"。

在该图第一幅"浸种"图的左下角空白处有"赵耀廷仿何太清绘法"九字，并有"耀廷"二子钤章一枚。赵耀廷不知是何人，还有待考证。但从这里可以看出：该图可能并不一定是何太清绘制的，而有可能是赵耀廷的仿制品。这些都有待考证。

何太清《耕织图》与焦秉贞《耕织图》相比较，两者的画目名称及数量完全相同，只是耕图顺序稍有差异。何太清《耕织图》最大的特点和贡献是：将楼璹、康熙、何太清三人的三个时代的《耕织图》配诗收集于一志，尤其是将康熙《耕织图》诗置于卷首，这就既有利于世人了解《耕织图》及其题诗的发展脉络，了解诗中所反映的宋代、清代时期当地的农桑生产状况，又突出表明了本朝帝王历来重视农桑，借以"推广圣训"，提高《耕织图》本身的价值和於潜的知名度，促进《耕织图》广泛流传。遗憾的是，现存民国二年（1913）由杭州广文公司代印的《於潜县志》中的《耕织图》，绘画技艺较为粗糙，印刷质量也欠精致。2019 年 6 月，临安县地方志办公室曾据民国二年刊印的光绪《於潜县志》进行影印，现临安图书馆、档案馆等所收藏《於潜县志》，多为该本。

### 16. 博爱《耕织图》刻石

博爱县地处我国中原地区的河南省北部。1978 年，河南省新乡地区文物部门开展文物普查，在河南省博爱县邬庄一个农家门楼墙壁上发现镶嵌着一套《耕织图》刻石。其中一幅"运粮回家"图的粮食袋上分别刻有"光绪八年""孟秋月置"的字样，由此可知这批刻石应该是光绪年间所制，故被称为"光绪石刻《耕织图》"。

光绪石刻《耕织图》共有四块，每块长 200 厘米、宽 30 厘米，呈长条状。四块刻石上刻有图画 20 幅，分耕、织两部分内容。前 10 幅为耕图，反映水稻生产的过程：耕地、运苗、插秧、浇水、收割、运稻、踬打、扬场、运粮、欢庆等 10 个场景；后 10 幅为织图，反映棉花生产过程：耕种、中耕除草培土、摘棉、扎弹棉花、纺纱绕线、浆线、络线、经线、梳线、织布等 10 个场景。各图均无配诗，也无文字说明，与楼璹《耕织图》和焦秉贞《耕织图》比较，博爱《耕织图》刻石的线条运用显得更加干净简练。这批《耕织图》刻石，现存河南省博物馆。① 有学者认为，虽然此图与楼璹《耕织图》和焦秉贞《耕织图》有许多区别，但仍然可断定，此图是楼璹《耕织图》及焦秉贞《耕织图》的发展与延伸。②

### 17. 顾洛《耕织图》

2023 年 7 月中旬，笔者曾赴北京看望中国古代《耕织图》研究的先驱、权威学者王潮生先生，他是笔者 30 多年前从事《耕织图》研究的最初引路人。遗憾的是，当笔者抵达北京时得知王潮生先生已于 2022 年年底离世。好在他儿子王志平先生捧过《耕织图》研究接力棒，整理出版了先生遗稿《中国古代耕织图概论》。王志平先生与笔者一见如故，陪同笔者参观中国农业博物馆，还与中国农业博物馆农史研究室主任唐玉强和研究员柏芸等农史专家们座谈交流《耕织图》研究情况。在与专家交流中，笔者获知中国农业博物馆藏有顾洛《耕织图》。

顾洛《耕织图》为折页画，淡彩，外有囊匣，匣上刻有松树、梅花、瓷瓶、香炉等装饰花纹，制作精美；封口、封面各一幅图画，内页有十折，为画面连续的蚕桑生产场景，仅有图像，无画目。具体蚕桑生产场景为：浴种、大眠、择茧、秤茧、经、纬、络丝、提花织造等八个场景。画尾有落款："嘉庆庚辰十月既望西楼顾洛"，下有钤印"西楼"。据中国农业博物馆专家介绍，

---

① 荆三林、李趁有：《博爱耕织图刻石剖析》，《农业考古》1989 年第 2 期。
② 周昕：《中国〈耕织图〉的历史和现状》，《古今农业》1994 年第 3 期。

〔清〕顾洛《蚕织图》丝织局部

顾洛《耕织图》为近年从文物市场回购所得。

### 18. 王素《耕织图》

王素（1794—1877），字小梅，晚号逊之，甘泉（今江苏扬州）人，《清画家诗史》《清朝书画家笔录》等有载。擅画人物、花鸟、走兽、虫鱼等，每晨必临数百字，至老无间。传世作品很多，人物画成就最大，《钟馗图》藏上海博物馆，《二湘图》及《春雷起蛰图》藏日本。王素曾经临摹焦秉贞《康熙御制耕织图》。在陈履生编著、广西美术出版社1995年5月出版的《一品堂画谱》第75页至97页中就收录了王素的《耕织图》20幅，其中"耕图"为浸种、灌溉、耕、布秧、插秧、淤荫、入仓、簸扬、登场、祭神等10图，"织图"为采桑、三眠、分箔、窖茧、炙箔、络丝、经、攀花、剪帛、成衣等10图。耕图和织图的次序排列较为随意，不符合生产过程也未与《康熙御制耕织图》

图序吻合。该图为黑白线条素描，大小、尺寸不详。

### 19. 外销画册《耕织图》

外销画是清代广州港口通商后，中西方文化交流与传播的产物。中国外销画一般具备三个要素：一是由中国画师绘制，售卖对象为来华西方人，往往多销售到欧洲，后期也销往美国；二是为迎合西方人的审美习惯，中国画师在绘制时不同程度地运用了西方的绘画技巧，包括焦点透视法、色彩晕染等；三是内容多为反映中国社会生活风俗场景，如社会风貌、民间习俗、传统手工业、农耕生产、蚕桑养殖、丝绸织造等，其中就有不少水稻生产、农田耕作的图画。[1]

清外销画《耕织图》展览

2003 年 9 月 28 日 至 2004年 1 月 4 日，广东省广州艺术博物院在馆内举办《18—19 世纪羊城风物——英国维多利亚阿伯特博物院藏广州外销画展》系列活动，主办单位为英国维多利亚阿伯特博物院、广州市文化局、

清外销画《蚕织图》"牵经"（作者吴俊）

---

[1] 卢勇、曲静：《清代广州外销画中的稻作图研究》，《古今农业》2022 年第 2 期。

清外销画《蚕织图》"炙箔"（作者佚名）

英国文化委员会。为配合宣传这次活动，主办部门编写了《18—19世纪羊城风物——英国维多利亚阿伯特博物院藏广州外销画》一书，在该画册封面就刊有一幅反映丝绸生产过程的"牵经"图，为三位着清代服饰的年轻女子在操作牵经机；在画册卷首的"序言"中，英国维多利亚阿伯特博物院院长马克·钟斯、英国文化委员会视觉艺术总裁安芝亚·罗斯，介绍说："这次能将200多幅维多利亚阿伯特博物院珍藏的中国外销画在广州展出，我们感到十分高兴。这些漂亮的水彩画是18、19世纪英国人造访广州时购买以留为纪念的，看到它们在原产地陈列出来，是非常有意义的事。"在该画册中，刊有注明1879—1890间所作的《制丝图》，纸本水彩绘画，作者为吴俊。《制丝图》载有喂蚕、炙箔、上簇、缫丝、浣纱、络丝、牵经、织丝、染色、装运、洋行等11幅。该套《制丝图》采用焦点透视技法，画工十分精致，绘画技法都充分呈现出中西合璧的特点，也算是反映时代特色的一种另类《耕织图》，更是中国的《耕织图》在海外传播的生动证据。

20. 其他有关《耕织图》

清朝时期，由于康熙皇帝的大力推崇，兴起了《耕织图》文化热潮，形成了《耕织图》文化热现象。在这股热潮中，有不少人根据各自的需要临摹过《耕织图》，或临摹整套图画，或临摹其中部分图画，或临摹一幅图画，有的绘作画卷，有的刻印成书，有的刻石立碑，有的借用转化，等等，《耕织图》的表现形式已经开始逐步多样化，但由于许多临摹者本身名气不是很大也没有落款，所以一些临摹本未留下创作者姓名，不少为佚名图画，也有一些只记录有画名而无画面。到了民国时期，也有一些临摹与刻印的《耕织图》。

什邡县志《耕织图》。根据嘉庆《什邡县志》卷四十八"艺文"记载，四川什邡县曾经绘制过《耕织图》，有不少学者提及，但都未真正看到过图。1989 年，笔者曾经专门致信什邡县地方志办公室询问，请他们帮助查实有无此事。后接到什邡县志办同志回信，明确答复找不到此图，也没查到线索。

高简《耕织图》。高简（1634—1707），字澹游，号旅云，自号一云山人，江苏苏州人，诗人、书画家，善画山水，尤精小品，好《梅花书屋图》，传世作品有《春山积翠图》《江乡初夏图》《寒林诗思图》等。高简曾经画过《耕织图》一幅，立轴，画卷有曹溶题识，内容为农耕插秧画面，构图有点与焦秉贞《耕织图》"插秧"相似，只是画为立轴，其背后画有山峦与房舍，农妇牵着红衣小孩立于农舍，生活气息、田园风味浓郁。

清光绪石印《耕织图》。清光绪十二年（1886）本，一函两册，尺寸为26 厘米 ×15.5 厘米，扉页篆书"御制耕织图"，四周装饰有墨色龙纹框，后页有篆书牌记"光绪十二年春正月，上海点石斋第二次石印"，收录康熙、雍正、乾隆三朝御制诗。①

清宣统佚名仿绘《耕织图》。单幅，立轴，设色，绢本，画卷上部分描绘纺织，有两年轻妇女坐于房屋织机前劳作；画卷下部分描绘收获，有 4 位农夫使用连枷去除谷壳，3 位农夫在筛粮食，旁有 3 位妇女带一小孩观看，

---

① 应金飞主编：《其耘陌上——耕织图艺术特展》，浙江人民美术出版社，2020。

画面最前方还有一对漂亮的家鸡（一公一母）在捡拾漏下的粮食（此画面与楼璹图相似）。可谓一派田园风情。

清末台湾佚名《农耕图》。单幅，立轴，设色，佚名，描写清末台湾地区的农耕田园生活，下部分为2位农夫分别被牛牵着耕地和耙地，上部左面为1位赤裸上身的农夫在挖沟放水，右面为农夫赤裸上身与妻子和孩子在交流（或正准备喝水）。画面给人以天气炎热、身处热带地区的感觉。

民国十八年（1929）石印《耕织图》。江苏武进陶氏涉

清末台湾佚名《农耕图》

园石印《耕织图》，由陶湘（民国时期上海重要藏书家）主持刊刻，尺寸为29.5厘米×18厘米，每图上有康熙御制诗。该图收录于《喜咏轩丛书》石印本，该丛书装订精美，印刷考究。[①]

## （四）《耕织图》的多媒介流传

南宋楼璹《耕织图》自诞生以来，除绘制临摹、刻石流传、刻印刊发外，还作为一种科普内容被转化为更多的载体，并通过这些多种多样的媒介载体，更加广泛地传播，有效地推动了《耕织图》成为家喻户晓的科普宣传画册。

---

① 应金飞主编：《其耘陌上——耕织图艺术特展》，浙江人民美术出版社，2020。

1.壁画上的《耕织图》

在南宋时期，朝廷曾经下发旨令，要求州县各级政府的大门东西两壁都要画上《耕织图》壁画，以使政府官员每天进出办公时都可以看到，以不忘"农桑为本"的基本职责；也让百姓前来办事可以看到，不忘从事农桑生产的基本生活途径。

1978年，河南省新乡地区文物部门开展文物普查时，在河南省博爱县邬庄一个农家门楼墙壁上发现镶嵌着一套《耕织图》刻石。这套20幅耕织画面的刻石，镶嵌在百姓住宅的大门口，其实就是一幅巨大的石刻浮雕壁画。它向人们展示了农耕蚕桑生产的重要环节，时时提醒人们不要忘了农桑生产。

2.瓷器上的《耕织图》

清代统治者高度重视《耕织图》，大力推广《耕织图》，在清代多位皇帝组织下，命著名画师在瓷器上绘制《耕织图》画面，再命瓷器大师烧制成为精美瓷器，供后人观赏。今天可知可见的《耕织图》画面瓷器，在清代就有40多件，如今多是制作精美、巧夺天工、价值连城的珍贵文物，由故宫博物院、台北故宫博物院以及有关博物馆收藏。

《耕织图》瓷器重要的有：康熙《霁蓝地彩描耕织图凤尾尊》、《青花耕织图碗》（耙）、《五彩耕织图盘》（插秧）、《五彩耕织图瓶》（一对，耕、织各一）。乾隆《青花耕织图扁壶》（耕地）、《胭脂地开光粉彩耕织图瓶》（一对，浸种、经各一）、《青花耕织图扁瓶》（牛耕田）、《粉彩耕织图挂屏》（6块竖屏，3块为耕图、3块为织图）、《粉彩耕织图瓶》（织图）、《御制棉花图诗册》、《墨彩瓷板》（6块，耕、织内容各3块，每块分左右两边，左为图右为说明文字）。清中期《粉彩耕织图盖碗》（碗为织图、碗盖为耕图）、《粉彩耕织图罐》（织图）。道光《粉彩耕织图鹿头尊》（耕、织各一面）、《粉彩人物耕织图碗》（耕图）、《彩绘耕织图碗》（耕图）、《青花加粉彩耕织图小瓷板》（耕图）、《粉彩耕织图茶壶》（盖为织图）、《粉彩耕织图小盘》（耕、织混合）、《粉彩耕织图小碟》（耕图）、《粉彩耕织图碗》（耕、织均有）、《粉

彩耕织图花口碗》（2只，耕、织各一）、
《青花耕织图瓷板》（2块，均为织图）。
同治《粉彩开光人物耕织图扁瓶》（耕
织均有）、《粉彩耕织图扁瓶》（耕织
混合）。光绪《粉彩花口耕织图高足盆》
（耕织混合）、《珊瑚地描金开光粉彩
耕织图瓶》（2只，耕、织各一）、《珊
瑚地粉彩开光耕织胆瓶》（织图"牵
经"）。清末《粉彩耕织图小壶》（织
图"炙箔"等）。另外，还有清代《粉
彩耕织图盘》（耕织混合）、《粉彩耕
织图蒜头瓶》（耕图"浸种"）、《粉
彩青地开光斗彩农耕图三流口扁壶》（牛
耕）、《粉彩耕织图碗》（耕织混合）、
《黑彩矾红耕织图小杯》（织图）、《红
木镶耕织图瓷挂屏》（4块，每块3图，
共12幅图。其中耕图4幅、织图8幅）、
《粉彩耕织图插牌》（正反为耕、织
各一）、《青花粉彩耕织图瓷板》（织
图）、《粉彩耕织图碗》（采桑等）、
《粉彩耕织图盘》（耕织混合）、《青
花渔樵耕读图》、《彩绘渔樵耕读瓷枕》
及清余鸿宾《收蚕瓷板》等，真可谓品
种繁多，眼花缭乱。

2019年1月，北京中视北广文化
发展有限公司出品、张雷民主编的《瓷
板画锦萃之耕织图》，就收录了《雍

《耕织图》瓷瓶

清《耕织图》瓷板画"练色"

正御制耕织图》彩绘瓷板画46块，分耕、织两个部分，耕图23块、织图23块，十分精美，但未注明尺寸和收藏单位。

### 3. 扇面上的《耕织图》

清刘彦冲《耕织图》扇面。刘彦冲（1807—1847），初名荣，字咏之，四川铜梁人（今重庆铜梁人），师从朱昂，擅画山水、人物、花卉，精通诗文，临摹高手。扇面为设色纸本，画面中一男童骑牛牧归，远处草舍数间，一妇人盘坐纺织。

清顾沄《耕织图》折扇。顾沄（1835—1896），字若波，号云壶、壶隐、壶翁、云壶外史、濬川、颂墨、病鹤，室名自在室、小游仙馆，吴县（今属江苏苏州）人，布衣画师，工画山水，清丽疏古。扇面为设色纸本，画面与刘彦冲相仿，只是牧童和牛瘦了很多。

清佚名《耕织图》折扇。设色纸本，远山近水，柴门之外几位妇人树下织作，一牧人沿河远去牧牛，远眺一人行进在桥上，肩扛农具手牵儿童。

伪满洲国彩色《耕织图》折扇。纸本设色。扇面一面为《耕织图》画面，画面居中为茅屋，农舍外两老农人分别着蓝色与黄色朝鲜族服饰荷锄交流，后有一着红色衣服的小男孩半开大门观望；左为两老农夫在水田里劳作；右则为五人围坐长形木桌吃饭，其中一老妇、一中年妇女，其余三人均为年龄不同的孩子（有一幼儿站在学步用的木桶中），均着朝鲜服装；上部题款："耕织图，仿李花会主人笔绘以应正方香江女史"；印签"振兴出品"。另一面为多人分别题字，字体有金文、甲骨文、草书、楷书等，落款有"苍稻居士"等，尾有印章"振兴扇厂制"。具体年代不详。该扇为笔者在网上淘得。

### 4. 刺绣上的《耕织图》

清康熙彩绣《耕织图》。8幅，每幅高46厘米、宽37厘米。该刺绣作品采用焦秉贞绘制的《康熙御制耕织图》画面，保持原图原貌，每幅图上有康熙手书的题诗以及钤印。画面为织图：浴蚕、二眠、三眠、捉绩、分箔、上簇、下簇、炙箔等 8 个环节，淡彩，绣面十分精美，技艺令人惊叹。

清乾隆御制刺绣《耕织图》。8 幅，每幅高 45.5 厘米、宽 37 厘米。耕图内容为耖、碌碡、布秧、初秧、淤荫、拔秧、插秧、一耘等生产环节。

清双面绣《耕织图屏》。作者、尺寸、收藏均不详。

### 5. 年画上的《耕织图》

《耕织图》年画。清代雍正、乾隆年间，盛极一时的天津杨柳青、江苏苏州桃花坞、山东潍坊杨家埠三大年画产地，均有以"耕织图"为题材的年画。年画在中国民间十分流行，特别是广大农村，每逢春节都有张贴年画的习俗，在清朝至民国以及 20 世纪 80 年代以来，新年时几乎家家户户都要张贴年画，年画的消费群体几乎覆盖了所有人家。尤其是在信息传输不太通畅的广大农村地区，年画是一种重要的信息传播渠道，对于社会的规训起着重要作用。耕织题材年画对于社会的建构、对于农耕文化的传播、对于农耕生活的倡导，发挥着独特的作用，如清代杨柳青年画《耕织全图》《耕获图》《农家忙》《丰收图》《庄农稼穑难》等。

《耕织图》挂历。1996 年浙江丝绸集团曾经印制吴皇后《蚕织图》挂历，全年 12 个月，每月一幅，收有采桑、捉绩、二眠、炙箔（蚕室加温）、分箔、择茧（选茧）、缫丝、纬、染色、攀花（织绸）、剪帛、成衣等 12 幅。2009 年中国农业银行广

《耕织图》挂历"耖"

东分行曾经印制全张大幅《耕织图》挂历，封面标为"康熙御制耕织图"，但从画面来判断，实则为"雍正耕织图"，为双月大型挂历，连封面共7幅，封面图画为"纬"，1—2月为"择茧"、3—4月为"秒"、5—6月为"插秧"、7—8月为"入仓"、9—10月为"织绸"、11—12月为"攀花"等。

《耕织图》台历。2008年沧州环宇电路板有限公司曾经印制康熙《御制耕织图》台历，全年分为53周，每周为一幅耕织图，在耕织图46幅（周）以后为御制耕织图序以及收藏钤印，并在御制耕织图序旁注明"原文"和"译文"，以便普及。

### 6.纸币上的《耕织图》

北洋政府《耕织图》纸币。1918年，北洋政府在大兴、宛平县设立的大宛农工银行，就在纸币上印有《雍正耕织图》图画，纸币为市场流通。

民国政府《耕织图》纸币。1927年大宛农工银行改名为中国农工银行，并在北平设立分行。1932年发行的1元、5元、10元银元票，由美国钞票公司印制，正面为《雍正耕织图》"耕图"，画面展现水牛牵引四王爷扶犁耕

民国《耕织图》纸币

地的场景，背面为"织图"画面展现福晋织机织布的场景，1934年英国华德路公司印制的1元券，也是同样的画面。1934年10月，民国政府组建中国农民银行，此后中国农民银行多次印制《耕织图》纸币：1935年德纳罗版红色1元"二耘""拔秧"，绿色5元"持穗""簸扬"，紫色10元"登场""筛"，5角"春碓""一耘"；1937年中国大业版1角"入仓"、2角"插秧"；1940年中国大业版1元"耷"、10元"灌溉"；1941年中国大业版20元"春碓"等。

国家图书馆出版社、作家出版社2022年9月出版的《康雍乾三帝御制耕织图诗》一书"附录"为"民国时期耕织图纸币欣赏"，就收录了大量的《耕织图》纸币，是目前可见《耕织图》纸币最为集中的图像资料。

### 7. 壁纸上的《耕织图》

为迎合欧洲人消费喜好、打开欧洲市场，清朝政府曾经生产一批外销壁纸，在这些壁纸上就有不少绘有中国文化元素的图案。当时出口欧美的手绘壁纸有一类是描绘中国生产与生活风俗，还有一类是纯花鸟题材，其中就有《耕织图》题材的壁纸。根据丝绸文化专家、浙江丝绸工业学院教授袁宣萍著书介绍，外销型壁纸上的《蚕织图》题材，见于第一位访问中国的英国大使马戛尔尼18世纪末带回去的大型壁纸。这套壁纸上穿插着耕作、蚕织、祭祀、谢神等场景，人物均着清代服饰。

### 8. 方志里的《耕织图》

清光绪《於潜县志》之《耕织图》。清光绪二十四年（1898），於潜县令何太清编修《於潜县志》时，就仿焦秉贞《康熙御制耕织图》绘制《耕织图》46幅，其中耕织各23幅，每图上方空白处将楼璹的五言诗替换成了康熙皇帝的题《耕织图》七言诗一首，共46首。民国二年（1913）重刊影印，杭州广文公司代印。2019年6月，杭州市临安区地方志办公室再次影印，一函六卷本，收有《耕织图》46幅。

　　清《什邡县志》之《耕织图》。仅相关文献记载上有文字叙述而未有图画刊发，也没有看到过该县志，具体情况不详。1988 年，笔者曾致信四川省什邡县地方志办公室问询，什邡县地方志办公室回信答复，经查现有历代《什邡县志》，未见记载《耕织图》一事。但至今仍有不少学者文章还引用《什邡县志·耕织图》。这有待进一步考证。

　　台湾余烈《於潜县志》之《耕织图》。余烈（1902—2001），享年 99 岁，字刚夫，浙江於潜人，曾赴日本游学，抗日战争期间创办《浙西日报》并担任报社社长，热心抗战宣传和家乡教育，捐资数万大洋于 1938 年倡议兴建於潜波前小学并任校长，亲撰《波前小学校歌》。1949 年迁居台湾，1990 年出版 30 万字自传《生之旅》；1992 年春在家乡於潜等地举办个人书画展，捐资兴建於潜博物馆。[1]1979 年在台湾主编《於潜县志》收录清焦秉贞《御制耕织图》11 幅（浸种、耕、耙耨、耖、碌碡、布秧、拔秧、插秧、一耘、二耘、三耘），元程棨《耕织图》2 幅（机织图、灌溉图）。1992 年，笔者在临安县地方志办公室工作期间，为了解《耕织图》情况，曾与余烈先生有书信往来，当时余烈先生已 90 岁，仍思路敏捷。

　　《临安县志》之《耕织图》。《临安县志》为 1992 年 12 月汉语大词典出版社出版，主编蔡涉，主编助理臧军，此县志为於潜县从 1960 年随昌化县划归临安县后的第一次修志。该志书收录了由故宫博物院提供的"宋人《蚕织图》"彩色图片 24 幅全套和局部放大画面，并在该书《丛录·文献辑要》中收录了《蚕织图》题跋。

　　《浙江丝绸志》之《耕织图》。《浙江丝绸志》为 1999 年 7 月方志出版社出版，主编蒋猷龙、陈钟，执行主编臧军，常务副主编李琴生。该志书为中华人民共和国建立后第一部浙江省丝绸志，为"丝绸之府"浙江最权威的丝绸生产历史文化方面的资料性专业著述，在彩色插图页中，收录了南宋吴皇后《蚕织图》全套 24 幅淡彩绢本画面的照片。在该书"第十篇文化"之"第

---

[1]　杭州市临安区於潜镇志编纂委员会编：《於潜镇志》，中州古籍出版社，2022。

四章美术、电影、录像"的"第一节图画"中，专门以较大篇幅记载了"南宋楼璹《耕织图》及其流传"。

《杭州丝绸志》之《耕织图》。《杭州丝绸志》为 1999 年 12 月浙江科学技术出版社出版，主编程长松。收录了南宋吴皇后《蚕织图》全套 24 幅淡彩绢本画面的照片。在"丝绸文化"篇，收录了南宋楼璹《耕织图》织图诗 24 首。在"第九篇教育科技"设立"楼璹与耕织图专记"，用 3 个整版记载了楼璹《耕织图》产生过程和主要内容，并称《耕织图》为"世界第一部农业科普画卷"。

《於潜镇志》之《耕织图》。《於潜镇志》为於潜县划归临安县，由县调整为镇后的第一部"镇志"，2022 年 11 月中州古籍出版社出版，主编郑明曙。第三编"农业林业经济特产"收有"专记：於潜之《耕织图》"，整版文字介绍《耕织图》在於潜县诞生和流传的情况。全书 19 编，每编扉页插图都选用焦秉贞《康熙御制耕织图》，为"耕图"10 幅、"织图"9 幅，均为彩色，印制精美。

### 9. 其他载体《耕织图》

清乾隆御制耕织图墨锭。47 枚，一函二匣。上匣 24 枚，下匣 23 枚。上匣为耕作，下匣为蚕织，最后一枚一侧有小字楷书阳识"曹素功谨制"，制作精致。曹素功为清代徽墨名家。"御制耕织图墨锭"用料均用"进贡墨"。

羊皮金粉《耕织图》。作者、年代、尺寸和收藏均不详，只见于王红谊《中国古代耕织图》第 256 页。该画画材为四张完整的羊皮，竖立拼接为长方形，黑色打底，主要用金粉绘制而成，画面左侧空白处有"耕织图"三字，前部画面为耕图内容，上半部分为织图内容，人物众多，耕织场景相互交叉，耕图部分有耙、灌溉、插秧、连枷、入仓等场景，织图部分有采桑、牵经、络丝、织、择茧、祀谢等场景。制作精细，画工精致，富丽华贵。

缂丝《耕织图》挂席。为清代贵州苗族地区人们织造的缂丝耕织图挂屏，挂屏长 127.2 厘米，宽 77 厘米，为蓝色缂丝地，右上角缂金"黔苗勤织"四

羊皮上的《耕织图》

个字，画面描绘了农田耕种、耘锄和收获、登场、谷物加工、粮食入仓，以及农民喜庆丰收等场面。构图严谨，布置精到，远山近树，陂塘畦畛，错落有致；屋舍器具，合乎规矩，人物动作，各具形象，充分表现了贵州苗寨的风光和人们从事农业生产的情景，画面主题突出，生活气息浓厚。[①]

清中期象牙雕《耕织图》瓶。瓶身只有六寸，却雕满耕织图的 46 个场景，热闹非凡。构图错落有致，层次分明，细致入微，人物形象生动，传神逼真。精致精美，世上珍品。可惜不知作者为何人，亦不知该作品现存何处。

清乾隆年间《耕织图》木雕屏风。屏风由 6 块木板组成，每块木板长273.5 厘米、宽 53.5 厘米。每块木板上刻有图 8 幅并配文字，共 48 幅图。前2 幅为乾隆题款"艺陈本记"、耕织图序文，以及赵子俊、吴兴姚氏题跋。其余为"耕图"22 幅、"织图"24 幅。此屏面积较大（全长达 3.2 米、高 2.7

---

① 王潮生：《耕织图器物初考》，《古今农业》2001 年第 4 期。

米），用材讲究（红木实木），制作精细（木刻浮雕），是比较少见的木雕屏风。现藏于安徽省歙县博物馆。

清雍正《耕织图》硬皮抄笔记本。金黄色、硬皮，封面竖排烫金"胤禛耕织图"，32开本，较厚，约2厘米，在笔记本中的白色空白纸张之间，几乎每隔2页空纸即有一幅耕织画插图嵌入其中，有耕图23幅、织图23幅，均为彩绘。

另外，还有清中期白玉精雕《耕织图》珮、清象牙高镶《耕织图》（织图画面）、清中期黑漆描金《耕织图》博弈盒、红木镶嵌象牙《耕织图》插屏、象牙高镶嵌《耕织图》竖屏、清光绪料器《耕织图》彩绘鼻烟壶、清雍正和乾隆《耕织图》彩绘版扑克牌、清焦秉贞《康熙御制耕织图》佩文斋黑白线描本明信片、吴皇后《蚕织图》彩绘挂框画、《耕织图》"攀花"浮雕磨墨石等。近年来，还有各种大小版本的《耕织图》出版物，或册页画，或卷轴画，或折页画，或彩色或黑白，印制都较为精致。

## 10. 少数民族《耕织图》

清嘉庆陈浩《百苗图》。《百苗图》是仿效《耕织图》以图文并茂的方式，描绘清朝时期贵州苗族人民生产生活的图说文本。清乾隆、嘉庆时代，国家开辟苗疆，为加强苗疆管理，中央统一部署绘制少数民族图谱。在朝廷的倡导下，一时兴起对苗疆苗族图像绘画之风：或由皇宫绘制存于皇宫；或据皇帝旨令由到苗族地区工作的

《百苗图》"纺织"

大臣组织人绘制后交到皇宫，因而这部分或在皇宫或存于当时的大臣手中；或由地方绘制，存于地方或民间，多为彩色手绘本。《百苗图》原本为清嘉庆年间贵州八寨理苗同知陈浩所作《八十二种苗图并说》，原本已佚，只有临摹本传世。民国初年曾以石印本发行，在民间影响较大。

当代杨梅香《侗家耕织图》。广西壮族自治区三江侗族自治县的侗族农民画家杨梅香，在2010年开始模仿《耕织图》绘画方式，根据侗族独特的织布、染布和耕种方式，将耕织生产场景绘制在竹子制作的簸箕上，成为系列的《侗家耕织图》，并将这些图转化为旅游产品，引起了各方的关注。一些高校民族专业研究生开始关注《侗家耕织图》现象，撰写了一些研究文章，当地新闻部门和旅游部门也给予高度关注并积极引导。

# 第七章

## 《耕织图》在海外有哪些文化影响

南宋楼璹《耕织图》诞生后，引起了各国关注。随着"丝绸之路"的拓展，特别是南宋时期明州（宁波）港口对外贸易活动频繁，促进了楼璹《耕织图》及其系列临摹本漂洋过海，到达世界各地，并对世界各地的农业丝绸生产技术和美术绘画风格等产生影响。

至迟 14 世纪初期《耕织图》就流传到了欧洲，对意大利绘画产生影响；至迟 15 世纪（日本的室町时代），日本本岛上就有《耕织图》出现；1697年，在《康熙御制耕织图》绘制完成后第二年，《御制耕织图》便经燕行使传入朝鲜；至迟 18 世纪，英国就有焦秉贞《耕织图》私人收藏，还对英国日常生活产生影响，如英国霍华德与阿耶斯所著的《China for the West》一书介绍了一种 18 世纪末欧洲制作的饮料杯，杯上就以中国《耕织图》图案替代了英国田园风光。[①] 同时，在 17 世纪晚期大量中国《耕织图》题材彩色壁纸输入欧洲，直到 19 世纪淡出市场；18 世纪已有景德镇《耕织图》瓷器出现在欧洲；1843 年，画家托马斯·艾伦出版的画册《中国：那个古代帝国的风景、建筑和社会风俗》有 4 张铜版画，分别表现江南地区养蚕制丝的场景。日本学者渡部武教授 2007 年在中科院自然科学史研究所作的《在欧洲的中国热爱CHINOISERI 与"耕织图"》学术报告中谈到：17、18 世纪欧洲出现了一股"中国热"，与中国有关的陶瓷、织物和绘画很受欢迎，其中就包括《耕织图》，至今在欧洲的一些建筑物的墙壁上还贴有以《耕织图》为内容的壁纸，其中就有一幅《耕织图》可能是在 18 世纪前半期制作的，内容与焦秉贞所绘《康熙御制耕织图》相同。[②]

《耕织图》海外流传主要为东南亚地区（日本、朝鲜）和欧美国家。东南亚地区，主要通过"海上丝绸之路"贸易和文化交流，推进《耕织图》流入。欧美地区，主要通过"丝绸之路"贸易、传教士往返带回、清末外销画输入，

---

① 周昕：《〈耕织图〉的拓展与升华》，《农业考古》2008 年第 1 期。
② 周昕：《〈耕织图〉的拓展与升华》，《农业考古》2008 年第 1 期。

鸦片战争后原藏北京圆明园等处的《耕织图》被掠夺后通过某种途径流入欧美国家，特别是"英法联军火烧圆明园"，造成了中国很多包括古代珍贵书画在内的国宝文物，被迫流失到欧美有关国家。

《耕织图》各种版本较为集中的收藏地为中国、日本、美国。在美国，收藏单位主要有美国国会图书馆、佛利尔美术馆、克利夫兰美术馆、纽约大都会艺术博物馆、普利斯顿大学等。在日本，主要有日本国立图书馆、国立公文书馆、东京国立博物馆、东京大学东洋文化研究所、早稻田大学图书馆、庆应义塾大学斯道文库等。另外，在英国的大英博物馆、伦敦大学亚非学院，以及朝鲜等国也有收藏。①

在海外的《耕织图》流传版本主要有三种形式，一是现成画本从中国流传到海外（或商业贸易，或外交途径，或战争掠夺，或文化交流等），被海外各个国家图书馆、博物馆当作国宝收藏；二是海外各国美术界、科技界、农学界的各种模仿中国《耕织图》绘制而成的临摹本；三是参照中国《耕织图》，并结合本国实际情况重新创作但临摹痕迹明显的版本。已知可见收藏于海外各国的各种《耕织图》版本不下 20 种（有的交叉重复），主要收藏在日本、美国、英国、韩国、法国、荷兰、德国、瑞典等国家。

另有琉球本《耕织图》临摹本，在台湾学者赵雅书《关于耕织图之初步探讨》（《幼狮月刊》1976 年第 5 期）的文章中有所提及，但无具体文字说明。

# （一）《耕织图》在日本

## 1."海上丝绸之路"东渡日本

汉武帝时，张骞两度出使西域，开辟陆上"丝绸之路"。在汉至唐的千余年间，"丝绸之路"曾是运销丝绸和中西文化交流的主要通道。另有一条"海上丝绸之路"，连接着中国与日本及东南亚各国。公元前 3 世纪，江浙一带

---

① 王加华、郑裕宝：《海外藏元明清三代耕织图》，陕西师范大学出版总社，2022。

的吴地曾有兄弟两人东渡抵达日本，向日本人民传授养蚕、织绸和缝制吴服的技术。秦始皇曾遣徐福率童男童女和"百工"匠人东渡求"仙药"，正式开拓了"海上丝绸之路"。西汉哀帝年间，中国的罗织物和织罗技术通过朝鲜传到日本。公元199年，自称秦始皇十一世孙的功满王抵日本，带去了中国的蚕种和珍宝。三国两晋时期，中国丝绸和蚕织技术源源不断流入日本。

日本在吸收中国蚕织技术后，着力于发展当地蚕织生产，使日本蚕织业从无到有、从小到大逐步发展起来。魏景初二年（238），日本遣使来朝中国，魏赐以"绛地交龙锦五匹……倩绛五十匹，绀青五十匹""绀地句文锦三匹……白绢五十匹"。正始四年（243），日本派大使8人来献日本生产的缣、绵、衣帛等丝绸产品；正始八年（247）又进献异文杂锦二十匹。日本产丝织物输入中国，充分说明中国蚕丝技术在日本实际应用及技术文化交流取得了一定的效果。至钦明天皇元年（540），中国迁移到日本的移民就达7053户18670人。隋唐时期使节来往更加频繁，从中国带到日本不少丝织新品，成为日本发展丝绸生产的样本，如日本僧侣在台州获得"青色织物绫"，被视为珍宝携回日本，研其工艺模仿生产。唐代，江浙一带生产的丝绸已直接从海上运往日本，仅据日本史料记载，在唐会昌至天复（841—903）的63年间，中国商船驶往日本贸易32次。日本正仓院被称为唐代中国海上丝绸之路在东方的终点，这里至今保存着唐代传去的大量彩色印花饰绫、夹缬、蜡缬等丝织品及中国工匠在日本织制的丝织品。两宋时期，中国同日本、朝鲜贸易更加频繁，宋朝以廉帛、杭州产绫帛等物博易外洋商品，日本保存至今的"道元缎子"便是宋时通过海上丝路输出的。

元明时期，海上丝绸之路达到极盛阶段。仅据元代航海家汪大渊著《岛夷志略》载，当时通过海上丝路与中国进行贸易的地区和国家达十多个，出口物中包括丝、缎匹、绢、全锦等丝织物，而输往日本的主要有龙缎、杂色绢、丹山锦、水绫布等。明永乐二年（1404），郑和出使日本，随船携带纱5匹、绢40匹；永乐四年（1406），潘阳使往日本，也带去了织金诸色彩锦200匹，绮绣衣60件及绮绣纱帐、食褥枕等珍贵丝织品。明末一度海禁，海上丝路因此中断。1567年海禁解除后，中国沿海城市与日本等国的海上贸易迅速恢复，仅福建一地就有从事海上贸易者数万人。迄清时，海上丝绸贸易仍络绎不绝。1644年，曾有一民间商船载商人及船员213人自苏州启航，船上一次就携带苏杭一带驰名的纺丝、绫丝等价值万余两（白银）货物运抵日本，此后该船往返中国与日本海域之间长达8年。

随着中国丝织物不断东传，中国传统而独特的耕织技术及耕织文化也在不知不觉中东传，并渐渐渗入日本文化。尤其是高度集中反映中国耕织生产技术的纪实画卷《耕织图》，更是凭借海上丝路，才有可能走到日本。从现有资料看，日本至迟在15世纪（日本室町时代）就有《耕织图》出现。日本《耕织图》研究专家渡部武教授认为："当时，室町幕府的足利义政（1436—1490）执政，他以收集中国宋、元时代的绘画而闻名于世，晚年是在中国书画古董的陪伴下度过的。他在京都东山建造了一栋豪华山庄。其障壁画（屏风、隔扇、拉门等）多借用中国宋元画的题材，特别是《潇湘八景图》和《耕织图》尤为突出……从那以后，以《四季耕织图》命名的美术作品风靡一时。"[①]同时，现藏于日本东京国立博物馆的复刻版梁楷本《耕织图》绘卷是现存东传日本《耕织图》中最早的作品之一。其创作时间为延德元年（1489），绘卷后面有鉴岳真相的印章，鉴岳真相也正是相阿弥，由此可以推断出以梁楷本《耕织图》为代表的中国古代《耕织图》在15世纪末期就已经传入日本。

另有学者陶虹等认为，中国的《耕织图》在14世纪前就传入了日本。日本德川美术馆所藏《室町殿御饰记》记载了永享九年（1437），天皇行幸第六代将军足利义教宅邸时，足利义教宅邸各个房间的"装饰主题是耕作，是按照梁楷的绘制风格来进行布置的。虽然现在已经无法确认当时在足利义教宅邸的绘画到底是什么内容，但依据文献的记载，梁楷本《耕织图》或类似风格的《耕织图》版本应在这一记载的时间点之前就已经传入了日本。因此，可以把《耕织图》传入日本的时间适当提前到15世纪30年代"。"另外一方面，

---

① ［日］渡部武、［中］陈炳义：《〈耕织图〉对日本文化的影响》，《中国科技史料》1993年第2期。

依据日本《水墨美术系》中的记载和梳理，当时日本所接触到的梁楷的作品多达 39 幅，而这 39 幅作品正是梁楷《耕织图》。在记录足利将军艺术收藏品的《御物御画目录》之中，有'出山释迦胁山水梁楷'的文字记载"。这里的"出山释迦"指的是现藏于日本东京国立博物馆的《出山释迦图》；而"胁山水"则是梁楷的另外两幅《雪景山水图》。在这些收藏画中，均有足利家族第三代将军足利义满鉴赏留下的"道有"朱印，"可见梁楷的作品应至少于足利义满卸任（1394）之前就已经传入日本"。[①]

### 2.《耕织图》与日本农学

南宋於潜县令楼璹《耕织图》问世开创了中国农书著作以图为主、图文并茂的先河。日本东海大学教授渡部武认为，《耕织图》因形象直观，赢得了人们的普遍喜爱，"还成为中国历史文献中古农具图谱的源头，以后诸多古农书图谱多据其或摹或改绘"，"图谱这项内容在后来的几部农书中，都占有显著的地位，而且影响到记载工业技术知识的著述——明末《天工开物》，不能不说是直接由王祯、间接由楼璹得到启示的"。既然《耕织图》在中国农学著作中具有举足轻重的"典籍"作用，作为以不断吸收中国文化为主的古代日本，在编撰农书时自然不可能摆脱《耕织图》的影响。

中国农书至迟在公元 9 世纪（中国唐代、日本平安时代）就已传入日本。"在整个日本文化界影响最深的中国农书恐怕非《耕织图》莫属。在日本流传的《耕织图》主要有楼璹与焦秉贞两大系统，15 世纪为楼璹《耕织图》系统，17 世纪以后主要为焦秉贞《耕织图》系统。"[②] 日本文化元年（1804）由曾槃和尾国柱合编的主要论述农业和植物栽培的著作《成形图说》30 卷，就是受《耕织图》影响最显著的一部著作。该书在许多方面模仿《耕织图》风格，以期同样达到图文并茂、直观形象、易懂便学的效果。就连明代《便民图纂》

---

① 朱航、陶虹：《中国古代〈耕织图〉在日本的本土化流变探究》，《蚕业科学》2022 年第 4 期。

② ［日］渡部武、［中］曹幸穗：《〈耕织图〉流传考》，《农业考古》1989 年第 1 期。

中的《耕织图》也被日本学者、画家满怀热情地搬入农学著作与画稿中。宋应星所著的科技著作《天工开物》，因其参考吸收了《耕织图》的表现方式，具有图文并茂的新颖形式，备受日本人民的青睐，并将它作为指导农耕生产的技术书。由宫崎安贞撰，成书于1697年的日本《农业全书》，是日本的一部大型古农书，它基本上是摘译明徐光启《农政全书》，并掺入宫崎自身经验及日本当时的农民生产经验，编撰而成。1712年由寺岛良安撰的《和汉三才图会》是日本古代农具类重要农书，其中35卷列举了43种农具，并绘有农具图；1707年土屋又三郎撰的《耕稼春秋》，绘有86幅农具图，对水田耕作技术记载尤详……这一系列日本古农书，无一不是深受中国《耕织图》启发而编撰的。难怪日本著名学者古岛敏雄教授在其所著《日本农业史》一书中明确指出：日本农业从中国农书及农业图谱中获得了启发，尤其是从《耕织图》《天工开物》《农政全书》等著名农书中汲取了中国传统农业的经验，从而改进了日本农田灌溉技术、蚕织生产技术等。

在日本江户时代，日本人对中国《耕织图》的兴趣可谓到了入迷的程度，以《耕织图》为样本制作《四季耕作图》蔚然成风。摹仿《耕织图》几乎都是依一些富豪地主的要求而作。这些画家在摹仿《耕织图》时没有完全照搬照抄，而是结合日本民族风情与农耕生产技术，套用《耕织图》形式，融入

日本战国时代的浮世绘《四季耕作图》

日本当时耕织生产的场景与操作细节，并加以比较精确的描写。这些大批量《四季耕作图》通过绘画方式比较客观地反映了日本当时及历代各个时期的农具、农业生产技术的新发明、新创造，从中可以观察到日本不同时代和地区的耕织水平，这无疑是对日本耕织生产技术的写照，是研究日本耕织史难得的直观形象资料。这一系列《耕作图》在民间有较大影响，所以又反过来用于指导日本耕织生产实践，起了科学普及作用。渡部武教授认为，日本江户时代养蚕技术书中绘图受《耕织图》影响最为显著，他说："我想，在不久的将来一旦有详细图录出版的话，那么《耕织图》的织图对日本有怎样的影响便一目了然。"

另外，根据蒋根尧编著的《柞蚕饲养法》记载，清代光绪三年（1877）日本黑田清隆（1840—1900）久闻中国柞蚕之名，托人购买蚕种88粒，寄回饲养，便在日本开辟了柞蚕生产。[①]

### 3.《耕织图》与日本美术

日本的古代美术可以说是从学习中国系统的"佛教美术"开始的。最早在5世纪至6世纪的飞鸟时代，中国大量工匠转道朝鲜进入日本，随行携带了许多美术作品。

继唐以后，对日本书画艺术影响重大的是宋代书画。两宋时期，尤其是南宋迁都杭州后，文化、科技、经济的日益发展繁荣，加之杭州临近东海，宋与日本海上往来更为频繁，文化交流内容更为丰富。宋代浙江书画艺术异常发达，据《古今图书集成·画部·名流列传》载，浙江有画家91人，居全国第2位，而至南宋跃居全国首位。刘松年、夏珪、马远、李唐并称为南宋四大画家，他们的书画作品传入日本，对日本镰仓时代（12至13世纪）的书画艺术勃兴以强有力刺激。刘松年在这段时期所绘制的《耕织图》，不仅在南宋书画界有过轰动效应，同时还流传于日本，且有日本画家摹仿刘松年

---

① 蒋根尧编著：《柞蚕饲养法》，商务印书馆，1948。

风格绘制《耕织图》，并落款"刘松年笔"，可见影响之大。南宋画界"怪杰"
梁楷《耕织图》与他的其他作品陆续传入日本，对日本画界曾有过不小的震动，
至今梁楷《耕织图》还在日本留有不少踪迹，且有不少日本画家摹仿梁楷《耕
织图》而作《四季耕作图》。

　　中国宋元时期美术对日本美术产生影响的另一个方面，是诗画结合表现
农村现实生活的艺术形式。如张择端《清明上河图》，苏汉臣《货郎图》，
毛文昌《村童入学图》，李嵩《服田图》《耕获图》《捕鱼图》《村牧图》
等。而被北宋徽宗朝内府收藏的36幅韩滉绘画作品中，就有《田家风俗图》《尧
民击壤图》等13幅以诗配画的"田家风俗画"。诗画合一描写现实似乎成为
当时的一种风尚。楼璹《耕织图》将诗画合一的形式运用到接近完美的境地，
其45幅每幅均配以说明操作过程的诗句，"图绘以尽其状，诗歌以尽其情"，
从而得以广泛流传。日本在吸收中国艺术时，也不例外地摹仿中国诗画合一
的艺术形式。室町时代后日本美术凡画必诗不可，这意味着书画一体美术风
格在日本形成。日本各个时期所绘制与流传的《耕织图》，图与诗文密切配合，
形式上并不逊色于楼璹《耕织图》。

　　明清时期，中国美术风格一如既往地刺激着日本美术的发展。清代画
家焦秉贞奉旨绘制《耕织图》于康熙五十一年（1712）刊印成书流传，康熙
五十三年（1714）颁布此图为《御制耕织图》，焦也因此名声大噪，后翻刻
传世本不下十余种。至迟在享保十年（1725），焦秉贞《耕织图》就传入了
日本。不久后的文化五年（1808）由日本画家姬路藩摹绘刊刻的焦本《耕织图》，
在日本较为普及。随后，日本画界纷纷摹绘焦本《耕织图》，一时在日本美
术界形成《耕织图》热。此外，《耕织图》的影响还波及日本江户时代的浮
世绘（木版画），这种日本式木版画中拥有大量养蚕浮世绘，通常称为"蚕
织锦绘"，不少作品被东京农工大学收藏。

　　狩野派是从室町时期到明治时期日本最大的画派，自14世纪前半期到
19世纪中叶长达500年，在日本美术界居主导地位，对日本美术发展贡献
卓越。狩野派以善绘《耕织图》闻名并长期垄断《耕织图》制作。该派先

后有多位著名画家绘制《耕织图》，并在各个时期成为美术界重要作品。据台湾余烈先生所编《於潜县志·撰著志》记载，室町时代狩野之信（1476—1559）曾仿明天顺六年（1462）宋宗鲁刻本《耕织图》而绘《耕织图》，但该摹本大多散佚，今仅存 8 幅。江户时代的狩野派在日本画坛名声显赫，狩野探幽（1602—1674）以精通中国古画闻名，一些诸侯和地方豪商纷纷携所藏古画请其鉴定。狩野探幽利用替人鉴定机会，把这些古画临摹、缩小到一卷纵宽 14 厘米的画纸上，称之"探幽缩图"，经他之手画下的古画缩图为后人保留下了珍贵丰富资料。在"缩图本"中收有《耕织图》，该《缩图本耕织图》被收入《人形佛绘蚕图卷》，现被日本视为珍品，藏于京都国立博物馆。狩野派的代表狩野永纳（1631—1697）也曾于延宝四年（1676）翻刻了明天顺（1457—1464）版本《耕织图》，该图在日本较为流行，今藏日本内阁文库及早稻田大学图书馆。明代邝璠《便民图纂·耕织图》也被狩野派搬入美术作品。在今天日本滋贺县大津市圆满院辰福殿、彦根市龙潭寺、长浜市大通寺和京都市立博物馆所藏《四季耕作图》等都为狩野派作品。

导致狩野派垄断《耕织图》走向崩溃是日本浪速画家橘守国（1679—1748），他原为狩野派追随者，陆续出版用狩野派画法的画集，如 1729 年出版类似《耕图》的《四时农业图》，今藏早稻田大学图书馆；1744 年出版类似《织图》的《蚕家织妇之图》，今藏日本东洋文库。这两部书本为狩野派内部资料，橘守国之所以公开内部资料，旨在向世人宣告自己改换门庭。他公开出版的画集在民间影响甚巨，地方上无名画家便不再向狩野派求学，则直接利用公之于众的资料，狩野派画坛的主导地位受到威胁，并妨碍狩野派生意令他们伤透脑筋，然而此举却推动了《耕织图》

［日］周幽斋夏竜《养蚕图》

［日］周幽斋夏竜《耕作图屏风》

在民间进一步传播。日本美术界四条派鼻祖吴春（1752—1811）以清代焦秉
贞《耕织图》作范本，也绘有《四季耕作图》隔扇 47 幅，今存日本西本寺鉴
正局内。吴春还为不少寺院绘制大量《四季耕作图》，惜今多已不传，仅在
兵库县香柱大乘寺内存有吴春与应举一门共同绘制的《四季耕作图》。文化
五年（1808）姬路藩又刊刻发行焦秉贞《耕织图》。《耕织图》在日本摹绘
刊刻甚众，史料所载又未予详尽，另知较有影响的有：既白本《耕织图》、
上野藏本《耕织图》、渡道华山本《耕织图》等。此外，在日本寺院中还存
有不少《耕织图》，其中主要是日本高野山遍照寺院内所藏《耕织图》，版
本种类较多，有被传为刘松年画的"织图贴交屏风"；另有西禅院藏"耕织
图隔扇"、赤松院藏"四季耕作图屏风"、惠光院有"四季耕作图隔扇"等。
1985 年，平冢市博物馆展出了安政六年（1859）画师云霁陈人所画《四季耕
作图》复制品，该画以富士山为背景反映了日本耕织生产场面。1990 年 5 月
23 日至 27 日，在日本东京农工大学工学部附属纤维博物馆专门举办了江户
时代的日本《蚕织图》的展览，展出了一些古代养蚕织丝的画卷，其中一张
海报上就印有《蚕织图》以广为宣传。

　　为什么《耕织图》能在日本长期普及流传，成为日本文化的一个重要组
成部分呢？这主要是因为日本室町时代建筑业兴盛、东山文化创立、桃山时

代大规模筑城以及江户时代的都市整治等，为日本画师们提供了大量的献艺机会与场地；寺院墙壁、门窗、隔扇、屏风等最适宜于绘制具有大型连续场面画题，《耕织图》正合所需。《耕织图》图文并茂、诗画合一的艺术形式和劝课农桑、通俗易懂的实用内容，使其具有雅俗共赏、科普教化双重作用，因此受到历代统治者的推崇和百姓的普遍喜爱。整个日本文化发展——艺术欣赏的贵族性逐步发展到艺术欣赏的民俗化、通俗化的需要。这些绘于日本不同时期、不同地区、不同载体上的《耕织图》，所绘人物发型、服饰、农具、农舍、操作技术、生产场景等，都是在当时日本实际存在的地域文化，表现出不同风格与情趣。①

西南大学陶虹教授认为：15世纪中期至19世纪80年代，中国古代《蚕织图》在日本的传播经历了从收藏、摹绘再到本土化"蚕织浮世绘"的过程。江户时期，有胜川春章、北尾重政、菊川英山、歌川国芳、杨洲周延等约65位画家绘制过"蚕织浮世绘"，这些图绘在蚕事技术环节称谓、蚕桑器具形状、"图文互释"等方面，很大程度保留了中国古代《蚕织图》的图例形式。鉴岳真相收藏梁楷版《蚕织图》，狩野永纳摹绘宋宗鲁刊本《蚕织图》，而后橘守国绘制《绘本直指宝·蚕家织妇之图》，以及杨洲周延的"蚕织浮世绘"《养蚕之图》等，这些都是中国古代蚕织图像文化东传日本的证据，充分证实了"狩野画派、橘守国等人是中华农业图像文化东传的使者"。中国古代《蚕织图》东传及中华蚕桑文化符号在日本的本土化，也是中华农业文化与东亚区域文化交往融合的重要案例，这能为当今东亚区域文明交流提供历史镜鉴。②

4. 日本收藏的《耕织图》

日本是海外收藏、翻刻、发行中国古代《耕织图》版本最多的国家。目前已知日本各博物馆、图书馆、寺庙等处收藏有各种版本的《耕织图》20多种。

---

① 臧军：《〈耕织图〉与日本文化》，《东南文化》1995年第2期。

② 陶虹、邓楠楠：《中国古代〈蚕织图〉技术文化东传对"蚕织浮世绘"影响研究》，《丝绸》2023年第10期。

日本东海大学渡部武教授从事《耕织图》研究数十年，是《耕织图》研究领域的知名专家。1991年8月笔者有幸首次在江西南昌"首届国际农业考古学术会"与他结识，1992年8月又与他在杭州"世界科技史学术研讨会"上相遇。杭州会议结束后，笔者即陪同渡部武先生来到笔者家乡《耕织图》诞生地於潜的藻溪、乐平、七坑等乡村考察，走访了养蚕农户和丝绸生产企业，满足了他多年的心愿。考察期间，他将《耕织图》在日本流传的相关资料交流给笔者。事后，笔者查阅了相关古籍与资料，结合他提供的素材，就《耕织图》与日本文化的关系进行了研究。1992至1995年，笔者在《中国农史》《东南文化》《浙江丝绸工学院学报》《浙江学刊》等刊物，刊发了《〈耕织图〉对日本文化的影响》等系列文章，收集整理介绍了在日本的《耕织图》版本23种。

日本学者渡部武（左）考察《耕织图》诞生地（1992年8月在於潜镇政府门前与笔者合影）

渡部武教授在临安县乐平乡乐平村养蚕专业户罗水才家考察养蚕（1992年8月24日）

南宋梁楷《耕织图》临摹本。现藏日本东京国立博物馆。传为南宋梁楷《耕织图》两卷，共24幅（其中耕图10幅、织图14幅）。此图跋语说："此耕织两卷，以梁楷正笔绘具，笔无相违，写物也。家中不出，可秘不宣人。延德元年二月二十一日鉴岳真相。天明六丙午年四月初旬，伊泽八郎写之。"可见此两卷是日本江户时期的画师伊泽八郎根据传为南宋梁楷《耕织图》所绘的摹写本，收藏者是狩野派著名画师鉴岳真相。该临摹本在美国克利夫兰艺术博物馆也有收藏。

明代宋宗鲁《耕织图》狩野之信摹本。狩野之信（1476—1559），曾经

〔南宋〕梁楷《耕织图》织图局部

仿明天顺六年（1462）宋宗鲁刻本《耕织图》而绘《四季耕作图》，但今仅存《四季耕作图》8 幅。

　　明代宋宗鲁《耕织图》狩野永纳翻刻本。现藏日本国立公文内阁文库。日本江户时代著名画家狩野永纳于延宝四年（1676）据明代宋宗鲁本翻刻，在日本普遍流行，是日本最具代表性的《耕织图》。根据该画册前王增佑序文记载，底本是时任江西按察佥事宋宗鲁在宋版楼璹《耕织图》的基础上于天顺六年（1462）刻印而成的。虽然现在宋宗鲁《耕织图》国内未见，但根据狩野永纳本，我们基本可以看到宋宗鲁《耕织图》的原貌。狩野永纳本高

28 厘米，宽 19 厘米，有耕图 21 幅、织图 24 幅，每幅图附楼璹五言诗一首，但"织图"中的络丝、经、纬、织、攀花、剪帛等 6 幅无五言诗，现仅存 39 首诗。据此，可推测宋宗鲁在临摹的时候所依据的楼璹版本可能就已经是残本了。[1]

　　相阿弥本《耕织图》。现藏日

〔日〕狩野永纳翻刻宋宗鲁《耕织图》"耙"

---

[1]　王加华、郑裕宝：《海外藏元明清三代耕织图》，陕西师范大学出版总社，2022。

本东京国立博物馆。相阿弥（？—1525），日本画家，又叫"鉴岳真相"，曾为东山山庄建造时的工程总监督，他以南宋梁楷《耕织图》摹本而仿绘"耕织两卷"。

狩野探幽本《耕织图》缩图。现藏日本京都国立博物馆。狩野探幽（1602—1674）为日本江户时代的狩野派著名画家，以精通中国古画闻名，一些诸侯和地方豪商纷纷携所藏古画请其鉴定。狩野探幽利用替人鉴定的机会，把这些古画临摹、缩小到一卷纵宽 14 厘米的画纸上，称之"探幽缩图"，经他之手画下的古画缩图为后人保留下了珍贵丰富的资料。在"缩图本"中收有《耕织图》，该《缩图本耕织图》被收入《人形佛绘蚕图卷》，现被日本视为珍品。

橘守国本《耕织图》。现藏日本早稻田大学图书馆和东洋文库。橘守国（1679—1748），日本画师，受狩野派画技影响，也绘有《耕织图》，并先后收入 1729 年刊《绘本通宝志》和 1944 年刊《绘本直指宝》两书。

姬路藩本《耕织图》。姬路藩（生卒年不详），日本著名画家。从现藏日本的《舶来书目》中可知，至迟在享保十年（1725）焦秉贞《耕织图》就传入了日本，不久后的文化五年（1808）姬路藩摹绘刊刻发行焦秉贞摹本，在日本较为普及。

吴春本《耕织图》。现藏日本西本寺鉴正局内。吴春（1752—1811），日本画师，以焦秉贞本《耕织图》作底本，摹绘出西本寺鉴正局《四季耕作图》隔扇 47 幅。

公文书馆本《耕织图》。该临摹本为明天顺六年（1462）复刻本，不分卷，耕图 21 幅、织图 25 幅，双面，框高 22.6 厘米，宽 16.5 厘米，藏日本公文书馆。周芜、周路、周亮编著，江苏美术出版社 1999 年 9 月出版的《日本藏中国古版画珍品》一书中，收录了"耕图"部分的浸种、插秧、二耘、簸扬 4 幅，"织图"部分剪帛、茧馆 2 幅。

既白本《耕织图》。现藏日本东京国立博物馆。既白为日本画师，曾摹有耕、织图各一卷，绢本着彩，画面华丽。

上野藏本《耕织图》。因原藏日本上野博物馆得名，绘图时间、作者未明，今存织图 21 幅，每图右面用隶书题写标题，据日本学者天野元之助先生分析，此图可能是《便民图纂》等版本的摹刻本。

渡道华山本《耕织图》。渡道华山（生卒年不详），为日本画师，其参照狩野永纳本而绘成，1977 年在日本爱知县仅发现织图 24 幅。

云霁陈人本《耕织图》。云霁陈人（生卒年不详），为日本画师，曾在安政六年（1859）绘制《四季耕作图》，该图以富士山为背景，反映了日本的耕织生产场景。1985 年日本国平冢市博物馆曾经展出云霁陈人《四季耕作图》复制品。

还有南院本、橘保春本、大阪博物馆本、应举弟子本、赤松院本、西禅院本、高野山本、圆满园本、龙潭寺本、慧光院本等。[1]

日本临摹《耕织图》尤以屏风和袄画（即隔扇画，一种绘在日式拉门上的画）最为流行。如狩野元信的京都紫野大仙院的《袄绘耕作图》、岩佐又兵卫的《屏风耕作图》、长谷川信春的《春耕图》、金泽市大乘院的《耕作图》屏风等。日本临摹《耕织图》有一个特点，很多是绘制马耕而非传统的牛耕。在日本，马耕始于江户时代（1603—1868）末期，如在《大泉四季农业图绘卷》绘有马在水田里耘田，青山永耕的《四季农耕绘卷》也绘有马在旱地耕作，马耕是日本农业技术上的一个地方特色。

5. 日本流传的《康熙御制耕织图》

清焦秉贞《御制耕织图》对日本影响深远。自康熙《御制耕织图》传入日本后，日本在较长一段时间内再次兴起中国《耕织图》临摹热潮，多次翻刻《御制耕织图》，并广泛传播和收藏。现在日本东京国立博物馆、日本信州大学图书馆就有收藏《御制耕织图》，不少个人也收藏有《御制耕织图》。中国美术学院温怀瑾在研究过程中就看到过日本翻刻的《御制耕织图》版本 3 种。主要是：

---

[1] ［日］渡部武、［中］陈炳义：《〈耕织图〉对日本文化的影响》，《中国科技史料》1993 年第 2 期。

东京国立博物馆藏《佩文斋耕织图》。该图为樱井绚临摹，刊于日本文化五年（1808），蝴蝶装，分上下册，刊刻地为江户、京都，图框尺寸33厘米×26厘米。根据樱井绚后记可知，他是根据焦秉贞《御制耕织图》和《授时通考》中的耕织图诗完成了这个版本刊刻。著录为"文化五年樱井氏香祖堂藏版"，扉页有标题"佩文御制耕织图"以及题款"皇文化五年戊辰春正月秦旦""姬路侯源忠道书于好古堂"。画面有楼璹诗、康熙诗，耕图、织图末

清康熙《御制耕织图》"耕"

尾均无朱圭镌刻字样，仅保留"钦天监五官正臣焦秉贞画"。在日本信州大学图书馆藏有同款《佩文斋耕织图》，只是装帧略有不同。

日本私人藏石印本《御制耕织图》。该图为一函两册，尺寸37厘米×28厘米，下图上文形式，卷前冠有《御制耕织图序》，四周饰墨色云纹，每图上方依次为雍正、乾隆、康熙诗，乾隆诗低一格，上方文字四周饰有朱墨龙纹。《御制耕织图序》及织图第一幅"浴蚕"上有朱墨钤印"宣统鉴赏"。该版本人物眼部造型狭长，笔触较粗糙，与木刻本《耕织图》呈现效果相异。

日本私人藏铜板摹本《御制耕织图》。该图根据清康熙三十五年（1696）刊本《御制耕织图》临摹缩小版本。线装两册，尺寸为27.5厘米×17.5厘米，卷首有御制耕织图序，9行11字，无界行。收录康熙、雍正、乾隆三朝皇帝御制耕织图诗，为12行16字，有界行。该本图像、文字皆为铜版干刻，对图像中皴笔形态还原度较低，略失画意。文字笔画还原度较高，文字四周饰有朱墨龙纹边框。①

---

① 温怀瑾：《桑农为本——清代耕织图的刻本与绘本》，硕士学位论文，中国美术学院，2020。

# （二）《耕织图》在朝鲜半岛

## 1.《耕织图》与朝鲜半岛的政治文化

朝鲜半岛紧挨中国大陆，我国的水稻种植和养蚕丝织技术，早在三千多年前的汉代就传到了朝鲜半岛（《汉书·地理志》记载："殷道衰，箕子去之朝鲜，教其民以礼义、田蚕织作。"）。

朝鲜半岛上的朝鲜国，古称"高丽"。北宋初年，高丽统治者建立了封建集权制度，发展与北宋的友好关系，推进了高丽与中国的海外贸易，"海上丝绸之路"有不少中国物品运送到朝鲜半岛，高丽也有不少物产运到中国。北宋宝元元年（1038）一年中去高丽的商人达147人。中国输往高丽的商品主要是瓷器、茶叶、丝绸织造品、书籍等，高丽运到中国的主要是银子、人参、麝香等。1977年在朝鲜半岛新安海域海底发现了我国沉船，打捞出上千种元代龙泉窑瓷器，其中有一个镌刻有"庆元路"（即明州，今宁波）字样的铜质砝码，说明这批龙泉青瓷是由温州运到明州，然后运往高丽的。[1] 在这些频繁的商务交往中，大量的中国宋版书籍也运往高丽。楼璹《耕织图》留在家族的副本，曾被其侄楼钥，其孙楼洪、楼深，其侄曾孙楼杓等后人临摹并有石刻与木刻本流传民间。在宋末和元明时期，长达数百年的"海上丝绸之路"物品交流中，楼璹《耕织图》临摹本流入邻国，是再自然而然不过的事情。可以推测，大约在元明时期，楼璹《耕织图》临摹本可能传到了朝鲜半岛。

最迟是在17世纪末期，焦秉贞《康熙御制耕织图》刊印第二年（1697），该图就传到了朝鲜半岛。几乎是在第一时间传到朝鲜，可见当时两国人员往来之频繁、文化交流之密切。1697年3月，崔锡鼎、崔奎瑞、宋相琦等人组成的燕行使团从朝鲜出发前往清国，此次燕行使团的目的是向清朝奏请年幼世子册封事宜。同年9月，燕行使团回到朝鲜，向肃宗呈上大清国新刊印《康熙御制耕织图》。肃宗阅后称赞此图"其所以形容稼穑女红之艰者颇详悉，洵可观也"，并命宫廷画师重新摹写成耕图和织图两架屏风。这组屏风是为

---

① 林正秋：《浙江经济文化史研究》，浙江古籍出版社，1989。

了教育此次新册封的世子，即日后的景宗而作的。[①]以临摹本的《耕织图》屏风为范本，为广为宣传和劝农，之后朝鲜半岛产生了《肃宗御制耕织图》、幽玄斋本《耕织图》等多套同一序列作品。此后，朝鲜半岛曾经临摹过多次《耕织图》指导农耕生产实践，形成一些版本。后在朝鲜半岛分为韩国和朝鲜以后，临摹本《耕织图》大多收藏在韩国。

朝鲜半岛除学习中国"家蚕"养殖技术外，中国"山蚕"（即柞蚕）养殖技术大约在清代中后期也传到朝鲜半岛和俄罗斯。[②]

### 2. 朝鲜半岛收藏的《耕织图》

目前可知，现在朝鲜半岛收藏有《耕织图》4 种。

肃宗《御制蚕织图》。1697 年朝鲜国王肃宗命宫廷画师绘制的屏风。现有一部分屏风残画收藏于韩国中央博物馆。

金弘道本《耕织图》。金弘道（1745—1815），为朝鲜画家，曾参照明代宋宗鲁本《耕织图》（又说参照日本狩野派本《耕织图》）绘制《耕织图》织图 22 幅，图右附楼璹五言诗，楷书，现藏韩国首尔博物馆。在王潮生先生《中国耕织图概论》一书中，就收入了金弘道织图 22 幅图片，其画面内容为：喂蚕、一眠、二眠、三眠、分箔、采桑、大起、捉绩、上簇、炙箔、下簇、择茧、窖茧、缫丝、蚕蛾、祀谢、络丝、经、纬、织、攀花、剪帛。其画面排列顺序与吴皇后《蚕织图》一致，只是少了浴蚕、下蚕两幅画面。

金斗梁本《耕织图》。现存韩国德寿宫美术馆。金斗梁（生卒年不详），为朝鲜画家，绘制《秋冬田园行猎胜会》画面内容、结构篇幅等几乎与楼璹《耕织图》相同，是楼璹《耕织图》忠实摹本。不知他是临摹哪个版本的，有待考证。

还有朝鲜人模仿楼璹后裔楼杓刻本《耕织图》摹绘的《耕织图》及《田家乐事》等传世。可惜只有文字介绍，未能见到临摹本。[③]

---

① 李梅：《〈佩文斋耕织图〉的朝鲜传入与再创作》，《世界美术》2021 年第 1 期。

② 王潮生：《中国耕织图概论》，花山文艺出版社、河北科学技术出版社，2023。

③ 臧军：《〈耕织图〉与蚕织文化》，《浙江丝绸工学院学报》1993 年第 3 期。

# （三）《耕织图》在意大利

## 1. 马可·波罗与《耕织图》

李仁溥《中国古代纺织史稿》记载："当时（指宋代）我国的丝织业还是世界上最发达的，丝织纹样日益增多，成为一种色彩绚丽的艺术品。丝织品的贸易沟通了欧亚大陆的交通，保持着汉代以来丝绸之路的光荣传统，丝绸在欧洲人心目中代表着光辉灿烂的中国高度纺织的文明。"[①] 南宋时期，中国的江南城市、南宋王朝的京城临安（杭州）有 120 多万人口，而当时欧洲最发达繁荣的城市威尼斯只有 20 多万人口。元代，蒙古族以英勇善战的骑兵军队，攻城略地，势力范围迅速向东南西北四个方向发展，是当时世界上疆域面积最宽广的帝国。高度发达、高度文明的东方大国——中国，在 12—14 世纪一直是西方世界感到十分神秘的地方，更是欧洲一些商人和探险家格外向往的地方。

1219 年，蒙古人成吉思汗西征花剌子模（今中亚西部地区，即乌兹别克斯坦及土库曼斯坦境内），其后又经过 1237 年的拔都和 1253 年的旭烈兀的两次西征，蒙古人征服了东至中国、西抵多瑙河畔的大片土地，东西交通也因此畅行无阻。这是历史上前所未有的一件大事，从 13 世纪初期到 14 世纪中叶的一百多年间，欧洲的商人、传教士前往东方的，真是"道路相望，不绝于途"。[②] 马可·波罗就是这些众多欧洲探险家中最为杰出的代表。

马可·波罗（约 1254—1324），出生于意大利威尼斯商人家庭，世界著名旅行家，享年 70 岁。1260 年，马可·波罗的父亲尼古拉和叔父马飞阿沿着"丝绸之路"东行，来到中国，1269 年奉元朝忽必烈大汗之命返回威尼斯给教皇送信函。1271 年，17 岁的马可·波罗跟随父亲和叔叔带着新教皇给忽必烈大汗的回信一路东行，"他们穿过几天看不见人烟的荒原，越过高耸陡峭的大山，历尽艰辛，终于到达了东北和北之间的某个地方。这时，他们得到消息说，大

---

① 李仁溥：《中国古代纺织史稿》，岳麓书社，1983。
② ［意］马可·波罗：《马可·波罗游记》，梁生智译，中国文史出版社，1998。

汗正驻跸在一个宏伟富丽的大城，名叫开平府（即上都，今内蒙古多伦县一带）。当他们抵达开平府时，全程所费的时间不下三年半，这主要是因为这里的冬季气候寒冷，前进速度非常缓慢"。[①] 马可·波罗深得忽必烈大汗的信任，在元朝做了 17 年的官，并受忽必烈委派，充当"钦差大臣"到全国各地视察督促，他的足迹遍及长城内外、大江南北、云滇边塞和东南亚诸岛、中亚各国、印度大陆及俄罗斯各地，每到一地都要考察当地的风土人情、物产资源、名胜古迹、传说故事。时间一久，"我们的威尼斯人旅居帝国多年，已经积攒大量价值连城的珠宝和黄金，因此很想衣锦还乡"，在马可·波罗再三请求下，忽必烈同意他们回国，并委派他顺路护送 17 岁蒙古姑娘阔阔真嫁到波斯当君主阿鲁浑的妻子，即波斯王后。这次，他们改走水路从海上航行。有 14 艘船随行，其中有 5 艘船较大。每艘船可以容纳 260 人，大汗赐给他们许多红宝石和其他价值不菲的美丽珠宝，并命所有船舶必须准备两年的粮食。他们沿东海再转印度洋航行 21 个月后，才到阿鲁浑王国，奉命将新娘送到后，在此地修整了 9 个月，再出发西行回意大利。前后经过至少两年半的航行，43 岁的马可·波罗终于带着满船的东方珠宝以及中国书画，返回阔别 25 年的家乡威尼斯。

马可·波罗耗时 25 年的中国之行，不仅是旅游之行——走遍了东方的山水风光与人文风情，也是商务之行——考察了东方商贸并带回了无数珍宝，还是政治之行——替大汗与教皇互传信函并商谈西方传教士进入中国，更是文化之行——带回了中国的生活礼仪和文学艺术。其中，就不乏元朝皇帝忽必烈大汗赐给他的大量名家书画。当然，正处于游牧文化向农耕文化转型的元代，对耕织文化格外重视，在与西方代表马可·波罗的交往中不可能不涉及耕织文化交流，也就是说，中国《耕织图》某个版本，很有可能作为珍贵的礼物赠送给马可·波罗。这就为我们顺利解开了一个谜底！在所有国家里，为什么远离中国的意大利最早受到《耕织图》影响临摹《耕织图》画面，而不是近在隔壁的日本或朝鲜。

---

① ［意］马可·波罗：《马可·波罗游记》，梁生智译，中国文史出版社，1998。

虽然楼璹绘图与马可·波罗回国前后相差整整 162 年，但在 1133—1292 年间，楼璹《耕织图》已有多种临摹本问世流传，如南宋时期就有楼璹《耕织图》副本、吴皇后《蚕织图》摹本、刘松年《耕织图》摹本、梁楷《耕织图》摹本、楼郁《耕织图》摹本、楼深和楼洪《耕织图》摹本、楼杓《耕织图》摹本、汪纲《耕织图》摹本等，元代初期又有程棨《耕织图》摹本（大约 1275 年绘制）。这些版本中临摹较多、流传较广的有楼洪刻本、楼杓刻本、程棨本。从意大利壁画《好政府的寓言》"打场"图景与现在可见的程棨《耕织图》"持穗"场景打场画面对比分析——程棨《耕织图》摹本很有可能被马可·波罗带回了意大利。不然，就无法解释意大利壁画构图居然与中国《耕织图》几乎完全一致。

当然，目前这还是一种学术上的推理与猜测。

### 2. 锡耶那市政厅《耕织图》壁画

在 14 世纪初期也就是中国元代，楼璹《耕织图》对意大利绘画产生了影响。

意大利画家安布罗乔·洛伦采蒂于 1338—1339 年在意大利锡耶那市政厅墙上绘制的巨型壁画《好政府的寓言》，场面为四个男人分别两人一对手持连枷在打麦子。专家考证认为，此图为楼璹《耕织图》元代程棨临摹本"持穗"场景图连枷脱谷的意境搬用，通过对比画面，两画绘图结构、人物造型、场景布置几乎完全一致，而且连楼璹"持穗"图中的两只鸡也没有落下，只是人物外貌换成了西欧人。为什么说这幅意大利画家绘制的图画应该是临摹或借用楼璹《耕织图》呢？因为农耕工具"连枷"是我国汉代就发明的脱粒工具，一直在中国古代农业社会的农业生产中沿用，到了南宋时期楼璹将使用"连枷"进

意大利壁画《好政府的寓言》

行脱粒的场景绘制成画面纳入了《耕织图》系列组图中。"尽管在较洛伦采蒂年代为早的欧洲绘画中，不乏找到一人或二人用连枷打谷的场面，但如此这般的四人组合则仅此一见。而这样的图像要素组合，却是宋元时期《耕织图》图像系列的常态"，"从上述图像分析可以看出，包括洛伦采蒂在内的所有图像，同属于《耕织图》图像序列的变量"。[①]

〔元〕忽哥赤《耕织图》"持穗"连枷图

我们也许可以作这样的推测：意大利著名旅行家马可·波罗曾经在元代来到中国旅行，回国后可能带去了元代程棨《耕织图》临摹本或楼氏家族的临摹刻本。中国《耕织图》引起意大利

〔元〕程棨《耕织图》"持穗"连枷图

画家好奇与关注，于是参照中国在政府大门两边绘《耕织图》提醒政府人员和民众勿忘农耕的做法，也将《耕织图》视为劝农科普画绘制"搬运"到市政厅墙壁上，并且选用了"持穗"画面中"打连枷"场景。这仍需进一步考证。

还有一点需要说明——忽哥赤绘《耕织图》在 1353 年，安布罗乔·洛伦采蒂绘制《好政府的寓言》在 1338—1339 年。意大利画家绘画时间较忽哥赤早 14 年，故安布罗乔·洛伦采蒂绘图时无法参考忽哥赤《耕织图》摹本。所以，笔者认为，意大利画家只能是参考忽哥赤以前的版本，这就给马可·波罗带回《耕织图》留下了更多可能。

---

① 李军：《跨文化的艺术史——图像及其重影》，北京大学出版社，2020。

# （四）《耕织图》在法国

## 1. 法国嘉卡提花机与《耕织图》

中国是丝绸织造的发源地，勤劳智慧的中国人在劳动实践中创造发明了许多先进的机械工具，提高了生产力。南宋《耕织图》就将当时最先进的丝绸提花技术绘制成直观形象的图像，并将这种先进的提花机及其技术广为传播，这种束综提花机的原理和型式，成为后世我国提花机的基本样式，沿用到清末。"南宋《耕织图》提花机，在当时世界上也是最早的，以后，逐渐传至欧洲、日本等地，对世界各国的纺织业做出了贡献。从本质而见花，因绣濯而得锦，乃杼轴遍天下。直到十八世纪上半叶，法国人普昌、福肯、凡肯生等先后在我国提花机的基础上加以改良。1801年，法国人嘉卡继续吸取了前人的研究成果，制成了脚踏机器提花机，为目前世界上通用的提花机提供了雏形，而在时间上，则比我国《耕织图》绘制的年代晚了将近七百年。"①

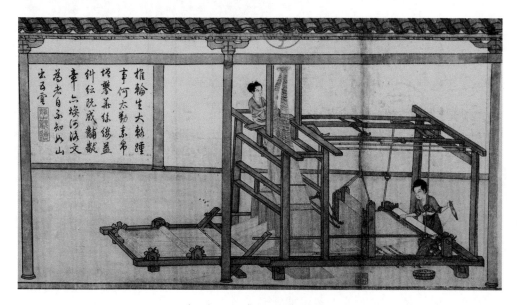

〔元〕程棨《蚕织图》提花机

---

① 缪良云：《楼璹〈耕织图〉及宋代丝绸生产》，《苏州丝绸工学院学报》1982 年第 3 期。

法国"嘉卡提花机"促进了法国工业革命。法国工业革命是指19世纪20—60年代，法国工业生产中以机器为主体的工厂制度代替以手工技术为基础的手工工场的一场变革，对当时的社会生产关系产生了巨大影响。法国人嘉卡在参考中国纺织提花机原理的基础上，创新改进了相关技术，制造了新型的提花机，以机器生产代替了手工劳动，解放了劳动力，提高了生产力。这应该是中国《耕织图》对法国工业革命的贡献，也是对世界工业发展的贡献。但嘉卡改进提花机具体是参考哪个《耕织图》摹本？是宋代的临摹本，还是元明时期的临摹本，或者是清代的《御制耕织图》？应该说，清《康熙御制耕织图》刊印版本较多，发行范围较广，在清代就有一批外销画流向欧洲各国。这就对当时世界各地的文化、美术、技术的发展带来一定影响。自然，法国也不例外。

### 2. 法语版《耕织图》

已知在法国收藏和发行的《耕织图》版本有2种。

元代程棨《耕织图》摹本刻石。根据王潮生先生《中国古代耕织图概论》记载，法国汉学家伯希和收藏有元代程棨《耕织图》石刻本拓本。具体情况未见描述。

法语版《耕织图》封面

法语版《耕织图》对"浸种""耕"两图印章的翻译注解

清《康熙御制耕织图》法文版。19世纪《耕织图》还在法国被翻译成法文，名为《农耕与纺织图咏——重农桑以足衣食，中国的农业》，1850年出版于巴黎，32开，142页，其中91—135页为23幅插图，翻译者为伊西多尔·艾德，作者于1843—1846年担任法国商务部驻中国代表。[1]

### 3.法国收藏的《耕织图》外销画和壁布

清代，中国画师根据西方人的审美习惯，一定程度上运用西方绘画焦点透视法技术，绘制了反映中国耕织生产生活的外销画《耕织图》，售卖给来华的西方人。这些《耕织图》外销画有不少被销往法国。

已知现收藏在法国国家图书馆的外销画《耕织图》，为19世纪传入法国的白描图，主要画面有12个场景：锄田、耙田、刹谷芽、下秧、割禾、插秧、打谷、柜谷、磨谷、破出糠、舂米、筛米等12幅。[2]

清《耕织图》壁布

清代中国织造的《耕织图》艺术壁布受到了法国人的青睐。《耕织图》壁布在法国的一些豪华住宅中，作为艺术装饰画装饰于墙壁上。日本东海大学教授去法国时，就看到了一些装饰于法国人家中的《耕织图》壁布，并做了专门的调查报告。

## （五）《耕织图》在其他欧美国家

18世纪以来，欧洲工业革命促进生产力大发展，从非洲等地掠夺的大量财富，使欧洲经济实力、军事实力迅速强盛，社会购买力高速提升。富裕

---

① 冷东：《中国古代农业对西方的贡献》，《农业考古》1998年第3期。

② 卢勇、曲静：《清代广州外销画中的稻作图研究》，《古今农业》2022年第2期。

起来的欧洲人对神秘的东方文化尤其是中国文化兴趣浓厚，他们通过各种途径收集、收购、收藏来自东方大国中国的各种宝物，其中就有《耕织图》。目前，可知可见在德国、法国、瑞典、荷兰等西方国家收藏有《耕织图》版本7种。

19—20世纪初，在中国发生的两次鸦片战争和八国联军火烧北京圆明园事件以及日本侵华战争，中国珍藏在皇宫和各地博物馆的大批珍稀文物被外国侵略者掠夺出境，一些《耕织图》原件与临摹本也未能幸免。一些被收藏于欧美国家的《耕织图》，多是在这段时期或之后陆续流入的。

### 1. 德国翻译介绍《耕织图》

学者冷东在《中国古代农业对西方的贡献》一文中指出，在19和20世纪，德国曾经有两种《耕织图》的德语翻译本。

一是德语本《耕织图》。法国翻译家伊西多尔·艾德翻译出《耕织图》法文版后，再被转译为德文，题为《中国农业，译自法文，附20幅木版图》，1856年出版于德国莱比锡，两册，32开本。

二是德汉双语本《耕织图》。20世纪，《耕织图》被德国汉学家富兰克（1862—1946）直接从汉文翻译为德文，题为《耕织图，中国农耕及丝织，一部御制的劝农书》，1913年出版于汉堡，32开精装本，共194页，附录有原著的57幅插图及102幅木版图，更有翻译者的考证和注释，是目前最完备的版本，受到各国学者的好评和重视。

另外，还有德国人佛朗开收藏的明英宗天顺六年（1462）王增佑、宋宗鲁重刊本《耕织图》。①

德汉双语版《耕织图》

① 王潮生：《中国耕织图概论》，花山文艺出版社、河北科学技术出版社，2023。

### 2. 英国的《耕织图》文化热

英国最晚在 18 世纪就有中国《耕织图》临摹本私人收藏，其后的 19 世纪有学者翻译《耕织图》英文版本介绍给英国民众，一些绘有《耕织图》内容的瓷器作为中国艺术品被人们购买与收藏，还出现中国《耕织图》内容的壁纸在市场上流通并应用于英国家庭装饰，连饮料杯都绘上中国《耕织图》图案，可见《耕织图》在英国的风靡。目前可知可见的英国收藏《耕织图》版本 3 种，均为清代焦秉贞《康熙御制耕织图》临摹本和仿制品。

一是清代焦秉贞《康熙御制耕织图》。为英国伦敦丝绸商人彼得·努瓦耶所收藏，估计是英国商人到中国开展贸易活动时，从中国带到英国伦敦的。

二是清代《蚕织图》外销画。以清代焦秉贞《御制耕织图》为底本的《蚕织图》外销画 16 幅，现藏英国维多利亚阿伯特博物馆。[1]

三是英国艺术家仿制《御制耕织图》铜版画。英国铜版印本《耕织图》，以铜版干刻为主，尺寸为 23.5 厘米 × 31 厘米，仅有耕图 20 幅（无"耕"图，最后三幅"砻""入仓""祭神"），由当时伦敦著名出版商卡灵顿·鲍尔斯于圣保罗教堂庭院 69 号、约翰·鲍尔斯于康希尔大街 13 号、罗伯特·塞耶于英国伦敦舰队街联合出版，封面写明该图源自中国《御制耕织图》，其构图与康熙三十五年（1696）本呈镜像反转，刻本可能源于石刻，画面中人物身着汉服，但人物面部轮廓具有高加索人种特征，为典型欧洲"中国风"作品。背景处的树木山石和丘陵改为欧洲样式，天空未有留白改绘

英国仿康熙《御制耕织图》铜版画"二耘"

---

[1] 袁宣萍、徐铮：《浙江丝绸文化史》，杭州出版社，2008。

云朵。①

另外，还有英国收藏的外销画《耕织图》。已知英国曼切斯特大学图书馆，收藏有中国 18 世纪的外销画《耕织图》纸本水粉画 1 幅，内容为"收获"。英国牛津大学阿什莫林博物馆收藏中国 19 世纪外销画《耕织图》水彩画 3 幅：童子牧牛、割稻、收成。②

### 3. 瑞典的《耕织图》铜版画

目前已知瑞典收藏《耕织图》2 种。

《康熙御制耕织图》1696 年彩绘木刻版，现藏瑞典科学院，此图为 1739 年汉斯·特尔洛恩向瑞典科学院捐献。

铜版《耕织图》三幅，现藏瑞典科学院，此图为特里瓦尔特·莫滕选用了《康熙御制耕织图》的 3 幅图（采桑、二眠、捉绩），以铜版画的形式进行复制，铜版画构图结构与原图基本一致，只是将图像镜像反转了过来，他将这 3 幅复制的《耕织图》铜版画用于发表在瑞典科学院刊物的文章里。

### 4. 荷兰的《耕织图》铜版画

荷兰（尼德兰）莱顿地区石板套色《耕织图》1 种，由彼得·威廉·马里努斯制作，原本收于《国际民族档案志》第 10 卷，该图描绘的是正月皇帝率领文武百官于先农坛亲耕籍田的祭祀活动，为多层彩色套印。③

### 5. 美国收藏的《耕织图》

目前已知美国各博物馆、图书馆和有关大学图书馆收藏有各种版本《耕织图》6 种。

南宋梁楷《耕织图》。现藏美国克利夫兰艺术博物馆。传为南宋梁楷《耕

---

① 应金飞主编：《其耘陌上——耕织图艺术特展》，浙江人民美术出版社，2020。
② 卢勇、曲静：《清代广州外销画中的稻作图研究》，《古今农业》2022 年第 2 期。
③ 应金飞主编：《其耘陌上——耕织图艺术特展》，浙江人民美术出版社，2020。

织图》两卷，共 24 幅（耕图 10 幅、织图 14 幅）。图跋曰："此耕织两卷，以梁楷正笔绘具，笔无相违，写物也。家中不出，可秘不宣人。延德元年二月二十一日鉴岳真相。天明六丙午年四月初旬，伊泽八郎写之。"可见这是日本江户时期画师伊泽八郎据传为南宋梁楷《耕织图》的摹写本，收藏者是狩野派著名画师鉴岳真相。该临摹本在日本东京国立博物馆也有收藏。

元代程棨《耕织图》。现藏美国佛利尔美术馆。程棨《耕织图》曾被清乾隆皇帝收藏在圆明园多稼轩之北的贵织山堂。1860 年英法侵略军焚掠圆明园，此图被侵略军掠走，从此流失海外，石沉大海。1973 年，该图书馆出版托马斯·劳顿所编《中国人物画》一书，将程棨《耕织图》图目列在其中，世人才知道该程棨《耕织图》的下落。该程棨《耕织图》耕图、织图都为水墨设色纸本卷轴画，耕图 21 幅，宽 32.6 厘米、长 1034 厘米，织图 24 幅，宽 31.9 厘米、长 1249.3 厘米，各有标题及五言诗一首，诗用篆书，旁配较小楷书。

清焦秉贞《耕织图》。现藏美国国会图书馆。为彩绘册页画，丝绸材质，丝绸背景上龙纹隐见，耕图 23 幅、织图 23 幅。在画面内空白处书有楼璹五言诗，画面左侧书有康熙五言诗和七言诗各一首，为康熙朝翰林编修严虞惇以正楷书写。此版本与中国国家图书馆收藏的《康熙御制耕织图》墨印彩绘本内容、款式一致，是《康熙御制耕织图》各种版本中极为罕见和珍贵的版本。费雷德里克·彼德森博士于 1908 年在英国伦敦购得，带回美国纽约；当时两位著名的汉学家特霍尔德·劳弗和伯希和博士鉴定该画后，认定其出自清康熙年间宫廷画师焦秉贞之手；1921 年《通报》13 号上刊发表了一篇名为《发现失落之书》的文章，对这个新发现的《耕织图》进行介绍，由此奠定康熙版《耕织图》在历史上的重要学术地位。1928 年，纽约的威廉·H.摩尔夫人从彼德森博士手中购得该本画册，交给美国国会图书馆保存。[①]

---

① 王加华、郑裕华：《海外藏元明清三代耕织图》，陕西师范大学出版总社，2022。

美国国会藏清焦秉贞《康熙耕织图》"浸种"

普利斯顿大学图书馆藏有康熙焦秉贞绘本和乾隆年间的朱丝栏印本。[①]
另外，该大学图书馆还收藏有中国 19 世纪外销画《耕织图》白描画 15 幅，
其中有佚名画师"打谷""磨米"2 幅，佚名画师"舂米"1 幅，佚名画师"浸
谷种""撒谷种""犁田""耙田""插秧""淋禾秧""车水""大禾割""打
禾""柜谷""磨谷""舂米"。[②]

美国多伦多大学东亚图书馆藏有清焦秉贞绘图，康熙、雍正、乾隆题《耕
织图》诗，清乾隆内府刻本《耕织图》。

美国伯克莱加州大学东亚图书馆藏有清康熙三十五年（1696）内府刻本
《耕织图》一册，框高及宽均 24.1 厘米，耕图与织图之末镌"钦天监五官臣
焦秉贞画，鸿胪寺序班朱圭镌"。[③]

针对海外流传众多《耕织图》版本，为便于研究与运用，学者王加华、

① 王永厚：《中华传统耕织文明的画卷：耕织图》，《图书馆研究与工作》2005 年第 4 期。

② 卢勇、曲静：《清代广州外销画中的稻作图研究》，《古今农业》2022 年第 2 期。

③ 乔晓勤：《耕织图的版本与源流》，《中国研究图书馆员学会学刊》，2014 年 3 月。

郑裕宝从中选择了三套最具有代表性的版本，即现收藏于美国佛利尔美术馆的元代程棨《耕织图》，现藏日本国立公文内阁文库的狩野永纳翻刻明代宋宗鲁《耕织图》，现藏美国国会图书馆的清代《康熙御制耕织图》，将之复制编入《海外藏元明清三代耕织图》一书，2022 年由陕西师范大学出版社出版。该书再现了这些精美绝伦的古代绘画系列，填补了国内《耕织图》研究的一些空白，是《耕织图》研究领域的一大壮举，为国内研究者提供了重要帮助。

# 结语：辉煌灿烂迎未来

南宋於潜县令楼璹绘制的《耕织图》，被誉为"世界第一部农业科普画册"。

《耕织图》在中国历史上第一次全面、系统、完整地记录了我国农耕蚕桑生产过程，图文并茂地描绘了当时世界上最先进的农桑生产工具和技术，再现了南宋发达的科技、多彩的生活，开启了农书图文并茂的先河，海内外各种摹本与载体流传广泛，对世界文明作出积极贡献，形成了特有的中国耕织文化现象，成为举世瞩目的文化艺术瑰宝。

於潜因《耕织图》而闻名。於潜被学界公认是《耕织图》的诞生地，是农耕文明的重要实践地，是农耕文化研究者向往的朝圣地。在《耕织图》诞生 888 年后的 2023 年 10 月中旬，正是金秋稻黄的收获季节，於潜迎来了中国科学院、中国农业博物馆、中国农业大学、复旦大学、山东大学、南京农业大学、西南大学、浙江农林大学、四川美术学院、华东师范大学等高校和科研单位的权威专家学者，齐聚天目山下的天目溪畔，在金色稻海里参加"耕织文化论坛"，研讨中国农耕文明的新时代传承。专家学者们围坐一堂，为於潜传承发扬《耕织图》文化、实现乡村振兴提出了许多真知灼见。这是临安和於潜历史上第一次《耕织图》文化专题学术论坛，可谓是千年等一回！

这些天南海北的专家学者"大咖""大佬"们，为什么大老远跑到江南天目山下的小镇於潜来赴"千年之约"？因为，南宋《耕织图》及其各个时期的摹本，承载了不同时代丰富精彩的农桑生产、科学技术、文化艺术、政治经济、社会生活等丰富信息，构成九百年中国社会发展的画卷，是中华优秀传统文化的宝贵遗产，是取之不尽、用之不竭的文化源泉，被人们视为农桑历史的档案库、文化自信的教科书、文旅结合的宝藏盒、学者研究的黄金矿、乡村振兴的聚宝盆，具有固本溯源、发扬光大的当代价值。所以，他们为《耕织图》而来，为农耕文明而来，为乡村振兴而来。

2023年6月2日，习近平总书记在"文化传承发展座谈会"发表重要讲话，强调，"中华民族具有百万年的人类史、一万年的文化史、五千多年的文明史"，"中华文明具有突出的连续性。中华文明是世界上唯一绵延不断且以国家形态发展至今的伟大文明"，"中华文明赋予中国式现代化以深厚底蕴"。总书记明确要求我们"把世界上唯一没有中断的文明继续传承下去"，"担负起新的文化使命，努力建设中华民族现代文明"。[①]

在这里，我们不禁要问："世界四大文明"，为什么只有中国古代文明得以源远流长、绵延至今？古代社会农业是最根本的部门，农业稳则文明稳、农业兴则文明兴、农业亡则文明亡。历史上的文明古国巴比伦、古埃及、古印度的衰亡，就与农业中断具有重要关联。中国古代文明和传统文化之所以能够长期、稳步、持续发展，得益于遵循农业规律、健全劝农机制、创新农科技术、及时总结经验、推广农业科普，才使古老的农业文明不断推陈出新、中华文明突出的连续性得以体现发挥。南宋《耕织图》就是农业文明的杰出代表、文明传承的成功范例，蕴含着民族精神的灵魂和精髓、中华文明的灿烂和光辉。

当下，习近平总书记已经吹响了在新时代赓续历史文化、传承古代文明、建设现代文明、加强乡村振兴的号角。我们坚信，在全社会的共同努力下，经历了九百年风风雨雨的《耕织图》，它的前世一路光彩闪耀、举世瞩目，它的今生必将更加灿烂、无限辉煌。

---

① 习近平：《在文化传承发展座谈会上的讲话》，《求是》2023年第17期。

附录　历代《耕织图》诗、题跋选辑

# （一）《耕织图》诗选

## 1. 南宋於潜县令楼璹《耕织图》诗四十五首

### （1）耕图诗二十一首

#### 浸 种

溪头夜雨足，门外春水生。筼篮浸浅碧，嘉谷抽新萌。

西畴将有事，耒耜随晨兴。只鸡祭句芒，再拜祈秋成。

#### 耕

东皋一犁雨，布谷初催耕。绿野暗春晓，乌犍苦肩赪。

我衔劝农字，杖策东郊行。永怀历山下，法事关圣情。

#### 耙 耨

雨笠冒宿雾，风蓑拥春寒。破块得甘霔，啮膝浸微澜。

泥深四蹄重，日莫两股酸。谓彼牛后人，着鞭无作难。

#### 耖

脱绔下田中，盎浆着膝尾。巡行遍畦畛，扶耖均泥滓。

迟迟春日斜，稍稍樵歌起。薄莫佩牛归，共浴前溪水。

#### 碌 碡

力田巧机事，利器由心匠。翩翩转圜枢，衮衮鸣翠浪。

三春欲尽头，万顷平如掌。渐暄牛已喘，长怀丙丞相。

#### 布 秧

旧谷发新颖，梅黄雨生肥。下田初播殖，却行手奋挥。

明朝望平畴，绿针刺风漪。审此一寸根，行作合穗期。

### 淤　荫

杀草闻吴儿，洒灰传自祖。田田皆沃壤，泫泫流膏乳。
塍头乌啄泥，谷口鸠唤雨。敢望稼如云，工夫盖如许。

### 拔　秧

新秧初出水，渺渺翠琰齐。清晨且拔擢，父子争提携。
既沐青满握，再栉根无泥。及时趁芒种，散着畦东西。

### 插　秧

晨雨麦秋润，午风槐夏凉。溪南与溪北，啸歌插新秧。
抛掷不停手，左右无乱行。我将教秧马，代劳民莫忘。

### 一　耘

时雨既已降，良苗日怀新。去草如去恶，务令尽陈根。
泥蟠任犊鼻，膝行生浪纹。眷惟圣天子，恍亦思乌耘。

### 二　耘

解衣日炙背，戴笠汗濡首。敢辞冒炎蒸，但欲去莨莠。
壶浆与箪食，亭午来饷妇。要儿知稼穑，岂曰事携幼。

### 三　耘

农田亦甚劬，三复事耘耔。经年苦艰食，喜见苗薿薿。
老农念一饱，对此出馋水。愿天均雨旸，满野如云委。

## 灌 溉

揠苗鄙宋人，抱瓮惭蒙庄。何如衔尾鸦，倒流竭池塘。
穤稏舞翠浪，籧篨生昼凉。斜阳耿衰柳，笑歌闲女郎。

## 收 刈

田家刈获时，腰镰竞仓卒。霜浓手龟坼，日永身鳌折。
儿童行拾穗，风色凌短褐。欢呼荷担归，望望屋山月。

## 登 场

禾黍已登场，稍觉农事优。黄云满高架，白水空西畴。
用此可卒岁，愿言免防秋。太平本无象，村舍炊烟浮。

## 持 穗

霜时天气佳，风劲木叶脱。持穗及此时，连枷声乱发。
黄鸡啄遗粒，乌鸟喜聒聒。归家抖尘埃，夜屋烧榾柮。

## 簸 扬

临风细扬簸，糠秕零风前。倾泻雨声碎，把玩玉粒圆。
短裙箕帚妇，收拾亦已专。岂图较斗升，未敢忘凶年。

## 砻

推挽人摩肩，展转石砺齿。殷床作春雷，旋风落云子。
有如布山川，部娄势相峙。前时斗量珠，满眼俄有此。

## 舂 碓

娟娟月过墙，簌簌风吹叶。田家当此时，村舂响相答。
行闻炊玉香，会见流匙滑。更须水转轮，地碓劳蹴蹋。

### 筛

茅檐闲杵臼，竹屋细筛簸。照人珠琲光，奋臂风雨过。
计功初不浅，饱食良自贺。西邻华屋儿，醉饱正高卧。

### 入　仓

天寒牛在牢，岁暮粟入庾。田父有余乐，炙背卧檐庑。
却愁催赋租，胥吏来旁午。输官王事了，索饭儿叫怒。

## （2）织图诗二十四首

### 浴　蚕

农桑将有事，时节过禁烟。轻风归燕日，小雨浴蚕天。
春衫卷缟袂，盆池弄清泉。深宫想斋戒，躬桑率民先。

### 下　蚕

谷雨无几日，溪山暖风高。华蚕初破壳，落纸细于毛。
柔桑摘蝉翼，籊籊才容刀。茅檐纸窗明，未觉眼力劳。

### 喂　蚕

蚕儿初饭时，桑叶如钱许。扳条摘鹅黄，藉纸观蚁聚。
屋头草木长，窗下儿女语。日长人颇闲，针线随绲补。

### 一　眠

蚕眠白日静，鸟语青春长。抱胚聊假寐，孰能事梳妆。
水边多丽人，罗衣蹋春阳。春阳无限思，岂知问农桑。

## 二　眠

吴蚕一再眠，竹屋下帘幕。拍手弄婴儿，一笑姑不恶。
风来麦秀寒，雨过桑沃若。日高蚕未起，谷鸟鸣百箔。

## 三　眠

屋里蚕三眠，门前春过半。桑麻绿阴合，风雨长蘦暗。
叶底虫丝繁，卧作字画短。偷闲一枕肱，梦与杨花乱。

## 分　箔

三眠三起余，饱叶蚕局促。众多旋分箔，蚕晚碰满屋。
郊原过新雨，桑柘添浓绿。竹间快活吟，惭愧麦饱熟。

## 采　桑

吴儿歌采桑，桑下青春深。邻里讲欢好，逊畔无欺侵。
筠篮各白携，筠梯高倍寻。黄鹂饱紫葚，哑咤鸣绿阴。

## 大　起

盈箱大起时，食桑声似雨。春风老不知，蚕妇忙如许。
呼儿刈青麦，朝饭已过午。妖歌得绫罗，不易青裙女。

## 捉　绩

麦黄雨初足，蚕老人愈忙。辛勤减眠食，颠倒着衣裳。
丝肠映绿叶，练练金色光。松明照夜屋，杜宇啼东冈。

## 上　簇

采采绿叶空，剪剪白茅短。撒簇轻放手，蚕老丝肠软。
山市浮晴岚，风日作妍暖。会看茧如瓮，累累光眩眼。

## 炙　箔

峨峨爇薪炭，重重下帘幕。初出虫结网，遽若雪满箔。

老翁不胜勤，候火珠汗落。得闲儿女子，困卧呼不觉。


## 下　簇

晴明开雪屋，门巷排银山。一年蚕事办，下簇春向阑。

邻里两相贺，翁媪一笑欢。后妃应献茧，喜色开天颜。


## 择　茧

大茧至八蚕，小茧止独蛹。茧衣绕指柔，收拾拟何用。

冬来作缥绕，与儿御寒冻。衣帛非不能，债多租税重。


## 窖　茧

盘中水晶盐，井上梧桐叶。陶器固封泥，窖茧过旬浃。

门前春水生，布谷催畚锸。明朝蹑缫车，车轮缠白氎。


## 缫　丝

连村煮茧香，解事谁家娘。盈盈意媚灶，拍拍手探汤。

上盆颜色好，转轴头绪长。晚来得少休，女伴语隔墙。


## 蚕　蛾

蛾初脱缠缚，如蝶栩栩然。得偶粉翅光，散子金粟圜。

岁月判悠悠，种嗣期绵绵。送蛾临远水，蚕归属明年。


## 祀　谢

春前作蚕市，盛事传西蜀。此邦享先蚕，再拜丝满目。

马革裹玉肌，能神不为辱。虽云事渺茫，解与民为福。

## 络　丝

儿夫督机丝，输官趁时节。向来催租瘢，正为坐逾越。
朝来掉霎勤，宁复辞腕脱。辛勤夜未眠，败屋灯明灭。

## 经

素丝头绪多，美君好安排。青鞋不动尘，缓步交去来。
脉脉意欲乱，眷眷首重回。王言正如丝，亦付经纶才。

## 纬

浸纬供织作，寒女两髻丫。缱绻一缕丝，成就百种花。
弄水春笋寒，卷轮蟾影斜。人闲小阿香，晴空转雷车。

## 织

青灯映帏幕，络纬鸣井栏。轧轧挥素手，风露凄已寒。
辛勤度几梭，始复成一端。寄言罗绮伴，当念麻苎单。

## 攀　花

时态尚新巧，女工慕精勤。心手暗相应，照眼花纷纭。
殷勤挑锦字，曲折读回文。更将无限思，织作雁背云。

## 剪　帛

低眉事机杼，细意把刀尺。盈盈彼美人，剪剪其束帛。
输官给边用，辛苦何足惜。大胜汉缭绫，粉涴不再著。

## 2.元赵孟頫《耕织图》诗二十四首

### （1）耕图诗十二首

#### 正　月

田家重元日，置酒会邻里。小大易新衣，相戒未明起。
老翁年已迈，含笑弄孙子。老妪惠且慈，白发被两耳。
杯盘且罗列，饮食致甘旨。相呼团栾坐，聊慰衰莫齿。
田硗藉人力，粪壤要锄理。新岁不敢闲，农事自兹始。

#### 二　月

东风吹原野，地冻亦已消。早觉农事动，荷锄过相招。
迟迟朝日上，炊烟出林梢。土膏脉既起，良耜利若刀。
高低遍翻垦，宿草不待烧。幼妇颇能家，井臼常自操。
散灰缘旧俗，门径环周遭。所冀岁有成，殷勤在今朝。

#### 三　月

良农知土性，肥瘠有不同。时至万物生，芽蘖由地中。
秉耒向畎亩，忽遍西与东。举家往于田，劳瘁在尔农。
春雨及时降，被野何蒙蒙。乘兹各布种，庶望西成功。
培根利秋实，仰天望年丰。但使阴阳和，自然仓廪充。

#### 四　月

孟夏土加润，苗生无近远。漫漫冒浅陂，芃芃被长阪。
嘉谷虽已殖，恶草亦滋蔓。君子与小人，并处必为患。
朝朝荷锄往，薅耨忘疲倦。旦随鸟雀起，归与牛羊晚。
有妇念将饥，过午可无饭？一饱不易得，念此独长叹。

## 五 月

仲夏苦雨干，二麦先后熟。南风吹陇亩，惠气散清淑。

是为农夫庆，所望实其腹。沽酒醉比邻，语笑声满屋。

纷然收获罢，高廪起相属。有周成王业，后稷播百谷。

皇天贻来年，长世自兹卜。愿言仍岁稔，四海尽蒙福。

## 六 月

当昼耘水田，农夫亦良苦。赤日背欲裂，白汗洒如雨。

匍匐行水中，泥淖及腰膂。新苗抽利剑，割肤何痛楚。

夫耘妇当馌，奔走及亭午。无时暂休息，不得避炎暑。

谁怜万民食，粒粒非易取。愿陈知稼穑，无逸传自古。

## 七 月

大火既西流，凉风日凄厉。古人重稼穑，力田在匪懈。

郊行省农事，禾黍何旆旆。碾以他山石，玉粒使人爱。

大祀须粢盛，一一稽古制。是为五谷长，异彼稊与稗。

炊之香且美，可用享上帝。岂惟足食人，一饱有所待。

## 八 月

白露下百草，茎叶日纷委。是时禾黍登，充积遍都鄙。

在郊既千庾，入邑复万轨。人言田家乐，此乐谁可比？

租赋以输官，所余足储峙。不然风雪至，冻馁及妻子。

优游茅檐下，庶可以卒岁。太平元有象，治世乃如此。

## 九 月

大家饶米面，何啻百室盈。纵复人力多，舂磨常不停。

激水转大轮，砲碓亦易成。古人有机智，用之可厚生。

朝出连百车，暮入还满庭。勾稽数多寡，必假布算精。

小人好争利，昼夜心营营。君子贵知足，知足万虑轻。

## 十　月

孟冬农事毕，谷粟既已藏。弥望四野空，藁秸亦在场。

朝廷政方理，庶事和阴阳。所以频岁登，不忧旱与蝗。

置酒燕乡里，尊老列上行。肴羞不厌多，炰羔复烹羊。

纵饮穷日夕，为乐殊未央。祷天祝圣人，万年长寿昌。

## 十 一 月

农家值丰年，乐事日熙熙。黑黍可酿酒，在牢羊豕肥。

东邻有一女，西邻有一儿。儿年十五六，女大亦可笄。

财礼不求备，多少取随宜。冬前与冬后，婚嫁利此时。

但愿子孙多，门户可扶持。女当力蚕桑，男当力耕籽。

## 十 二 月

一日不力作，一日食不足。惨淡岁云莫，风雪入破屋。

老农气力衰，伛偻腰背曲。索绹民事急，昼夜互相续。

饭牛欲牛肥，荛藁亦预蓄，寒驴虽劣弱，挽车致百斛。

农家极劳苦，岁岂恒稔熟。能知稼穑艰，天下自蒙福。

## （2）织图诗十二首

## 正　月

正月新献岁，最先理农器。女工并时兴，蚕室临期治。

初阳力未胜，早春尚寒气。窗户当奥密，勿使风雨至。

田畴耕耰动，敢不修耒耜。经冬牛力弱，相戒勤饭饲。
万事非预备，仓卒恐不易。田家亦良苦，舍此复何计？

## 二　月

仲春冻初解，阳气方满盈。旭日照原野，万物皆欣荣。
是时可种桑，插地易抽萌。列树遍阡陌，东西各纵横。
岂惟篱落间，采叶惮远行？大哉皇元化，四海无交兵。
种桑日已广，弥望绿云平。匪惟锦绮谋，只以厚民生。

## 三　月

三月蚕始生，纤细如牛毛。婉娈闺中女，素手握金刀。
切叶以饲之，拥纸散周遭。庭树鸣黄鸟，发声和且娇。
蚕饥当采桑，何暇事游遨？田时人力少，丈夫方种苗。
相将挽长条，盈筐不终朝。数口望无寒，敢辞终岁劳？

## 四　月

四月夏气清，蚕大已属眠。高首何昂昂，蛾眉复娟娟。
不忧桑叶少，遍野如绿烟。相呼携筐去，迢递立远阡。
梯空伐条枚，叶上露未干。蚕饥当早归，秉心静以专。
饬躬修妇事，黾勉当盛年。救忙多女伴，笑语方喧然。

## 五　月

五月夏以半，谷莺先弄晨。老蚕成雪茧，吐丝乱纷纭。
伐苇作薄曲，束缚齐榛榛。黄者黄如金，白者白如银。
烂然满筐筥，爱此颜色新。欣欣举家喜，稍慰经时勤。
有客过相问，笑声闻四邻。论功何所归？再拜谢蚕神。

## 六　月

釜下烧桑柴，取茧投釜中。纤纤女儿手，抽丝疾如风。

田家五六月，绿树阴相蒙。但闻缫车响，远接村西东。

旬日可经绢，弗忧杼轴空。妇人能蚕桑，家道当不穷。

更望时雨足，二麦亦稍丰。沽酒田家饮，醉倒姬与翁。

## 七　月

七月暑尚炽，长日弄机杼。头蓬不暇梳，挥手汗如雨。

嘤嘤时鸟鸣，灼灼红榴吐。何心娱耳目，往来忘伛偻。

织为机中素，老幼要纫补。青灯照夜梭，蟋蟀窗外语。

辛勤亦何有？身体衣几缕？嫁为田家妇，终岁服劳苦。

## 八　月

池水何洋洋，沤麻水中央。数日麻可取，引过两手长。

织绢能几时，织布已复忙。依依小儿女，岁晚叹无裳。

布襦不掩胫，念之热中肠。朝缉满一篮，暮缉满一筐。

行看机中布，计日渐可量。我衣苟已成，不忧天早霜。

## 九　月

季秋霜露降，凛凛寒气生。是月当授衣，有布织未成。

天寒催刀尺，机杼可无营。教女学纺纻，举足疾且轻。

舍南与舍北，哗哗闻车声。通都富豪家，华屋贮娉婷。

被服杂罗绮，五色相间明。听说贫家女，恻然当动情。

## 十　月

丰年禾黍登，农心稍逸乐。小儿渐长大，终岁荷锄镬。

目不识一字，每念心作恶。东邻方迎师，收拾令入学。

后月日南至，相贺因旧俗。为女裁新衣，修短巧量度。

龟手事塞向，庶御北风虐。人生真可叹，至老长力作。

## 十一月

冬至阳来复，草木潜滋萌。君子重其然，吾道自此亨。

父母坐堂上，子孙列前荣。再拜称上寿，所愿百福并。

人生属明时，四海方太平。民无札瘥者，厚泽敷群情。

衣食苟给足，礼义自此生。愿言兴学校，庶几教化成。

## 十二月

忽忽岁将尽，人事可稍休。寒风吹桑林，日夕声飕飀。

墙南地不冻，垦掘为坑沟。斫桑埋其中，明年芽早抽。

是月浴蚕种，自古相传流。蚕出易脱壳，丝纩亦倍收。

及时不努力，知有来岁否？手冻不足惜，冀免号寒忧。

## 3. 明邝璠《便民图纂·耕织图》竹枝词三十一首

### （1）农务图诗十五首

#### 浸 种

三月清明浸种天，去年包裹到今年。

日浸夜收常看管，只等芽长撒下田。

#### 耕 田

翻耕须是力勤劳，才听鸡啼便出郊。

耙得了时还要耖，工程限定在明朝。

## 耖　田

耙过还须耖一番，田中泥块要匀摊。

摊得匀时秧好插，摊弗匀时插也难。

## 播　种

初发秧芽未长成，撒来田里要均平。

还愁鸟雀飞来吃，密密将灰盖一层。

## 下　壅

稻禾全靠粪浇根，豆饼河泥下得匀。

要利还须着本做，多收还是本多人。

## 插　莳

芒种才交插莳完，何须劳动劝农官。

今年觉似常年早，落得全家尽喜欢。

## 耥　田

草在田中没要留，稻根须用搨扒搜。

搨过两遭耘又到，农夫气力最难偷。

## 耘　田

搨过秧来又要耘，秧边宿草莫留根。

治田便是治民法，恶个祛除善个存。

## 车　戽

脚痛腰酸晓夜忙，田头车戽响浪浪。

高田车进低田出，只愿高低不做荒。

## 收　割

无雨无风斫稻天，斫归场上便心宽。

收成须趁晴明好，柴也干时米也干。

## 打　稻

连枷拍拍稻铺场，打落将来风里扬。

芒头秕谷齐扬去，粒粒珍珠著斗量。

## 牵　砻

大小人家尽有收，盘工做米弗停留。

山歌唱起齐声和，快活方知在后头。

## 舂　碓

大熟之年处处同，田家米白弗停舂。

行到前村并后巷，只闻筛簸闹丛丛。

## 上　仓

秋成先要纳官粮，好米将来送上仓。

销过青由方是了，别无私债挂心肠。

## 田家乐

今岁收成分外多，更兼官府没差科。

大家吃得醺醺醉，老瓦盆边拍手歌。

## （2）女红图诗十六首

### 下　蚕

浴罢清明桃柳汤，蚕乌落纸细芒芒。

阿婆把秤秤多少，够数今年养几筐。

### 喂　蚕

蚕头初白叶初青，喂要匀调采要勤。

到得上山成茧子，弗知几遍吃艰辛。

### 蚕　眠

一遭眠了两遭眠，蚕过三眠遭数全。

食力旺时频上叶，却除隔宿换新鲜。

### 采　桑

男子园中去采桑，只因女子喂蚕忙。

蚕要喂时桑要采，事头分管两相当。

### 大　起

守过三眠大起时，再拼七日费心机。

老蚕正要连遭喂，半刻光阴难受饥。

### 上　簇

蚕上山时透体明，吐丝做茧自经营。

做得茧多齐喝采，一春劳绩一朝成。

## 炙箔

蚕性从来最怕寒，筐筐煨靠火盆边。

一心只要蚕和暖，囊里何曾惜炭钱。

## 窖茧

茧子今年收得多，阿婆见了笑呵呵。

入来瓮里泥封好，只怕风吹便出蛾。

## 缫丝

煮茧缫丝手弗停，要分粗细用心情。

上路细丝增价买，粗丝卖得价钱轻。

## 蚕蛾

一蛾雌对一蛾雄，也是阴阳气候同。

生下子来留做种，明年出产在其中。

## 祀谢

新丝缫得谢蚕神，福物堆盘酒满斝。

老小一家齐下拜，纸钱便把火来焚。

## 络丝

络丝全在手轻便，只费工夫弗费钱。

粗细高低齐有用，断头须要接连牵。

## 经纬

经头成捆纬成堆，织作翻嫌无了时。

只为太平年世好，弗曾二月卖新丝。

## 织　机

穿筘才完便上机，手挥梭子快如飞。

早晨织到黄昏后，多少辛勤自得知。

## 攀　花

机上生花第一难，全凭巧手上头攀。

近来挑出新花样，见一番时爱一番。

## 剪　制

绢帛绫绸叠满箱，将来裁剪做衣裳。

公婆身上齐完备，剩下方才做与郎。

## 4. 清康熙皇帝题《耕织图》诗四十六首

### （1）耕图诗二十三首

## 浸　种

暄和节候肇农功，自此勤劳处处同。

早辨东田秔稑种，褰裳涉水浸筠笼。

## 耕

土膏初动正春晴，野老支筇早课耕。

辛苦田家惟穑事，陇边时听叱牛声。

## 耙　耨

每当旰食念民依，南亩三时愿不违。

已见深耕还易耨，绿蓑青笠雨霏霏。

## 耖

东阡西陌水潺湲，扶耖泥涂未得闲。

为念饔飧由力作，敢辞竭蹶向田间。

## 碌　碡

老农力穑虑偏周，早夜扶犁未肯休。

更驾乌犍施碌碡，好教春水满平畴。

## 布　秧

农家布种避春寒，甲坼初萌最可观。

自昔虞书传播谷，民间莫作等闲看。

## 初　秧

一年农事在春深，无限田家望岁心。

最爱清和天气好，绿畴千顷露秧针。

## 淤　荫

从来土沃借农勤，丰欠皆由用力分。

薙草洒灰滋地利，心期千亩稼如云。

## 拔　秧

青葱刺水满平川，移植西畴更勃然。

节序惊心芒种迫，分秧须及夏初天。

## 插　秧

千畦水泽正弥弥，竞插新秧恐后时。

亚旅同心欣力作，月明归去莫嫌迟。

## 一　耘

丰苗翼翼出清波，莨稗丛生可若何。

非种自应荄薙尽，莫教稂莠败嘉禾。

## 二　耘

曾为耘苗结队行，更忧宿草去还生。

陇间馈饁频来往，劳勚田家妇子情。

## 三　耘

穮稄盈畦日正长，复勤穮蔉下方塘。

堪怜曝背炎蒸下，惟冀青畴发紫芒。

## 灌　溉

塍田六月水泉微，引溜通渠迅若飞。

转尽桔槔筋力瘁，斜阳西下未言归。

## 收　刈

满目黄云晓露晞，腰镰获稻喜晴晖。

儿童处处收遗穗，村舍家家荷担归。

## 登　场

年谷丰穰万宝成，筑场纳稼积如京。

回思望杏瞻蒲日，多少辛勤感倍生。

## 持　穗

南亩秋来庆阜成，瞿瞿未释老农情。

霜天晓起呼邻里，遍听村村打稻声。

## 舂 碓

秋林茅屋晚风吹，杵臼相依近短篱。

比舍舂声如和答，家家篝火夜深时。

## 筛

谩言嘉谷可登盘，穅秕还忧欲去难。

粒粒皆从辛苦得，农家真作白珠看。

## 簸 扬

作苦三时用力深，簸扬偏爱近风林。

须知白粲流匙滑，费尽农夫百种心。

## 砻

经营阡陌苦胼胝，艰食由来念阻饥。

且喜稼成登石硙，从兹鼓腹乐雍熙。

## 入 仓

仓箱顿满各欣然，补葺牛牢雨雪天。

盼到盖藏休暇日，从前拮据已经年。

## 祭 神

东畴举趾祝年丰，喜见盈宁百室同。

粒我烝民遗泽远，吹豳击鼓报难穷。

## （2）织图诗二十三首

### 浴　蚕

豳风曾著授衣篇，蚕事初兴谷雨天。
更考公桑传礼制，先宜浴种向晴川。

### 二　眠

柔桑初剪绿参差，陌上归来日正迟。
村舍家家帘幕静，春蚕新长再眠时。

### 三　眠

红女勤劬日载阳，鸣鸠拂羽恰条桑。
只因三卧蚕将老，剪烛频看夜未央。

### 大　起

春深处处掩茅堂，满架吴蚕妇子忙。
料得今年收茧倍，冰丝雪缕可盈筐。

### 捉　绩

连宵食叶正纷纷，风雨声喧隔户闻。
喜见新蚕莹似玉，灯前检点最辛勤。

### 分　箔

爱逢晴日映疏帘，新绿如云叶渐添。
天气清和蚕事广，移筐分箔遍茅檐。

## 采 桑

桑田雨足叶蕃滋，恰是春蚕大起时。

负笞携筐纷笑语，戴䲭飞上最高枝。

## 上 簇

频执纤筐不厌疲，久忘膏沐与调饥。

今朝士女欢颜色，看我冰蚕作茧时。

## 炙 箔

蚕性由来苦畏寒，深垂帘幕夜将阑。

炉头更蓺松明火，老媪殷勤日探看。

## 下 簇

自昔蚕缲重妇功，曾闻献茧在深宫。

披图喜见累累满，茅屋清光积雪同。

## 择 茧

冰茧方堪作素纨，重绵亦藉御深寒。

就中自有因材法，拣取筐间次第观。

## 窖 茧

一年蚕事已成功，历数从前属女红。

闻说及时还窖茧，荷锄又向绿阴中。

## 练 丝

炊烟处处绕柴篱，翠釜香生煮茧时。

无限经纶从此出，盆头喜色动双眉。

## 蚕　蛾

蛾儿布子如金粟，水际分飞任所之。

莫令茧丝遗利尽，来年留作授衣资。

## 祀　谢

劳劳拜簇祭神桑，喜得丝成愿已偿。

自是西陵功德盛，万年衣被泽无疆。

## 纬

绿阴掩映野人家，每到蚕时静不哗。

一自夏初成茧后，篱边新听响缫车。

## 织

从来蚕绩女功多，当念勤劬惜绮罗。

织妇丝丝经手作，夜寒犹自未停梭。

## 络　丝

无衣卒岁早关情，寒气催人蟋蟀声。

茅屋疏篱秋夜永，短檠相对络丝成。

## 经

织纴精勤有季兰，牵丝分理制罗纨。

鸣机来往桑阴里，已作吴绡匹练看。

## 染　色

凝膏比洁络新丝，传得仙方色陆离。

一代文明资贲饰，须教五采备彰施。

## 攀 花

巧样争传濯锦纹，堪怜织女最殷勤。

云章霞彩娱人意，自着寻常缟布裙。

## 剪 帛

手把齐纨冰雪清，秋衣欲制重含情。

逡巡莫浸施刀尺，万缕千丝织得成。

## 成 衣

已成束帛又缝纫，始得衣裳可庇身。

自昔宫廷多浣濯，总怜蚕织重劳人。

## 5.清雍正皇帝题《耕织图》诗四十六首

### （1）耕图诗二十三首

## 浸 种

百谷遗嘉种，先农著懋功。春暄二月后，香浸一溪中。

重穋他时异，筠笼用力同。每多贤父老，占节识年丰。

## 耕

原隰韶光媚，茅茨暖气舒。青鸠呼雨急，黄犊驾犁初。

畎亩人无逸，耕耘事敢疏。勤劬课东作，扶策历村墟。

## 耙 耨

农务时方急，春潮堰欲平。烟笼高柳暗，风逐去鸥轻。

压笠低云影，鸣蓑乱雨声。耙头船共稳，斜立叱牛行。

## 耖

南亩耕初罢，西畴耖复亲。四蹄听活活，十顷望畇畇。
蝶舞黄萱晚，莺归绿树新。春风不肯负，只有立田人。

## 碌 碡

如轮转机石，历碌向东皋。驱犊亦何急，平田敢告劳。
春塍萦以带，沃壤腻于膏。水族堪供馔，倾樽醉蟹螯。

## 布 秧

种包忻拆甲，岸畔竞携筐。活活冲泥布，纷纷落陇香。
追随欢幼稚，祝祷愿丰穰。气候今年早，行看剌水秧。

## 初 秧

珍惜占城种，携儿上陇来。一溪添雨足，盈亩喜秧开。
宿露浓相裛，韶阳暖复催。忻忻频笑指，转眼可移栽。

## 淤 荫

鸟鸣村陌静，春涨野桥低。已爱新秧好，旋看复陇齐。
淤时争早作，课罢岂安栖。沾体兼涂足，忙忙日又西。

## 拔 秧

吉辰逢社后，春涨野桥低。盈把分青壤，和根濯绿漪。
儿童担饷楛，妇子制秧旗。惯得为农乐，辛劳自不知。

## 插 秧

今序当芒种，农家插莳田。倏分行整整，伫看影芊芊。
力合闻歌发，栽齐听鼓前。一朝千顷遍，长日正如年。

## 一 耘

饱雨纤纤长，含风叶叶柔。载夷尽宿莽，挹注引新流。
阴借临溪树，声传隔陇讴。炊烟村畔起，牧竖跨归牛。

## 二 耘

郁郁平畴绿，劳劳一载耘。理苗疏是法，非种去宜勤。
笠重初收雾，锄轻丰带云。日高忙饷妇，稚子故牵裙。

## 三 耘

锄莽日当午，骄阳若火燔。耘籽须尽力，辛苦只今番。
蝉噪风前急，蛙声水底喧。酿花宜郁暑，翠浪舞翩翻。

## 溉 灌

艺夺天工巧，人勤地力加。桔槔声振鼓，犀斗疾翻车。
灌注畦旋满，呕哑日欲斜。沉兼风露美，茜茜吐新华。

## 收 刈

西成已在望，早作更呼欢。刈穗香生把，盈筐露未干。
啄遗鸦欲下，拾滞稚争欢。主伯欣相庆，丰年俯仰宽。

## 登 场

红秫收十月，白水浸陂塍。酿熟田家庆，场新岁事登。
云堆香冉冉，露积势层层。劳瘁三时过，饔飧幸可凭。

## 持 穗

力田欣有岁，晒稻喜晴冬。响落连枷急，尘浮夕照浓。
鼠衔犹畏懦，鸡啄自从容。幸值丰亨世，尧民比屋封。

## 舂 碓

野陌霜风早，柴门晚日多。舂声接邻响，杵韵恰豳歌。
颗颗珠倾筐，莹莹雪满箩。为怜艰苦得，把握屡摩挲。

## 筛

治粒频求洁，田家亦苦心。筛风当户北，避日就檐阴。
一饱功非易，终年力不禁。君看圆似玉，我爱胜如金。

## 簸 扬

朝来风色好，箕宿应维南。敢惜翻飞力，宁教糠秕参。
干圆输县吏，狼藉戒童男。得免催租负，方无俯仰惭。

## 砻

地结霜痕白，檐虚夜气青。声殷砻早谷，风尽闭寒扃。
玉色鲜堪比，珠光泻不停。蒸炊谋室妇，农祖荐朝馨。

## 入 仓

勤劳临岁暮，入囷及良朝。墉栉宁奢望，储藏幸已饶。
赋完农有暇，门静吏无嚣。苦廪牢封固，无虞雨雪飘。

## 祭 神

雨旸征帝德，丰稔慰氓愚。赛鼓村迎社，神灯夜祷巫。
酒浆泻罂盎，肴核献盘盂。敢乞长年惠，穰穰遂所需。

## （2）织图诗二十三首

### 浴　蚕

门多杨柳风，溪涨桃花水。村酒酼羊羔，春闺浴蚕子。
纤纤弄翠盆，戢戢蠕香纸。雪茧与冰丝，妇功从此始。

### 二　眠

百舌鸟初鸣，再眠蚕在箔。陌桑青已柔，堤草绿犹弱。
正宜旭日和，惟恐春寒作。妇忙儿不知，枣栗频啼索。

### 三　眠

春风拂帘栊，春露繁桑柘。绕箔理三眠，烧灯绕五夜。
大姑席未安，小姑梳弗暇。喔喔唱邻鸡，提筐邀比舍。

### 大　起

今春寒暖匀，南陌条桑好。箔上叶忧稀，枝头采戒早。
不知春几多，但觉蚕欲老。阿谁红粉妆，寻芳踏堤草。

### 捉　绩

生熟乃有时，老嫩莫纷糅。恐烦姑与嫜，服劳夜继昼。
松火发瓦盆，星芒射阶溜。次第了架头，忽忙顾童幼。

### 分　箔

新燕掠风轻，新蚕偕日长。箔分天气暄，食叶雨声响。
少妇采林间，倦归歇陌上。门前桑骚骚，黄云接青壤。

## 采　桑

清和天气佳，比户采桑急。瀼瀼零露繁，冉冉绿阴湿。
高柯学猱升，落葚教儿拾。昨摘满笼归，姑犹嗔不给。

## 上　簇

东邻催早耕，西舍呼浸谷。花残蜀鸟啼，春老吴蚕熟。
蚑蚑鞠雪腰，盈盈皤丝腹。剪草架初齐，女郎看上簇。

## 炙　箔

温扇花信风，寒酿麦秋雨。葭帘张蟹舍，松盆暖蚕户。
香生雪茧明，光吐银丝缕。门忌少人踪，语燕喧衡宇。

## 下　簇

前月浴新蚕，今日摘新茧。浴蚕柳叶纤，摘茧柳绵卷。
膏沐曾未施，风光觉潜转。邻曲慰劳来，欢情一共展。

## 择　茧

倾筐香雪明，择茧檐日上。大丰作丝纶，三分充绵纩。
嘱妪理从容，择惯知瘠壮。所虑梅雨过，插秧趁溪涨。

## 窖　茧

挽袖解长裙，香汗湿红颊。农事委良人，蚕功独在妾。
层层下簇完，劳劳窖茧接。作苦感天公，冰雪满箱箧。

## 练　丝

烟流矮屋青，水汲前溪洁。掉车若卷风，映釜如翻雪。
丝头入手长，左右旋转忙。轧轧听交响，行人闻茧香。

## 蚕　蛾

邻始通往来，暂时解忙促。出茧影翩翩，翅光腻粉沃。
秧苗已抽青，桑叶再见绿。送蛾须水边，流传笑农俗。

## 祀　神

丰祀报先蚕，洒庭伫来格。醾酒注樽罍，献丝当圭璧。
堂下趋妻孥，堂上拜主伯。神惠乞来年，盈箱赐倍获。

## 纬

盈盈纬车妇，荆布事素朴。丝丝理到头，的的出新濯。
心忙不遑食，腕倦何曾觉。忽听归鸦啼，斜阳挂屋角。

## 织

一梭复一梭，频掷青灯侧。艳艳机上花，朵朵手中织。
娇女眠匊匊，秋虫语唧唧。檐头月渐高，纸窗明晓色。

## 络　丝

女红亦颇劳，凄然当户叹。灯昏络素丝，蹙重困柔腕。
纤纤鬓影寒，沉沉夜气半。妾心不敢忙，心忙丝绪乱。

## 经

昨为籰上丝，今作轴中经。均匀细分理，珍重相叮咛。
君看千万缕，始成丈尺绢。城市纨绔儿，辛苦何尝见。

## 染　色

深浅练缃缥，苍黄运巧智。把丝晒柴荆，临风舍绮思。
焕然五色纷，灿若云霞炽。好语付机工，金梭织锦字。

## 攀　花

织绢当织长，挽花要挽双。绪繁劳玉腕，梭冷烬银缸。

新样胜吴绫，斜文赛蜀锦。成匹落谁家，讵忍裁衾枕。

## 剪　帛

千丝复万丝，成帛良非偶。握尺重含情，欲剪频低首。

红分的的桃，青擘柔柔柳。但免姑舅寒，妾单亦何丑。

## 裁　衣

九月届授衣，缝纫难容缓。戋戋逐剪裁，楚楚称长短。

刀尺迎风寒，元黄委云满。帝力并天时，农蚕慰饱暖。

## 6. 清乾隆皇帝题《耕织图》诗四十五首（和楼璹诗原韵）

### （1）耕图诗二十一首

## 浸　种

谷种如人心，其中含生生。韶月开初律，向阳草欲萌。

三之日于耜，东作农将兴，筥筐浸春水，次第宛列成。

## 耕

四之日举趾，吾民始事耕。驱犍更扶犁，劳哉拟鱼赪。

水寒犹冻足，不辞来往行。讵作图画观，真廑宵旰情。

## 耙

皮衣岂农有，布褐聊御寒。翻泥仍欲平，驱耙漾细澜。

率因人力愈，亦知牛股酸。寄语玉食者，莫忘稼穑难。

## 耖

覆耕不厌勤，塍头更畛尾。齿长入地深，土细滤成滓。
旋旋泥复沉，澄澄波欲起。耖功乃告竣，方罫铺清水。

## 碌 碡

南木北以石，水陆殊命匠。圜转藉牛牵，牛蹄踏泥浪。
蹄伤领亦穿，乃得田如掌。惟应尽此劳，遑敢恃有相。

## 布 秧

浸谷出诸笼，欲折甲始肥。左腕挟竹筐，撒种右手挥。
一亩率三升，均匀布浅漪。新秧虽未形，苗秀从此期。

## 淤 荫

既备播农人，有相赖田祖。灰草治疾药，粪壤益肥乳。
攻补两致勤，仍望以时雨。逮其颖栗成，辛苦费久许。

## 拔 秧

新秧五六寸，刺水绿欲齐。轻拔虞伤根，亚旅共挈携。
担篘归于舍，以水洗其泥。不越宿即插，取东移置西。

## 插 秧

芒种时已届，蚕暖麦欲凉。未离水土气，趁候插稚秧。
却步复伸手，整直分斜行。不独箕裘然，服畴敢或忘。

## 一　耘

耕勤种以时，庭硕苗抽新。撮疏镢后生，稂秕务除根。
塍边更庤水，溉田漾轻纹。胼胝尔正长，劼劬始一耘。

## 二　耘

徐进行以膝，熟视俯其首。平垄有程度，丛底毋留莠。
箪食与壶浆，肩挑忙弱妇。家中更无人，携儿逞虑幼。

## 三　耘

三耘谚曰壅，加细复有籽。沤泥培苗根，嘉苗勃生蘱。
老农念力作，瓦壶挈凉水。苦热畅一饮，毕功戒半委。

## 灌　溉

决水复溉水，农候悉用庄。桔槔取诸井，翻车取诸塘。
胥当尽人力，曝背那乘凉。粒食如是艰，字饼嗤何郎。

## 收　刈

我谷亦已熟，我工犹未卒。敢学陶渊明，五斗羞腰折。
男妇艾田间，秋风侵布褐。秋风尚可当，最畏冬三月。

## 登　场

九月筑场圃，捆积颇庆优。束稞满新架，柄穗遗旧畴。
周雅咏如坻，奄观黄云秋。回顾溪町间，白水空浮浮。

## 持　穗

取粒欲离稿，轮耞敲使脱。平场密布穗，挥霍声互发。
即此幸心慰，宁复厌耳聒。须臾看遗柄，突然如树杌。

## 簸 扬

禾穗虽已击，糠秕杂陈前。临风扬去之，乃余净谷圆。
怜彼农功细，嘉此农心专。所以九重上，惕息虔祈年。

## 砻

有竹亦有木，胥当排钉齿。其下承以石，磨砻成粒子。
转轴如风鸣，植架拟山峙。不孤三时劳，幸逢一旦此。

## 春 碓

溪田无滞穗，秋林有落叶。农夫那得闲，相杵声互答。
一石春九斗，精凿期珠滑。复有水碓法，转轮代足踏。

## 筛

织竹为圆筐，疏密殊用簁。疏用砻以前，细用春已过。
筲三弗厌精，登仓近堪贺。力作那偷闲，谁肯茅檐卧。

## 入 仓

村舍亦有仓，用备供天庾。艰食惜狼戾，盖覆藉屋庑。
背负复肩挑，入廒忙日午。输赋不稍迟，恐防租吏怒。

## （2）织图诗二十四首

## 浴 蚕

浴蚕同浸种，温水炊轻烟。农桑事齐兴，衣食均民天。
纸种收隔岁，润洒百花泉。比户恐失时，力作各争先。

## 下　蚕

吴天气渐暖，铺纸种渐高。破壳成蚁形，绿色细似毛。
轻刮下诸纸，鹅羽挥如刀。女伴绝往来，傲载蚕妇劳。

## 喂　蚕

猗猗陌上桑，吐叶刚少许。摘来饲乌儿，筠筐食共聚。
气候物尽知，林外仓庚语。设无蚕绩功，衮职其谁补。

## 一　眠

蚕饱初欲眠，蚕忙事正长。少妇独偷闲，深闺理新妆。
中妇抱幼子，趁暇哺向阳。大妇缝裳衣，明朝著采桑。

## 二　眠

初眠蛾脱皮，村屋低垂幕。七日变如故，首喙壮不恶。
于候当二眠，上架依前若。弗食复弗动，圆筐贴细箔。

## 三　眠

再起蚕渐长，桑叶可食半。是时叶亦余，陌头阴欲暗。
篝灯视女郎，昼长夜骎短。三眠拟三耘，农桑功不乱。

## 分　箔

眠起有定程，不缓亦不促。逮三蚕大长，分箔陈盈屋。
薙疏要及时，蠕蠕色泽绿。移东复置西，吴娘工作熟。

## 采　桑

柔桑采春初，远扬采春深。饲之别早迟，时序毋相侵。
蚕老需叶多，升树劳搜寻。雨则风诸阳，燥又润诸阴。

## 大　起

木架度筥箔，室中避风雨。蝅首食全叶，须臾尽寸许。

喜温不耐热，引凉向日午。酌剂适物性，嗟哉彼贫女。

## 捉　绩

家家闭外户，知是为蚕忙。夙夜视箔间，弊衣复短裳。

绿形将变白，丝肠渐含光。拣择戒迟疾，齐栋堆如冈。

## 上　簇

束草置箔间，不长亦不短。蚕足缘之上，肖翘力犹软。

喉明欲茧候，清和律已暖。谁谓村舍中，苍山忽满眼。

## 炙　箔

蚕性究畏寒，终朝不卷幕。仍期成茧速，火攻用炙箔。

丝虫将结网，银光铺错落。兽炭拣良材，率欲无烟觉。

## 下　簇

红蚕既作茧，堆簇如雪山。取下印盛筐，秤视倚屋阑。

蚕一茧获十，丰熟妇女欢。回忆昔蹙眉，幸博今开颜。

## 择　茧

宜绵夸八蚕，宜丝贵独蛹。一家聚择之，分品各殊用。

丝待人之买，绵御已之冻。劳而弗享报，女红可勿重。

## 窖　茧

蛾若破茧出，丝断如败叶。斯有瓷窖法，封泥固周浃。

深埋取寒气，掘地挥锄锸。何必诩高昌，草实称白氎。

## 缫　丝

茧终丝之始，犹未闲女娘。灶下飏轻烟，釜中沸热汤。
度戒过不及，乃得丝美长。转轴仔细看，梧月已上墙。

## 蚕　蛾

视茧圆与尖，雌雄别较然。择美待化蛾，啮茧出其圜。
成偶经昼夜，布子密且绵。纸种敬以收，默祝富来年。

## 祀　谢

丝成合报谢，东吴复西蜀。人以神虔心，神以人寓目。
盈几银缕陈，蚕功佑蒙辱。虽酬已往恩，仍祷方来福。

## 络　丝

缫丝甫报毕，络丝应及节。工作有次序，比风盛吴越。
粗细卒未分，要使无断脱。转蠼对篝灯，明河影欲灭。

## 经

既络丝纳筘，置轴两端排。引以为直缕，理繁徐往来。
条贯期毕就，比弦无曲回。设拟悖如绋，敢曰经有才。

## 纬

浸纬非细工，付之小女丫。谁知素丝中，乃具种种华。
精次于是别，转轮引绪斜。由分渐成合，小大殊轴车。

## 织

阔室置机架，有轴亦有栏。往还抛玉梭，那辞素手寒。
错综乃成功，万丝得一端。织女若是劳，布衣已原单。

## 攀　华

椎轮生大辂，踵事何太勤。素帛增攀华，丝缕益纠纭。

既成黼黻章，亦焕河洛文。为者自不知，如山出五云。

## 剪　帛

精粗不中数，广狭不中尺。王制弗鬻市，要义寓剪帛。

辛苦岂易成，欲裁心自惜。耕劳蚕亦劳，视此吟篇著。

# 7. 清乾隆皇帝题《耕织图》诗四十六首（和康熙帝诗原韵）

## （1）耕图诗二十三首

### 浸　种

气布青阳造化功，东郊傲载万方同。

溪流浸种如油绿，生意含春秀色笼。

### 耕

宿雨初过晓日晴，乌犍有力足春耕。

田家辛苦那知倦，更听枝头布谷声。

### 耙　耨

九重宵旰勤民依，课量阴晴总不违。

缥缈云山迷树色，绿蓑扶耙雨霏霏。

### 耖

新田如掌水潺湲，扶耖终朝哪得闲。

手足沾涂浑不管，月明共濯碧溪间。

### 碌　碡

带雨扶犁一夕周，作劳终亩敢辞休。

纵横碌碡如梭转，膏壤匀铺总茜畴。

### 布　秧

二月春风料峭寒，原田鳞叠入遐观。

最怜茜谷生新颖，欲布秧还仔细看。

### 初　秧

柳暗花明春正深，田家那得冶游心。

老翁策杖扶儿笑，却喜初秧摆绿针。

### 淤　荫

短杓盛灰淤亩勤，高原下隰望中分。

鸣鸠唤雨声声好，岭外旋看起白云。

### 拔　秧

匀铺绿毯满平川，万井风和花欲然。

移自南畴向西陌，拔秧时节日长天。

### 插　秧

甫田万井水弥弥，拔得新秧欲插时。

槐夏麦秋天气好，及时树艺莫教迟。

### 一　耘

新颖鹅黄远似波，揠苗助长槁如何。

惟应芟薙勤人力，自鲜莠稂害稚禾。

## 二 耘

壶浆馌妇大堤行，最是畦边莠易生。

劳苦再耘还再馌，可怜农叟望年情。

## 三 耘

朱火炎炎日午长，三耘曝背向林塘。

那无解愠传风信，天遣微薰动绿芒。

## 灌 溉

抱瓮终输气力微，桔槔轮转迅如飞。

池塘水满新禾润，树下乘凉待月归。

## 收 刈

桐风潇洒露珠晞，满野黄云映落晖。

是处腰镰收获遍，担头挑得万钱归。

## 登 场

登场此日望西成，大有频书庆帝京。

穭稏满车皆玉粒，比邻都觉笑颜生。

## 持 穗

场圃平坚灰甃成，如坻露积最关情。

殷勤妇子争持穗，好听千家拍拍声。

## 舂 碓

木末金风阵阵吹，松明火烧隔疏篱。

何来舂相深宵里，可是村讴唱和时。

## 筛

秋成那得暂游盘，颗粒精粗欲别难。

周折不辞身手瘁，犹余一搊几回看。

## 簸　扬

郭外人家茆舍深，门前扬簸趁风林。

莫令飘堕成狼戾，辜负耕夫力作心。

## 砻

相将南亩苦胼胝，望岁心酬庶免饥。

石硠碾来珠颗润，家家鼓腹乐雍熙。

## 入　仓

霜点枫林似火然，千仓满贮赐从天。

输官不假征催力，喜值如云大有年。

## 祭　神

击鼓吹豳报屡丰，朝看索飨万家同。

更期来岁如今岁，苗硕不知愿莫穷。

## （2）织图诗二十三首

## 浴　蚕

曾读豳风七月篇，迟迟日景丽光天。

新蚕未起先宜浴，盆满明波人满川。

## 二　眠

女桑摇绿叶参差，晓起人慵欲采迟。

双燕入帘长昼静，再眠恰是仲春时。

## 三　眠

淑景频催喜载阳，微行步步采条桑。

三眠三起新蚕老，篝火看时夜未央。

## 大　起

春光荏苒去堂堂，无那黄莺一日忙。

箔上吴蚕方大起，冰丝色映绿筠筐。

## 捉　绩

蚕筐高下茧虫纷，食叶声烦似雨闻。

捉绩欣看光练练，一家妇女共辛勤。

## 分　箔

柳絮飞时昼下帘，桑柔蘩细食徐添。

却凭纤手为分箔，未暇朝餐日过檐。

## 采　桑

墙畔青条着雨滋，繁阴初覆叶齐时。

春深八茧蚕争喂，稚子携筐上绿枝。

## 上　簇

觅树寻枝手足疲，柔桑采采饲蚕饥。

今朝报道新抽茧，老幼群欣上簇时。

## 炙　箔

重帘不卷畏风寒，犹爇松明向夜阑。
皑雪霏霏堆满箔，殷勤弱女把灯看。

## 下　簇

献茧由来重女功，绘图今见列璇宫。
圣人不为丹青玩，玉谷珠丝此意同。

## 择　茧

弱茧何时成绮纨，拮据冀免一身寒。
八蚕独蛹还须择，几上分明取次观。

## 窖　茧

春日迟迟执妇功，何心恋赏牡丹红。
茧成好向村头窖，荷锸携儿绿荫中。

## 练　丝

煮茧炊烟飐短篱，丝肠累累练成时。
探汤试展纤纤手，那听枝头叫画眉。

## 蚕　蛾

蚕蛾丝尽方生子，送向溪头任所之。
默祝明春盛今岁，隔年生理计家资。

## 祀　谢

年年劳苦事耕桑，及早还将租税偿。
今日蚕成虔祀谢，西陵功德戴无疆。

## 纬

蚕缫轮卷遍千家，午静人慵鸟语哗。

浸纬欣看供织作，阿香轧轧转雷车。

## 织

织女工夫午夜多，何曾已自着丝罗。

银兰照处方成寸，却早循环掷万梭。

## 络　丝

秋惹深闺无限情，可堪蟋蟀送寒声。

玉关万里征夫远，惆怅新丝络不成。

## 经

砌下风飘待女兰，新丝经理欲成纨。

安排头绪分长短，约伴同来仔细看。

## 染　色

经纬功成尚染丝，晴光万缕灿离离。

天工夺处关人巧，棚上还看五色施。

## 攀　花

簇簇堆成锦绣纹，攀花斗巧最精勤。

堪怜织妇空劳勚，着体无过大布裙。

## 剪　帛

溪尾如蓝秋水清，裁衣寄远重关情。

金刀欲下踌躇意，丝缕皆从素手成。

## 成　衣

戋戋束帛费缝纫，只为祁寒事切身。

圣意忧勤图画里，宵衣永庇万方人。

## 8. 清道光朝刘祖宪《橡茧图说》题诗四十一首

## 橡　利

青枫利益最无疆，子可疗饥皂染裳。

莫把嫩枝作薪炭，山桑利不亚家桑。

## 辨　橡

种时同一费工夫，丝少丝多便有殊。

若使遍山皆细叶，管教一茧重三铢。

## 窖橡子

橡子如何怕见风，从来风气惯生虫。

要他个个生无已，挖窖埋之法最工。

## 择　土

田欲肥饶土欲腴，青枫偏不喜泥涂。

莫言土瘦非为宝，种得黄金树万株。

## 种　橡

种橡何如种橡秧，牛羊践履可无伤。

问余千种何千活，顺插根荄法最良。

### 种橡兼种杂粮

橡树新栽隙地多，兼将豆麦种山阿。

春蚕未熟人犹饱，试问山农识得么。

### 畜橡

畜橡犹如畜稻粱，草根如莠橡如稂。

更将落叶勤浇粪，一橡栽成抵担粮。

### 斫橡

屡经剪伐树无枝，枝秃因教叶不滋。

若要丛生枝叶茂，条枚斫去莫迟疑。

### 恤橡

幼橡难经两季磨，当寻别处去通那。

今春放过秋须歇，叶茂枝繁茧愈多。

### 择种摇种

四指中间试重轻，或摇耳畔听其声。

欲知种有雌雄别，偏正圆长仔细评。

### 修理烘房烘种柔种

天地絪缊物化醇，烘房火候亦称神。

莫言此火只薪炭，妙手能回九地春。

### 穿种上晾出蛾

形如雀卵势长圆，茧脚无丝要浅穿。

再向烘房调火剂，群蛾展翅乐翩翩。

### 烘房火候

烘种如何匠石抡，阴阳大小火宜匀。

再将春气分迟早，万树欧丝白似银。

### 提蛾配蛾折蛾数蛾

情如蛺蝶两相随，气候只宜十二时。

若使过时与不及，顿教生意一时澌。

### 伏卵出蚕

生生不已理无穷，无限生机在个中。

一母孳生百廿子，天虫到底胜斯螽。

### 祈　蚕

东西棚上拜诸神，白粥油盐次第陈。

水毁木饥虽定数，祈天天自爱斯民。

### 御风雹

天定胜人人胜天，晕随灰缺古今然。

奇门有此回天术，传与吾民作善缘。

### 占茧之成熟

卵赤头红瑞应奇，若逢棚旺乌先知。

数般占验人皆识，我独时晹时雨期。

### 分　棚

此茧如何多数千，只因棚小力能专。

将虾钓鲤君知否，莫惜分棚些少钱。

### 计 本 息

从来子母贵兼权，三倍人称大贾贤。

但使四时调玉烛，一株橡树一丘田。

### 春放蚕法

蠕蠕子子绕柔枝，日暖风和始得宜。

若使连朝阴雨密，嫩枝摘饲莫迟迟。

### 驱 鸟

几微生气怕伤摧，飞爆腾空响似雷。

翔集不教惊破胆，析声敲歇复飞来。

### 移 枝

作茧如何丝不穷，移枝端的赖人功。

长条可绾须停剪，莫使柔枝一树空。

### 三眼大眠

蚕当眠尽屈难伸，息气凝神自化身。

漫道神仙能辟谷，一番辟谷一番新。

### 蚕 病

发斑空肚病由人，吊购只因雨匝旬。

若使天和能感召，五风十雨自频频。

### 收茧收种

万斛珍珠万树垂，半年辛苦喜欢时。

为丝为种勤分辨，转瞬秋蚕又上枝。

## 熏　茧

绸锻伤蚕心不安，半因熏茧近于残。

须知生杀皆天道，秋肃春温一例看。

## 晾　种

茧方离树未全干，壳内浆糊壳外寒。

要使隔帘风气透，莫教茧壳湿成瘢。

## 秋蚕缚枝

枝头一线系双蛾，似比春蚕费不多。

要识秋时多病热，向阳树下莫蹉跎。

## 驱　蚱　蜢

才看飞鸟下平林，蚱蜢狂蜂复浪寻。

一缕一丝皆命脉，那堪蟊贼屡来侵。

## 煮茧取丝

千头万绪乱纷纷，抽得丝头便不棼。

天滚纺车流水似，日斜犹有茧香闻。

## 导　筒

两车旋转快如风，无数水丝上导筒。

从此七襄成织锦，东人杼柚不曾空。

## 套　茧

套茧缫丝处处忙，都云收茧可为裳。

从兹指上添生活，赚得丝丝入锦筐。

## 络 丝

轻风轧轧度窗纱，万缕桑丝上络车。

最爱一枝斑管转，有人看到夕阳斜。

## 攒 丝

一丝攒合两三丝，绸织双丝此恰宜。

一架手车容易转，最难学是上筒时。

## 络 纬

四辟风清络纬鸣，闺中懒妇不须惊。

任渠起坐兼行路，一一都能信手成。

## 牵 丝

手握柔丝百道缠，往来牵挂贵无愆。

此中妙巧谁能悟，交手三又有秘传。

## 扣 丝

千丝万缕乱纷陈，梳剔如何得尽匀。

看到丝丝齐入扣，方知妙手有经纶。

## 刷 丝

八尺经丝绾辘轳，一番梳刷有工夫。

更怜匹练光如许，犹问经丝错也无。

## 再扣丝系综

再将竹扣手中披，扣毕还须综系丝。

综马综签珍重捆，莫教两综有差池。

### 上机度梭成绸

上农夫食九人多，衣被全家利过他。

寄语深闺诸少妇，日长无事莫停梭。

## 9. 清光绪《桑织图》诗二十三首

### 种　桑　歌

种桑好，种桑好，要务蚕桑莫潦草。

无论墙下与田边，处处栽培不宜少。

君不见豳风七月篇，春日载阳便起早。

女执懿筐遵微行，取彼柔桑直到杪。

八月萑苇作曲箔，来年蚕具今日讨。

缲丝纤组渐盈箱，黼黻文章兼缋藻。

本来妇职尚殷勤，岂但经营夸能巧。

老衣帛，幼制袄，一家大小皆温饱。

春作秋成冬退藏，阖户垂帘乐熙皞。

更得余息完课粮，免得催科省烦恼。

天生美利人不识，枉费奔驰徒扰扰。

我劝世人勤务桑，务得桑成无价宝。

若肯世世教儿孙，管取吃着用不了。

各书一通晓乡邻，方信种桑真个好。

### 采　桑

墙下垄畔皆栽桑，提笼采叶家家忙。

头眠二眠叶须切，三眠连枝伐远扬。

## 祀 先 蚕

一家大小礼神明，惟祈三春蚕事成。

满室槌箔蒙神佑，盈箱衣帛托圣灵。

## 谢 先 蚕

新丝指日可衣人，造化功同宇宙春。

厚德深仁何所报，罗列福物谢蚕神。

## 蚕桑器具

桑蚕有事器必良，农隙什物预商量。

织箔造架结蚕网，筛盘匙箸并蚕筐。

抬炉蓐草簇料备，兼储牛粪与斑糠。

治桑织造皆有具，临时密密糊蚕房。

## 下子挂连

雌雄对待造化机，辰时相配戌时析。

厥气乃全生子足，明年出产满箱衣。

## 浴 蚕 种

蚕种三浴壳易脱，明年丝纩自然多。

莫惜手指却寒冻，不日盈箱五裤歌。

## 称连下蚁

清明浴罢柳桃汤，谷雨蚕出细如芒。

阿婆把秤定分两，量叶下蚁养几筐。

## 分　蚁

蚁至三日宜劈分，勿使沙蒸热气熏。

燠成频除叶频上，时时用意要殷勤。

## 头　眠

一眠一变一番新，蚁形脱换见蚕身。

室中宜暗常加暖，此时爱护惜如珍。

## 二　眠

一番眠罢又一番，眠过两次蚕气全。

食力旺时频上叶，除去宿叶换新鲜。

## 大　眠

守过三眠大起时，连连喂叶莫教饥。

筛盘箔架皆分满，还有地仓铺草宜。

## 上　簇

蚕上簇时透体明，吐丝结茧自经营。

老蚕畏寒室宜暖，时添炭火加烘笼。

## 摘　茧

烂然黄金与白银，举家欣喜爱鲜新。

摘来薄摊通风处，厚积熏蒸致腐陈。

## 蒸　茧

摘茧七日蛾自生，急须蒸馏莫消停。

箔摊风干犹久待，月余缫丝利且轻。

## 缫水丝

煮茧缫丝手弗停，要分粗细用心情。

上好细丝增重价，粗丝卖得价钱轻。

## 做绵

蛾口茧儿煮熟时，扯为手套绵豁施。

成绵轻暖犹堪纺，一切丑茧莫教遗。

## 脚踏缫丝车

车经脚踏快如风，缫丝洁白火盆烘。

坠梗绵叉亦成线，箸头套茧纺车同。

## 解丝纬丝

理丝索解最为先，手掉不如车络便。

纬亦有车缠纬筒，铁梭贯上往来穿。

## 经

制锦由来有法程，千头万绪理分明。

须知蓄有经纶具，交错纷歧自在行。

## 纴丝

缠籰经丝系天籰，纴床籐子两头绷。

绳齿贯头拨簪拨，那愁纠结不均平。

## 织

莫道天孙云锦难，新鲜花样任人攒。

梭影循还机轧轧，织成文绣胜齐纨。

## 成 衣

裁锦绁绵奉高堂，还有绵绸足衣裳。

家家饱暖生仁让，豳风古俗在池阳。


# 10. 清光绪於潜县令何太青《耕织图》诗四十九首

## （1）耕图诗二十三首

### 浸 种

出种盛筊笼，浅浸溪头水。

鸡骨喜占年，岁事今伊始。


### 耕

扈鸟陇上鸣，催耕唤布谷。

当春一犁雨，赁得邻家犊。


### 耙 耨

冲泥带水耨，寒陇泥痕涩。

叱犊往复回，日暮鞭声急。


### 耖

瓜皮一畦水，扶耖下芳田。

浑忘泥淖污，踏破陇头烟。


### 碌 碡

驾牛服南亩，机轴转辚辚。

遉趼牛前去，人趋牛后尘。

## 布 秧

握种涉平畴，手播均疏密。

浅水皱涟漪，一夜曲抽乙。

## 初 秧

芒种半寒燠，新秧出未齐。

关心有老子，扶杖小桥西。

## 淤 荫

土沃资人力，洒灰和泥淤。

遏密慎堤防，莫使流膏去。

## 拔 秧

开阡取吉日，秧喜雨中移。

濯根溪水畔，分绿含春滋。

## 插 秧

插秧人笑语，处处秧歌起。

陂塘五月秋，天气凉如水。

## 一 耘

苗下草根长，恶莠恐乱苗。

芟薙原非易，安能尽一朝。

## 二 耘

加工刈宿草，炙背日移晷。

馌饷中田来，分劳同妇子。

### 三　耘

耘籽几往复，田功深如许，
敢云夏事终，还望交秋雨。

### 灌　溉

疏柳荫古岸，林端转桔槔。
引水隔堤疾，不比抱瓮劳。

### 收　刈

黄云覆陇上，观艾乍腰镰。
荷担忙佣保，田家喜色添。

### 登　场

西风报顺成，登场屯露积。
齐担黄金堆，笑指丰年瑞。

### 持　穗

茅屋发耞响，连村忙掇拾。
散地尽珠玑，辛苦是粒粒。

### 簸　扬

掀箕当风扬，倾泻如雨注。
几等就中分，上上输官赋。

### 砻

盘床展砺辘，落子急纷纷。
邻家隔篱语，雷轰不得闻。

### 春 碓

野碓响寒春，粲粲生珠魄。

篝灯课夜功，月光照户白。

### 筛

展转复展转，挥手不停披。

从教疵累尽，好待雪翻匙。

### 入 仓

年丰收十斛，入室谨盖藏。

天寒拥榾火，饱此卒岁粮。

### 祭 神

咚咚村社鼓，欢舞走儿童。

豚蹄一盂酒，并祝来年丰。

## （2）织图诗二十六首

### 浴 蚕

浴蚕宜社日，春光媚晴川。

女伴殷勤语，惊心谷雨天。

### 下 蚕

初生千蚁黑，日照纸窗看。

温房护密密，蠕动怯春寒。

## 喂　蚕

柔桑摘盈握，缕切细于丝。

蚕性惟谙惯，调饥蚕妇知。

## 一　眠

七日蚕初眠，禁人门巷静。

余工事缝纫，日照苇帘影。

## 二　眠

食停蚕再眠，偷闲闲未堪。

啼饥儿索哺，饲儿如饲蚕。

## 三　眠

三眠蚕骤长，陌上桑渐稀。

桑稀愁叶价，租桑人未归。

## 大　起

群动一时起，大嚼叶盈筐。

喧声风雨疾，茅屋听来忙。

## 捉　绩

促箔仔细看，喜见红蚕老。

灯下照冰肠，检点栖山早。

## 分　箔

蚁聚不胜稠，分箔手频拈。

入夏天渐暖，蚕房垂半帘。

## 采 桑

采桑多禁忌，愁雨还愁雾。

取斫奈若何，最好枝头露。

## 上 簇

蚕熟转丝肠，暖风催上簇。

新妇洒桃浆，收成占瓦卜。

## 炙 箔

重帘围寂静，结簇火微烘。

芳绪抽未竟，还待拨熏笼。

## 下 簇

开箔重堆雪，欢拜天公赐。

女手摘掺掺，犹道强人意。

## 择 茧

筐篚纷总陈，团团玉宛转。

小姑试手探，笑问同功茧。

## 窖 茧

高年御冬寒，非帛不得暖。

积絮练成绵，影流冰雪满。

## 练 丝

盆手沸香泉，缫车转雾縠。

熏风摇楝花，陌上桑重绿。

## 蚕　蛾

茧馆蛾儿生，欲飞飞不起。

栩栩庄周蝶，罗浮呼凤子。

## 祀　谢

再拜陈糕果，虔谢马头娘。

辛勤到此日，膏沐始明妆。

## 纬

金盆浸莹莹，素手萦缕缕。

回旋秋夜长，帘外打窗语。

## 织

荧荧背壁灯，影伴头梭女。

机声和漏尽，响答寒蛩语。

## 络　丝

弱缕引纷纶，袅袅转筠管。

女伴浣纱归，相对秋檠短。

## 经

缭绕复缭绕，竹架音琅琅。

引端一回顾，乙乙系柔肠。

## 染　色

吴绫异彩鲜，越縠明光烂。

人巧代天工，五色文章焕。

## 攀 花

锦绣害女红，花样纷参错。

至竟为人忙，那得身上着。

## 剪 帛

三日织一匹，手把重徘徊。

寒衣姑未制，莫漫剪刀催。

## 成 衣

压线熨斗平，衣成炫服御。

不知蚕织苦，那识衣来处。

# （二）《耕织图》题跋（序与后记）选

### 1. 南宋高宗吴皇后《蚕织图》题跋

笔者备注：南宋吴皇后《蚕织图》绢本淡彩，长卷卷尾有历代收藏者收藏此画时所书的各种题跋。引首与前隔水骑缝钤印为"焦林书屋""乾隆御览之宝""无逸斋精鉴玺"等印鉴。卷尾有元代郑子有（郑足老）、鲜于枢，明代宋濂、刘崧，清代孙承泽、乾隆皇帝等九家跋语。从跋语中可知，此图南宋时收藏于宫中，后因为战乱流失民间，至元代藏于余小谷家，明代藏于吴某家，清初藏于梁清标、孙承泽家。大约乾隆时又收藏于清宫，著录于《石渠宝笈·初编》。

### （1）元代郑足老题跋

《耕织图》起于高皇时，此《织图》也。乃当日翰林院画，曲尽蚕家态度，亦尝模而锓版矣。足老曩在杭见之，而未睹其真，兹获结识小谷先生出示，新得此轴，宛如春夏间游村落中。奇哉！奇哉！下题小字，实显仁皇后（按：

系宪圣皇后）笔。后习高皇字而微有不同处，高皇手书《九经》，笔每倦则后书续之，人未易辨也。此本或以为高皇书，足老于不同处知之。小谷闻斯言大以为然，命足老识其末云。

东阳郑足老书时至元丁亥下元日。

笔者备注：根据光绪《金华县志·隐逸》记载，东阳"郑足老，字子有，号双岩，坦溪人，颖悟克苦，浚性理之源。宋亡无入仕意，儒学粹行，为当时所称"。郑子有，为南宋名臣郑刚中（1088—1154）后裔，其家世居金华山上坦双岩。郑子有为著名收藏家，家藏颇丰，且先人郑刚中遗墨更令后人敬仰。

## （2）元代鲜于枢题跋

此图得古人鉴戒遗意，大与寻常人物花鸟不同。

大德二年冬十一月廿八日困学斋水轩鲜于枢记。

笔者备注：鲜于枢（1246—1302），字伯机，号困学民、直寄老人，生于汴梁（今河南开封），大都（今北京）人，元代著名书法家，寓居扬州、杭州。元大德六年（1302）任太常典薄。鲜于枢善诗文，工书画，喜收藏，收藏颇丰。

## （3）元代佚名"观音实礼"四言诗并序跋

子昂作《耕织图》藏之宣文，此延祐盛平之日，故闻经术之论，翰墨玩览之物，亦不敢使之荡逸情性，是后皆莫睹其斯旨。此图则与前说同，意欲为龙眠笔迹。此人物太娇媚，然画至于此，亦难论也，况其意哉？谨以子昂作豳风之诗之义，其诗三章：

敬哉后妃，躬桑于室。为帝之裳，告祀惟吉。穆穆威仪，辟公是式。慎哉夫人，弗怠弗逸。春日在桑，鸠鸣于阳。念我农夫，为父母裳。

帝同上天，俯临万邦。何私于汝，汝笥汝筐。春日在牖，燕我春酒。我桑在墙，我田在亩。同我父母，招我邻友。子孙之庆，愿帝之寿。

观音实礼，谨拜。

笔者备注：此跋前后无署名和印章，难以确定作者，但跋语写道"此延祐盛平之日"，当说明此跋应该为元人所题。根据胡俊杰在《大众文艺》2011 年第 9 期刊发《元代〈宋人蚕织图〉流传考述》一文考证，认为此四言诗并序跋为元代脱脱所作。脱脱（1314—1356），亦称托克托、脱脱帖木儿，蔑里乞氏，字大用，蒙古蔑儿乞人，元朝末年政治家、军事家，官至御史大夫、中书右丞相。胡俊杰考证认为：浦江吴直方为脱脱老师，《宋人蚕织图》先藏于吴直方家族，后由吴直方赠送给脱脱，脱脱作题跋后进献给了皇帝。

### （4）元末宋濂题跋

宋高宗既即位江南，乃下劝农之诏。郡国翕然思有以承上意。四明楼璹，字寿玉，时为杭之於潜令，乃绘作《耕织图》。农事自"浸种"至"登廪"，凡二十又一；蚕事自"浴种"至"剪帛"，凡二十有四。且各系五言八句诗于左。未几，璹获召见，遂以图上进云。今观此卷，盖所谓《织图》也。逐段之下有宪圣慈烈皇后题字。皇后姓吴，配高宗，其书绝相类。岂璹进图之后，或命翰林待诏重摹，而后遂题之耶？卷尝藏小谷余先生家，其后有双岩郑子有、困学鲜于枢伯机所跋。二公当时名流，翰墨皆可宝玩。有谓题字为显仁韦后所书，则恐未然也。呜呼！古昔盛王未尝不以农事为急，豳风之图不见久矣，有若此卷者，其尝可忽之耶？

金华宋濂题。

笔者备注：宋濂（1310—1381），字景濂，号潜溪，别号龙门子、玄真遁叟等，享年 71 岁。祖籍金华潜溪（今浙江义乌），后迁居金华浦江（今浙江浦江）。元末明初著名政治家、文学家、史学家、思想家，与高启、刘基并称为"明初诗文三大家"，又与章溢、刘基、叶琛并称为"浙东四先生"。被明太祖朱元璋誉为"开国文臣之首"，学者称其为太史公、宋龙门。

### （5）明代刘崧题跋：跋蚕织图后

画人物花鸟易，画士女难，画园夫红女尤难。盖非有以通农圃室家之情，悉佺偬拮据之态，而极忧勤俭质之意者不能尔也。今观吴氏所藏故宋楼氏《蚕织图》，自"浴种"至"收帛"，总二十有四事，妇女四十有五，戏婴孩者二人，抱哺者一人，纫者一人，立而旁观者三人；翁若丁男二十有七，扇且帻而踞桑下者一人，髶而背坐窗间见其顶项者一人，祀且拜者男女各二人；自余翁媪长幼皆趋跄执事无闲散者。此外若树木、户牖、几席之次，筐筥、釜盎、簸箔、机篚之具，与凡人事物色无不曲尽形态，亦可谓画之能品者矣。然其间有不可知者二：夫男子力田而妇人力桑，职也。今是图，采桑皆画翁男辈，而女妇不与焉，此不可知一也；自黄帝娶西陵氏为妃，始事蚕作，故世祀之，谓之先蚕，而后世所祀又有所谓蜀女化为蚕头娘者，固皆妇女也，而此图所画，乃戴席帽被绿而驰骑，此不可知者二也。要之，画者自必有意，特未之知耳。至论其始绘图以献宋高宗，本於潜令四明楼璹；而又辨其下所题字为吴后，而非显仁后者，则今承旨宋太史之序跋备矣。予特叙论作者之工，因并摭所疑者而质之，庶或从观考者有闻焉。

洪武九年七月既望庐陵刘崧书。

笔者备注：刘崧（1321—1381），字子高，原名楚，号槎翁，元末明初文学家，为西江派的代表人物，官至吏部尚书。诗人、收藏家。

## （6）孙承泽题跋

右《蚕织图》自"浴种"至"剪帛"，写其中情事历历如见，真名手也。所题小字，郑足老谓为显仁皇后书，至金华宋太史乃谓为宪圣慈烈皇太后书。余考之，显仁韦后，高宗母也，从徽宗北辕，至老始返，奚暇优游翰墨？宪圣吴后，为高宗继配，史称其博习经史，善于书翰，则当为吴后书，金华之言为确矣。余初得此图，未几又得赵松雪《耕图》，遂成合璧，因并记之。

退谷逸叟。

笔者备注：孙承泽（1593—1676），字耳北，一作耳伯，号北海，又号退谷、退谷逸叟、退谷老人、退翁、退道人，山东益都人。历任兵部侍郎、吏部右侍郎等职。富收藏，精鉴别书画。著有《春明梦余录》《天府广记》《庚子消夏记》

《九州山水考》《溯洄集》《研山斋集》等四十余种，多传于世。明末清初政治家、收藏家。此跋提供信息："余初得此图，未几又得赵松雪《耕图》，遂成合璧，因并记之。"可见：赵孟頫（号松雪道人）确实画过《耕织图》，同时赵孟頫临摹的《耕织图》的"耕图"部分在明末清初还在流传，并为孙承泽所收藏。

### （7）清乾隆题跋

南迁后以农桑重，院本于今珍弆存，要务彼时有过此，金华未可谓知言。

帝王之政莫要于爱民，而爱民之道莫要于重农桑，此千古不易之常经也。然在高宗南渡时，则更有要于此者，复河北、迎二帝是也。尔时君若臣不闻卧薪尝胆，以恢复为急，即下重农之诏，成蚕桑之图，亦奚有裨于实政哉！宋濂跋语过于颂扬而实乖论世，故并识之。

戊子新春月上上衔御题。

## 2. 南宋楼钥《耕织图》题跋

笔者备注：楼钥（1137—1213）为楼璹的侄儿，字大防，又字启伯，号攻媿主人，明州鄞县（今浙江宁波）人，为"四明楼氏"家族中官位最高者，曾经官至参知政事（副宰相），为南宋政治家、文学家、收藏家。楼钥著有《攻媿集》等传世。

### （1）楼钥《进东宫耕织图札子》

某衰迟之迹，叨逾过分。自尘枢筦，即备储僚。仰蒙令慈眷顾加渥，退念略无毫发可以补报，每切惭悚。某伯父故淮东安抚璹，尝令於潜，深念农夫蚕妇之劳苦，画成耕、织二图，各为之诗。寻蒙高宗皇帝召对，曾以进呈，亟加睿奖，宣示后宫，至今尚有副本，某尝书跋其后。仰惟皇太子殿下渊冲玉裕，学问日益，密侍宸旒，恤下爱民，固已习熟为见，究知业务。惟是农桑为天下大本，或恐田里细故未能尽见，某辄不揆，传写旧图，亲书诗章，并录跋语，装为二轴。伏望讲读余间，俯视观览，或可备知稼穑之艰难及蚕桑之始末，置诸几案，庶几少裨聪明之万一，亦以见下僚拳拳之诚。

（选自楼钥《楼钥集》卷十七）

### （2）楼钥《跋扬州伯父耕织图》

周家以农事开国，《生民》之尊祖，《思文》之配天，后稷以来世守其业。公刘之厚于民，太王之于疆于理，以致文武成康之盛，周公《无逸》之书，切切然欲其君知稼穑之艰难。至《七月》之陈王业，则又首言"授衣"，与夫"无衣无褐，何以卒岁"，"条桑""载绩"，又兼女工而言之，是知农桑为天下之本。孟子备陈王道之始，由于黎民不饥不寒，而百亩之田，墙下之桑，言之至于再三，而天子三推，皇后亲蚕，遂为万世法。高宗皇帝，身济大业，绍开中兴，出入兵间，勤劳百为，栉风沐雨，备知民瘼，尤以百姓之心为心，未遑它务，首下务农之诏，躬耕籍稆之勤。伯父时为临安於潜令，笃意民事，慨念农夫蚕妇之作苦，究访始末，为耕、织二图。耕自"浸种"以至"入仓"，凡二十一事；织自"浴蚕"以至"剪帛"，凡二十四事。事为之图，系以五言诗一章，章八句。农桑之务，曲尽情状。虽四方习俗间有不同，其大略不外于此，见者固已韪之。未几，朝廷遣使循行郡邑，以课最闻。寻又有近臣之荐，赐对之日，遂以进呈。即蒙玉音嘉奖，宣示后宫，书姓名屏间。初除行在审计司，后历广闽舶使，漕湖北、湖南、淮东，摄长沙，帅维扬，持麾节十有余载，所至多著声绩，实基于此。晚而退闲，斥俸余以为义庄，宗党被赐者近五纪，则其居官时惠利之及民者多矣。孙洪、深等，虑其久而湮没，欲以诗刊诸石。某为之书丹，庶以传永久云。呜呼，士大夫饱食暖衣，犹有不知耕织者，而况万乘主乎？累朝仁厚，抚民最深，恐亦未尽知幽隐。此图此诗，诚为有补于世。夫沾体涂足，农之劳至矣，而粟不饱其腹；蚕缲织纤，女之劳至矣，而衣不蔽其身。使尽如二图之详，劳非敢惮，又必无兵革力役以夺其时，无污吏暴胥以肆其毒，人事既尽，而天时不可必。旱潦螟螣既有以害吾之农，桑遭雨而叶不可食，蚕有变而坏于垂成。此实斯民之困苦，上之人尤不可不知，此又图之所不能述也。

伯父讳从玉从寿，字寿玉，一字国器，官至朝议大夫。

（选自楼钥《楼钥集》卷七十四）

### 3. 南宋楼洪《耕织图诗》跋

于时先大父为临安於潜县令，勤于民事，咨访田夫蚕妇，著为耕、织二图诗。凡耕之图廿有一，织之图廿有四，诗亦如之。图绘以尽其状，诗歌以尽其情，一时朝野传诵几遍。寻因荐入召对，进呈御览，大加嘉奖，即以宣示后宫。则是图是诗，宜与《周书·无逸》之篇、《豳风·七月》之章，并垂不朽者矣，亦何藉于金石而后久永？第洪等每怀祖德，不忘国恩，用镌诸石，自有所不能已者耳。嘉定庚午十月望，孙洪谨识。

笔者备注：此文选自《知不足斋丛书》本《耕织图诗》。楼洪（生卒年不详），为楼璹的孙子，曾经担心时间久了，祖父楼璹《耕织图》会"湮没"，于是依据家中留下的楼璹《耕织图》副本，将《耕织图》配诗刻石永存，并由叔父楼钥为之题写跋语。这在楼钥《楼钥集》卷七十四之《跋扬州伯父耕织图》一文中有记载："孙洪、深等虑其久而湮没，欲以诗刊诸石。某为之书丹，庶以传永久云。"

### 4. 元程棨《耕织图》题跋

笔者备注：清代宫廷画家蒋廷锡之子蒋溥，将流传民间的程棨《耕织图》摹本，误认为南宋画家刘松年作品，分耕图、织图两次进献给乾隆皇帝，清宫以刘松年之名收入《石渠宝笈》之中。乾隆三十四年（1769）二月，乾隆皇帝经过认真考证，认为此图并非刘松年所画，更正此图为程棨之作，并将程棨的耕、织二图同置一盒，收藏在圆明园多稼轩之北的贵织山堂；同年乾隆命画院临摹刻石，所临摹的刻石也同藏于圆明园。以下为现藏程棨《耕织图》长卷所载蒋溥收藏题记、清乾隆皇帝鉴定题跋。

#### （1）清蒋溥收藏进献《耕织图》题记

立万民之命者何？衣食是已。能昔圣帝明王知教化之所以兴，必使一夫一妇举无不尽其力。而其力之所以能毕用而不自私者，则又积于上之以诚相感召。虽燕居之，耳目心志一，之于祁寒暑两间，未尝不如躬履而甘苦之也。谨按三代盛时，若周家世有哲王，而当日《豳风》一篇，周公言民事者至悉。间尝反复寻玩于其首章，发端即曰"七月流火，九月授衣"，然后断之；以"于耜""举趾"而二三章，所咏又复流连迟日之筐；次序元黄之绩，盖既以今岁之终，戒来岁之事，且以知女服事乎内，男服事乎外。一年之中，交相励勉而不敢少有休息。至于"嗟我农夫，我稼既同"，因是以跻堂称觥者，终其为裳献豜之心，而忠爱已无不至，斯则楚茨而下言耕者类不及织，而后世以图补诗之所由昉也。宋臣刘松年《蚕织图》一卷自"浴蚕"以至"剪帛"，凡二十四幅，终始详尽，脉络分明，又幅间各缀五言古诗一章，形容之不足，而咏歌之。词致近雅，有可玩味，伏考松年当绍熙时，在画苑进《耕织图》，或者此其一欤？夫生之者，众为之者疾，岂惟良士之职思宜尔？观于此，而女伴春篝、缫车雪屋、尺丝寸缕间，犹且辛苦，经纶之不暇，其在《书》曰："所其无逸。"念小民之依，夫亦重可念也。臣蒋溥敬题。

## （2）清乾隆皇帝鉴定《耕织图》题跋

向蒋溥进刘松年《蚕织图》自序卷首，其迹已入《石渠宝笈》矣。兹得松年《耕作图》，观其笔法，与《蚕织图》相类，因以二卷参校之，则纸幅长短、画篆体格悉无弗合。《耕图》卷后姚式跋云：《耕织图》两卷，文简公程公曾孙榮仪甫绘而篆之。《织图》卷后赵子俊跋亦云：每节小篆皆随斋手题，今两卷押缝皆有仪甫、随斋二印，其为程榮摹楼璹图本，并书其诗无疑。细观图内"松年笔"三字，腕力既弱，复无印记，盖后人妄以松年有曾进《耕织图》之事，从而傅会之，而未加深考，致以讹传讹耳。至《耕图》绍兴小玺，则又作伪者不知榮为元时人，误添蛇足矣。又考两卷题跋姚式而外，诸人皆每卷分题，则二卷在当时本于属附后，乃分佚单行，故《耕图》有项元汴收藏诸印记，而《织图》则无可以验其离合之由矣。今既为延津之合，因命同篋袭弄置御园多稼轩。轩之之北为贵织山堂，皆皇考御额，所以重农桑而示后世也，昔皇祖题《耕织图》泐版行世。今得此佳迹合并，且有阐重民衣食之本，亦将勒之贞石以示。家法于有永，因考其源委，兹识两卷中兼用楼璹题图隙，至原书及伪款仍存其旧。盖所重在订证，覆实前此之误，故不必为之文饰，亦瑕瑜不弃之道也。己丑上元后五日御笔。

### 5. 明宋宗鲁《耕织图》题跋（节选）

图画有关于世教、足以垂训后人者，是不可不传也。故士君子著之以示人，岂但适情于玩好欤？盖欲使人览之，有所感慕而兴起，其于治化有所辅也。江西按察佥事宋公宗鲁《耕织图》一卷，可谓有关于世教者矣。图乃宋参知政事楼钥伯父寿玉所作，每图咏之以诗。历世既久，旧本残缺。宋公重加考订，寿诸梓以传，属予记其事。

予观图中农夫自耕为而种，种为而耘，耘为而获，获为而舂，田畦之内，无少休息，历数月而后得粟。蚕妇自浴为而食，食为而茧，茧为而练，练为而织，闺房之内，废寝忘餐，大历数月而后得帛。其男妇辛勤劳苦之状，备见于楮墨之间。

使居上者观之，则知稼穑之艰难，必思节用而不殚其财，时使而不夺其力，清俭寡欲之心油然而生，富贵奢侈之念，可以因之而惩创矣。在下者观之，则知农桑为衣食之本，可以裕于身而足于家，必思尽力于所事，而不辞其劳，去其放僻邪侈之为，而安于仰事俯育之乐矣。民生由是而富庶，财帛由是而丰阜。使天下皆然，则风俗可厚，礼仪可兴，而刑罚可以无用矣。是图之作，有补于治化，显不浅浅也。

……

此图以示人者以教化及民，知为政之本也。……宋公知此图有关世教，著之于永久者，莫可谓得其理矣。予故备书以为记世，有明于理者观之，必以予言为不妄也。

天顺六年岁在壬午四月吉旦，赐进士、通议大夫、广西按察使致仕王增祐书。

笔者备注：此文选自王加华、郑裕宝《海外藏元明清三代耕织图》第170—177页"日本国立公文书馆藏狩野永纳翻刻明代宋宗鲁《耕织图》"之王增祐《耕织图记》。王增祐（生卒不详），明代广西按察使。

### 6. 清康熙皇帝题《御制耕织图》序

朕早夜勤毖，研求治理，念生民之本，以衣食为天。尝读《豳风》《无逸》诸篇，其言稼穑蚕桑，纤悉具备。昔人以此被之管弦，列于典诰，有天下国家者，洵不可不留连三复于其际也。西汉诏令，最为近古，其言曰：农事伤，则饥之本也；女红害，则寒之原也。又曰：老耆以寿终，幼孤得遂长。欲臻斯理者，舍本务其曷以哉？朕每巡省风谣，乐观农事，于南北土疆之性，黍稷播种之宜，节候早晚之殊，蝗螟捕治之法，素爱咨询，知此甚晰，听政时恒与诸臣工言之。于丰泽园之侧，治田数畦，环以溪水，阡陌井然在目，桔槔之声盈耳，岁收嘉禾数十种。陇畔树桑，傍列蚕舍，浴茧缲丝，恍然如茅檐蔀屋。因构"知稼轩""秋云亭"以临观之。古人有言：衣帛当思织女之寒，食粟当念农夫之苦。朕倦倦于此，至深且切也。爰绘耕、织图各二十三幅，朕于每幅，制诗一章，以吟咏其勤苦而书之于图。自始事迄终事，农人胼手胝足之劳，蚕女茧丝机杼之瘁，咸备极其情状。复命镂板流传，用以示子孙臣庶，俾知粒食维艰，授衣匪易。《书》曰："惟土物爱，厥心臧。"庶于斯图有所感发焉。且欲令寰宇之内，皆敦崇本业，勤以谋之，俭以积之，衣食丰饶，以共跻于安和富寿之域，斯则朕嘉惠元元之至意也夫！

康熙三十五年春二月社日题并书

# 参考文献

（一）参考书目

王潮生：《中国古代耕织图》，中国农业出版社，1995。

王潮生：《农业文明寻迹》，中国农业出版社，2011。

王潮生：《中国古代耕织图概论》，花山文艺出版社、河北科学技术出版社，2023。

闵宗殿、彭治富、王潮生主编：《中国古代农业科技史图说》，农业出版社，1989。

〔汉〕司马迁：《史记》，中华书局，2006。

〔南朝宋〕范晔：《后汉书》，中华书局，2007。

陈文华：《中国古代农业科技史图谱》，农业出版社，1991。

陈文华：《中国古代农业文明史》，江西科学技术出版社，2005。

黄世瑞：《中国古代科学技术史纲（农学卷）》，辽宁教育出版社，1996。

游修龄：《农史研究文集》，中国农业出版社，1999。

周昕：《中国农具发展史》，山东科学技术出版社，2005。

曾雄生：《中国农学史》，福建人民出版社，2008。

张芳、王思明：《中国农业古籍目录》，北京图书馆出版社，2002。

叶依能：《中国历代盛世农政史》，东南大学出版社，1991。

〔日〕天野元之助：《中国古农书考》，彭世奖、林广信译，农业出版社，1992。

蒋猷龙：《浙江认知的中国蚕丝业文化》，西泠印社出版社，2007。

叶树望：《河姆渡文化精粹》，文物出版社，2002。

应金飞主编：《其耘陌上——耕织图艺术特展》，浙江人民美术出版社，2020。

方俊、尚可：《中国古代插图精选》，江苏人民出版社，1992。

唐珂主编：《农桑之光——中华农业文明拾英》，中国时代经济出版社，2011。

倪士毅：《浙江古代史》，浙江人民出版社，1987。

朱新予主编：《中国丝绸史通论》，纺织工业出版社，1992。

朱新予：《浙江丝绸史》，浙江人民出版社，1985。

〔宋〕钱俨：《吴越备史》，中国书店，2018。

〔宋〕周淙、施锷：《南宋临安两志》，浙江人民出版社，1983。

徐吉军：《宋代衣食住行》，中华书局，2018。

梁方仲：《中国历代户口、田地、田赋统计》，上海人民出版社，1980。

邹逸麟：《中国历史人文地理》，科学出版社，2001。

漆侠：《宋代经济史》，上海人民出版社，1987。

方健：《南宋农业史》，人民出版社，2010。

管成学：《南宋科技史》，人民出版社，2009。

吴松弟：《南宋人口史》，上海古籍出版社，2008。

〔宋〕李心传：《建炎以来系年要录》，辛更儒点校，上海古籍出版社，2020。

〔宋〕吴自牧：《梦粱录》，浙江人民出版社，1980。

〔明〕郎瑛：《七修类稿》，上海书店出版社，2001。

〔宋〕楼钥：《楼钥集》，浙江古籍出版社，2010。

〔宋〕楼钥：《攻媿集》，中华书局，1985。

〔清〕《康熙鄞县志（附鄞志稿）》，宁波出版社，2018。

〔清〕吴廷燮：《北宋经抚年表、南宋制抚年表》，中华书局，1984。

郑传杰、郑昕：《楼氏家族》，宁波出版社，2012。

唐燮军、孙旭红：《两宋四明楼氏的盛衰沉浮及其家族文化——基于〈楼钥集〉的考察》，浙江大学出版社，2012。

舒月明主编：《浙东文化论丛（2012 年第一、二合辑）》，文物出版社，2013。

［日］宫崎市定：《宫崎市定论文选集（上册）》，中国科学院历史研究所翻译组编译，商务印书馆，1963。

陈野：《宋韵文化简读》，浙江人民出版社，2021。

范金民、金文：《江南丝绸史研究》，农业出版社，1993。

潘天寿：《中国绘画史》，上海人民美术出版社，1983。

杨勇：《两宋画院画家》，中国美术学院出版社，2011。

赵丰：《中国丝绸艺术史》，文物出版社，2005。

袁宣萍、徐铮：《浙江丝绸文化史》，杭州出版社，2008。

沈从文：《中国古代服饰研究》，上海书店出版社，2011。

陈维稷：《中国纺织科学技术史》，科学出版社，1984。

潘吉星：《中外科学技术交流史论》，中国社会科学出版社，2012。

〔元〕虞集：《道园学古录》，吉林出版社，2005。

王加华：《海外藏元明清三代耕织图》，陕西师范大学出版社，2022。

王红谊：《中国古代耕织图》，红旗出版社，2009。

〔明〕邝璠：《便民图纂》，文物出版社，2018。

李军：《跨文化的艺术史》，北京大学出版社，2020。

程杰、张晓蕾：《古代耕织图诗汇编校注》，中国农业出版社，2022。

宁业高、桑传贤：《中国历代农业诗歌选》，农业出版社，1988。

金恒源：《雍正帝与家人》，上海人民出版社，2017。

江跃良主编：《临安历代诗词汇编》，团结出版社，2019。

〔清〕康熙《於潜县志》。

〔清〕光绪《於潜县志》。

余烈主编：民国《於潜县志》，1989 年印制。

临安县志编纂委员会：《临安县志》，汉语大词典出版社，1992。

杭州市临安区地方志编纂委员会编：《临安年鉴 2022》，中州古籍出版社，2022。

杭州市临安区於潜镇志编纂委员会编：《於潜镇志》，中州古籍出版社，2022。

《浙江省丝绸志》编纂委员会编：《浙江省丝绸志》，方志出版社，1999。

杭州市临安区地方志研究室编：《〈西天目祖山志〉点校版》，浙江古籍出版社，2021。

《浙江通志》编纂委员会编：《浙江通志·天目山专志》，浙江人民出版社，2019。

解丹：《清殿版〈御制耕织图〉研究》，中国纺织出版社，2023。

（二）参考论文

游修龄：《稻文化的历史发展和瞻望》，《农业考古》1998 年第 1 期。

蒋乐平、林舟、仲召兵：《上山文化——稻作农业起源的万年样本》，《自然与文化遗产研究》2022 年第 6 期。

彭治富、王潮生：《中国古代的重农思想与重农政策》，《古今农业》1990 年第 2 期。

康君奇：《略论中国古代农书及其时代价值》，《陕西农业科学》2007 年第 6 期。

倪士毅、方如金：《论钱镠》，《杭州大学学报（哲学社会科学版）》1981 年第 3 期。

田强：《南宋初期的人口南迁及影响》，《南都学坛》1998 年第 2 期。

张冠梓：《试论古代人口南迁浪潮与中国文明的整合》，《内蒙古社会科学（文史哲版）》1994 年第 4 期。

葛剑雄：《宋代人口新证》，《历史研究》1993 年 6 期。

［美］赵冈：《南宋临安人口》，《中国历史地理论丛》1994 年第 2 期。

张铭、李娟娟：《历代〈耕织图〉中农业生产技术时空错位研究》，《农业考古》2015 年第 4 期。

唐燮军、邢莺莺：《科举社会中四明楼氏的盛衰》，《宁波大学学报（人文科学版）》2016 年第 2 期。

王国平：《以杭州为例还原一个真实的南宋》，《浙江学刊》2008 年第 4 期。

郭学信：《试论两宋文化发展的历史特色》，《江西社会科学》2003 年第 5 期。

陈杰林：《南宋商业发展：特点与成因》，《安庆师范学院学报（社会科学版）》，2003 年第 4 期。

蒋猷龙：《於潜县令耕织图的国际影响》，《杭州蚕桑》1989 年第 3 期。

蒋文光：《从耕织图刻石看宋代的农业和蚕桑》，《农业考古》1983 年第 1 期。

徐吉军：《南宋文化在中国文化史上的地位及影响》，《文化学刊》2015 年第 7 期。

史宏云：《楼璹〈耕织图〉及摹本农耕科技研究》，《科学技术哲学研究》，2012 年第 3 期。

臧军：《来自耕织图诞生地的报告》，首届农业考古国际学术讨论会，1991 年 8 月。

臧军：《楼璹〈耕织图〉与耕织技术发展》，《中国农史》1992 年 4 期。

王加华：《技术传播的"幻象"：中国古代〈耕织图〉功能再探析》，《中国社会经济史研究》2016 年第 2 期。

王加华：《谁是正统：中国古代耕织图政治象征意义探析》，《民俗研究》2018 年第 1 期。

王加华：《显与隐：中国古代耕织图的时空表达》，《民族艺术》2016 年第 4 期。

王加华：《教化与象征：中国古代耕织图意义探释》，《文史哲》2018 年第 3 期。

王加华：《处处是江南：中国古代耕织图中的地域意识与观念》，《中国历史地理论丛》2019 年第 3 期。

王加华：《中国古代耕织图的图文关系与意义表达》，《民族艺术》2022 年第 4 期。

杨旸：《国家博物馆藏南宋〈耕织图〉及历史上相关主题的绘画》，《中国美术馆》2011 年第 5 期。

向春香、李宜璟：《我国古代蚕织图的演进与流传探究》，《西南农业大学学报（社会科学版）》2013 年第 11 期。

向春香、李宜璟、陶红：《历代"耕织图"中"蚕织图"绘制版本变化与形态流变》，《丝绸》2015 年第 3 期。

胡俊杰：《元代〈宋人蚕织图〉流传考述》，《大众文艺》2011 年第 18 期。

刘蔚：《楼璹〈耕织图诗〉的艺术渊源及其创变》，《浙江社会科学》2017 年第 10 期。

林桂英：《我国最早记录蚕织生产技术和以劳动妇女为主的画卷——介绍八百年前宋人绘制的〈蚕织图〉》，《农业考古》1986 年第 1 期。

朱秀颖：《南宋连环画〈蚕织图〉赏析》，《艺术教育》2016 年第 4 期。

缪良云：《楼璹〈耕织图〉及宋代丝绸生产》，《苏州丝绸工学院学报》1982 年第 3 期。

赵丰：《〈蚕织图〉的版本及所见南宋蚕织技术》，《农业考古》1986 年第 1 期。

大庆市文物管理站：《大庆市发现宋〈蚕织图〉等两卷古画》，《文物》1984 年第 10 期。

王潮生：《几种鲜见的〈耕织图〉》，《古今农业》2003 年第 1 期。

曾水法：《对南宋〈耕织图〉与古代提花纱罗织机的探索》，《江苏丝绸》1991 年第 S1 期。

闵宗殿：《康熙〈耕织图·碌碡〉考辨》，《古今农业》1993 年第 4 期。

蒋猷龙：《我国蚕文化中的艺术》，《蚕桑通报》1992 年第 2 期。

谭融：《程棨摹本〈耕织图〉中的人物服饰研究》，《中国国家博物馆馆刊》2021 年第 5 期。

孟祥生：《民国时期中国农民银行纸币图案与雍正像耕织图赏析》，《东方收藏》2020 年第 7 期。

卢勇、曲静：《清代广州外销画中的稻作图研究》，《古今农业》2022 年第 2 期。

杜新豪：《证史与阐幽：明代中后期日用类书中的耕织图研究》，《民俗研究》2022 年第 4 期。

王潮生：《明清时期的几种耕织图》，《农业考古》1989 年第 1 期。

王潮生：《清代耕织图探考》，《清史研究》1998 年第 1 期。

王潮生：《清代宫廷"耕织图"器物》，《紫禁城》2003 年第 2 期。

温怀瑾：《桑农为本——清代耕织图的刻本与绘本》，硕士学位论文，中国美术学院，2020 年。

臧军：《〈耕织图〉与蚕织文化》，《浙江丝绸工学院学报》1993 年第 3 期。

臧军：《〈耕织图〉与日本文化》，《东南文化》1995 年第 2 期。

［日］渡部武、［中］陈炳义：《〈耕织图〉对日本文化的影响》，《中国科技史料》1993 年第 2 期。

［日］渡部武、［中］曹幸穗：《〈耕织图〉流传考》，《农业考古》1989 年第 1 期。

［日］渡部武、［中］吴十洲：《"探幽缩图"中的"耕织图"与高野山遍照尊院所藏"织图"——关于中国农书"耕织图"的流传及其影响（补遗之一）》，《农业考古》1991 年第 3 期。

［日］渡部武：《清代耕织图壁布调查报告》，京都大学人文科学院《中国科技史的研究》，1998 年 2 月。

朱航、陶红：《中国古代〈耕织图〉在日本的本土化流变探究》，《蚕业科学》2022 年第 4 期。

陶红、朱航：《梁楷〈耕织图〉存世和"减笔画"特征及对日本"四季耕作图"的影响》，《丝绸》2020 年第 12 期。

陶虹、邓楠楠：《中国古代〈蚕织图〉技术文化东传对"蚕织浮世绘"影响研究》，《丝绸》2023 年第 10 期。

臧军：《论〈耕织图〉对日本文化的影响》，《浙江学刊》1995 年 2 期。

李梅：《〈佩文斋耕织图〉的朝鲜传入与再创作》，《世界美术》2021 年第 1 期。

冷东：《中国古代农业对西方的贡献》，《农业考古》1998 年第 3 期。

周昕：《中国〈耕织图〉的历史和现状》，《古今农业》1994 年第 3 期。

周昕：《〈耕织图〉的拓展与升华》，《农业考古》2008 年第 1 期。

倪银昌：《楼璹〈耕织图〉的启示》，《蚕桑通报》1988 年第 1 期。

王黑铁、张华中：《部编历史教科书中的〈耕织图〉辨识与教学省察》，《中学教学参考》2018 年第 34 期。

胡彬彬、邓昶：《中国村落的起源与早期发展》，《求索》2019 年第 1 期。

# 后　记

这是一部写给我家乡临安的书。

这是一本凝结我青春梦想的书。

这是一卷我此生视为使命的书。

家乡是《耕织图》诞生地，它给了我终身享用的财富——严谨的工作态度和《耕织图》研究爱好；为《耕织图》写一本书，是我 30 年前的夙愿；迄今为止，还没有一部全面清晰介绍临安於潜《耕织图》的著作。这个历史的绣球，30 年后，依然精准地投入我的怀抱。

1983 年 7 月，我大学毕业后回到临安工作。先在县文化馆和新华书店，后到县地方志办公室编县志。县志编撰要求言必有据，于是编撰县志的七年，我有三年在图书馆和档案馆查资料、抄卡片；有一年在田野调查，跑遍了全县的角角落落；又有三年在不断写稿、改稿、核稿。这样严谨的训练使我终身受益。1986 年秋，正是在查阅古籍时，我与《耕织图》首次相遇，惊喜交加，一见钟情。在县农业局高级农艺师倪银昌鼓励下，我开始涉猎其中，后有幸得到中国农业博物馆王潮生研究员和日本东海大学渡部武教授的指导，在《中国农史》等学术刊物上发表了一些论文，由此成为《耕织图》研究的早期爱好者。

1993 年 7 月，我离开了临安，去省城从事行政工作，从此《耕织图》深藏我心中整整 30 年。直至退休，于 2023 年 2 月我才重拾夙愿。在旧疾腰椎间盘突出复发期间，断断续续坚持笔耕，终于在 12 月完成书稿——30 年前的初心，如今梦想成真。感慨之极，一言难尽。

本书写作过程中得到了诸多领导和亲友的真诚帮助。

杭州市临安区委副书记、区长杨泽伟和区委常委、宣传部部长孙超等领导给我真诚指导、热情鼓励、大力支持；区人大原副主任、"发小"陈伟民先生给我支持鼓励，陪我田野调查，帮我修改提纲和初稿；区文联党组原书记江跃良陪我到图书馆查阅资料；区委宣传部沈向荣、陶初阳为本书写作推进做了大量具体工作。茅盾文学奖得主王旭烽对书稿提纲和初稿提出中肯意见，王加华教授和摄影家俞海提供相关图片，徐吉军研究员、王志平研究员、王釜屾研究员、朱晓东研究馆员、秦玲博士和姚见清、邵若愚等亲友给予真情帮助，徐冠玉和方英儿、吕建锋、葛可览、王静、夏孟、刘金炎等同志热情支持。在此，一并表示衷心感谢。当然，还要感谢夫人龚玫虹，一直支持鼓励我完成书稿。

由于 30 年来我搁置了《耕织图》的深入研究，术业有所生疏，加之时间比较仓促，一些资料还来不及进一步精准查考和实地勘察，书稿中难免留有差错疏漏，敬请广大读者批评指正。

浙江农林大学特聘教授、浙江农林大学吴越文化研究院首席专家　臧军

2024 年 1 月 16 日于杭州西溪风情"三趣堂"